Modellbildung und Simulation

Thomas Westermann

Modellbildung und Simulation

Mit einer Einführung in ANSYS

2., erweiterte Auflage

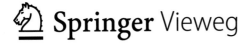

Thomas Westermann
Karlsruhe University of Applied Sciences
Karlsruhe, Deutschland

ISBN 978-3-662-63044-0   ISBN 978-3-662-63045-7   (eBook)
https://doi.org/10.1007/978-3-662-63045-7

Die Deutsche Nationalbibliothek verzeichnet diese Publikation in der Deutschen Nationalbibliografie; detaillierte bibliografische Daten sind im Internet über http://dnb.d-nb.de abrufbar.

Springer Vieweg ist ein Imprint der eingetragenen Gesellschaft Springer-Verlag GmbH, DE und ist ein Teil von Springer Nature.
Die Anschrift der Gesellschaft ist: Heidelberger Platz 3, 14197 Berlin, Germany

Vorwort zur zweiten Auflage

Das vorliegende Werk richtet sich sowohl an Studierende von technischen Hochschulen und Universitäten als Einstieg in die Theorie der Finiten Elemente als auch an Praktiker, die ihre konkreten Probleme direkt am Computer lösen möchten. Gleichzeitig ist das Buch eine Einführung in die Nutzung des Finite-Elemente-Programms ANSYS, welche sich an grundlegenden Problemstellungen orientiert.

Ziel des *theoretischen Teils* ist es, ein allgemeines Verständnis für die Simulationsmethoden und systematischen Fehlern zu vermitteln und zu demonstrieren, wie diese Methoden auf die unterschiedlichen Problemfelder angewendet werden können, um numerisch eine Vielfalt von technischen Fragestellungen zu lösen. Wir gehen dabei sowohl auf die finiten Differenzenverfahren, dem Lösen von großen linearen Gleichungssystemen und randangepasste Gitter ein als auch auf die Theorie der Finiten Elemente.

Im *praktischen Teil* werden wir das Finite-Elemente-Programm ANSYS einsetzen, um grundlegende Simulationen für mechanische, thermische, elektrostatische und magnetische Systeme durchzuführen. Das Buch ist so konzipiert, dass die diskutierten Probleme direkt am Computer ohne Vorkenntnisse mit ANSYS gelöst werden können.

Um das Arbeiten mit Simulationstools einzuüben, wurde die App *FEM Simulationen* für Smartphones entwickelt, mit der man nach interaktiver Spezifikation der Eckpunkte ein Rechengitter erzeugt. Das Potenzialproblem wird anschließend in diesem Gebiet gelöst und graphisch dargestellt. Mit der App kann man jederzeit interaktiv per Touch die Eckpunkte verschieben und direkt den Einfluss der neuen Geometrie auf die Lösung betrachten. Die FEM-App kann kostenfrei von Androids PlayStore oder Apples AppStore geladen werden.

Die erfolgreiche Aufnahme des Buchs und die fortwährend positive Resonanz haben uns bewogen, die Art der Darstellung unverändert zu belassen. In dieser zweiten Auflage wurden kleinere Fehler verbessert, die theoretischen Inhalte erweitert sowie die Beschreibung der Simulationen an die aktuelle ANSYS-Version angepasst.

Karlsruhe, im Januar 2021   *Thomas Westermann*

Vorwort

Das vorliegende Buch **Modellbildung und Simulation** richtet sich an Master-Studenten, die sich ohne große Vorkenntnisse einen fundierten Einblick über die mathematischen Grundlagen von modernen Simulationsprogrammen verschaffen möchten. Ohne Vorkenntnisse bedeutet sowohl in mathematischer als auch fachspezifischer Hinsicht. Die Theorie wird übersichtlich und knapp vermittelt, aber ausführlich genug, um den Leser in die Lage zu versetzen, die in der Praxis durchgeführten Simulationen adäquat interpretieren zu können.

Ziel des *theoretischen Teils* ist, ein allgemeines mathematisches Verständnis für die modernen Simulationsmethoden zu vermitteln. Zur Simulation gehört auch, dass die Simulationsergebnisse kritisch beurteilt werden. Dies geht nur, wenn man die systematischen Fehlerquellen kennt, die bei den verwendeten Methoden grundsätzlich auftreten. Die vorgestellten Methoden bilden die Grundlage für fast alle gängigen Softwaretools. Neben der Modell- und Methodenbeschreibung wird auch demonstriert, wie man prinzipiell in der Lage ist, mit einem Computerprogramm eine Vielfalt unterschiedlicher Problemstellungen zu lösen.

Im *praktischen Teil* wird eine Einführung in das weltweit verbreitete Finite-Elemente-Programm ANSYS gegeben, in der grundlegende Simulationen aus unterschiedlichen Bereichen ausführlich beschrieben werden. Darüber hinaus werden in einem separaten Kapitel zahlreiche ANSYS-Simulationen aus praktischen Anwendungen angegeben. Das Niveau und die Voraussetzungen sind so ausgelegt, dass auch hierfür kein Spezialwissen benötigt wird.

Die Inhalte basieren auf den Veranstaltungen *Modellierung technischer Prozesse* und *Simulation technischer Prozesse*, die seit mehreren Semestern an der Hochschule Karlsruhe mit großem Zuspruch stattfinden. Dieses Buch ist den Studenten des Studiengangs Sensorik gewidmet, die durch ihr Engagement nicht nur die Vorlesung, sondern im besonderen Maße die Projekte vorangetrieben haben.

Danken möchte ich Frau Brandt für die kritische Durchsicht der ANSYS-Simulationen und Frau Plume für ihre Arbeiten zur Visualisierung. Mein besonderer Dank gilt Frau Hestermann-Beyerle vom Springer-Verlag für die Idee zu diesem Buch sowie die fortwährend gute und angenehme Zusammenarbeit.

Karlsruhe, im März 2010   *Thomas Westermann*

Inhaltsverzeichnis

1. Einführung

1.1 Allgemeine Bemerkungen

In der heutigen Zeit sind Simulationsmethoden sowohl bei der Vorentwicklung, der eigentlichen Entwicklung und der anschließenden Optimierung von Produkten unterschiedlichster Art nicht mehr wegzudenken. Man möchte durch geeignete Simulationen nicht nur Entwicklungskosten einsparen, sondern sich auch Wettbewerbsvorteile verschaffen. Diese Bestrebungen gehen einher mit den Aktivitäten der Softwareentwickler, die Simulationstools so zu gestalten, dass sie einfach zu bedienen sind und möglichst immer ein brauchbares Ergebnis liefern.

Das Problem jeglicher numerischer Simulation ist allerdings, dass die Ergebnisse falsch sind. Insofern, dass die numerischen Daten in Form von Spannungswerten, Potenziallinien, Temperaturangaben usw. nur Näherungen für die Lösungen der Modellgleichungen darstellen. Die Frage ist eher, wie Nahe die numerischen Werte an die exakten Lösungen der Modellgleichungen herankommen. Aber auch die Modellgleichungen sind in der Regel eine mehr oder weniger gute Approximation an die physikalisch/technische Problemstellung. Daher stellt sich natürlich die Frage, woher generell die modellbedingten und systematischen Fehler kommen und ob man sie umgehen kann. Um diesen Aspekt näher zu beleuchten, müssen wir uns mit der Modellbildung und den numerischen Methoden auseinander setzen, die den gängigen Simulationstools zugrunde liegen.

Es gibt in der Zwischenzeit eine große Anzahl sowohl an mathematischer Literatur über die Grundlagen der Rechenprogramme, die in der Regel aus der technischen Mechanik stammen, als auch detaillierte Beschreibungen der einzelnen Softwaretools. Diese werden in der Regel durch die Hersteller mitgeliefert, da fast jährlich eine neue Version der Software auf den Markt kommt. Für den angehenden Ingenieur stellt sich das Problem, dass er über die korrekte Bedienung der Software in der Lage sein muss, die Ergebnisse adäquat interpretieren und beurteilen zu können, da er von vornherein weiß, dass die Ergebnisse nur Näherungen darstellen!

In dieser Einführung in die Modellbildung wird aufgezeigt, welche systematischen Fehlerquellen die Simulationsprogramme besitzen, die entweder auf finiten Differenzen- oder auf Finiten-Elemente-Methoden basieren. Wir werden einen Weg beschreiten, der nicht wie die gängige Literatur über die technische Mechanik geht, sondern die Methoden auf allgemeine Prinzipien aufbauen: Entweder basiert das Modell auf partiellen Differenzialgleichungen oder es wird durch eine Energiegleichung beschrieben.

© Springer-Verlag GmbH Deutschland, ein Teil von Springer Nature 2021
T. Westermann, *Modellbildung und Simulation*,

Wir werden die der Simulation zugrundeliegenden Modelle erläutern und die Beispiele so wählen, dass klar hervorgeht, wie die beschriebenen Modelle auf andere Problemstellungen übertragen werden.

Ziel des *theoretischen Teils* ist es, ein allgemeines Verständnis für die Simulationsmethoden zu vermitteln und zu demonstrieren, wie diese Methoden auf die unterschiedlichen Probleme angewendet werden können. Wir zeigen auf, wie man prinzipiell in der Lage ist, numerisch eine Vielfalt von technischen Fragestellungen zu lösen.

Im *praktischen Teil* werden wir das weltweit verbreitete Finite-Elemente-Programm ANSYS einsetzen, um grundlegende Simulationen für mechanische, thermische, elektrostatische und magnetische Systeme durchzuführen. Darüber hinaus zeigen wir auf, wie man mit ANSYS auch komplexere Aufgabenstellungen bearbeiten kann.

Aber anstatt nur zu lernen, wie man dieses eine, spezielle Programm gebraucht, werden wir ein Verständnis für die Simulation vermitteln und die in den Programmen verwendeten Methoden diskutieren. Zu einer nachhaltigen Simulation gehört auch, dass man in der Lage ist, die Simulationsergebnisse kritisch zu beurteilen. Dies geht nur, wenn man die systematischen Fehlerquellen kennt, die bei den verwendeten Methoden grundsätzlich auftreten.

Bevor wir mit einer Simulation beginnen, müssen wir das zu untersuchende System nach folgenden Gesichtspunkten modellieren:

– Welche physikalische Problemstellung wird betrachtet?

– Welche Effekte können vernachlässigt werden?

– Welche Gleichungen beschreiben das System?

– Welche Randbedingungen müssen spezifiziert werden?

– Was für ein Typ von Lösung (statisch, harmonisch oder dynamisch) wird gesucht?

Bei der Verwendung der Softwaretools benötigen wir ein Verständnis für die Simulationsmethoden, die unabhängig von der gewählten Software sind:

→Für eine gegebene Konfiguration müssen wir wissen: Was ist ein geeignetes Berechnungsgitter? Wozu benötigen wir überhaupt ein solches Gitter? Wie kann man ein Berechnungsgitter für eine gegebene Geometrie erzeugen?

→Welche Gleichungen werden numerisch gelöst? Welche physikalischen Größen werden damit bestimmt? Welche Lösungsmethoden werden gewählt? Was ist z.B. eine Abbruchbedingung?

→Wenn der Lösungsteil beendet ist, bekommen wir viele Daten. Jetzt müssen wir wissen, was wir aus diesen Daten ablesen können. Welche Größen können dargestellt werden? Wie können diese interpretiert werden? Wie wählen wir eine passende graphische Darstellung oder Animation?

Diese Fragen müssen beantwortet werden, bevor wir die eigentliche Simulation starten. Dieses Buch wird Sie durch all diese Problemfelder führen und die Fragen schrittweise beantworten.

Wir beginnen in dieser Einführung mit der Beschreibung von drei technischen Anwendungen: Einem elektrostatischen System zur Abstandskontrolle beim Laserschweißen, einem thermischen System zur homogenen Beheizung einer sensitiven Oberfläche und einem mechanischen System zur Druckbestimmung. Ausgehend von den physikalisch-technischen Problemstellungen werden wir die Notwendigkeit einer Simulation aufzeigen und erste Simulationsergebnisse präsentieren. Anhand dieser Beispiele werden erste Fragestellungen an eine Simulation angesprochen, die in den weiteren Abschnitten vertieft und schließlich geklärt werden.

1.2 Einleitende Beispiele

1.2.1 Elektrostatisches System

Beim Verschweißen von kleinen Nahtstellen wird in der Regel nicht mit einem konventionellen Schweißgerät gearbeitet, sondern man verwendet einen Laser, um die Nahtstelle so stark zu erwärmen, dass die Naht verschmelzt. Beim Laserschweißen gibt es wie beim herkömmlichen Schweißen das Problem: Ist der Schweißkopf zu weit von der Naht entfernt, so ist die resultierende Temperatur zu gering. Ist der Kopf zu nah an der Naht, wird diese zu heiß und das Material verbrennt.

Für ein homogenes Schweißen über die gesamte Nahtstelle muss daher der Abstand zwischen Schweißkopf und Naht konstant gehalten werden. Hierzu wird ein Verfahren eingesetzt, welches den Abstand zwischen Schweißgerät und Probe durch eine kapazitive Messung erfasst. Das Verfahren beruht auf dem folgenden einfachen Prinzip (siehe Abbildung 1.1):

Legt man an den Laserstift eine Spannung gegenüber der geerdeten Probe an, so stellt sich auf der Stiftoberfläche eine bestimmte elektrische Feldstärke ein. Diese Feldstärke bzw. die Kapazität des Systems ist ein Maß für den Abstand zwischen Laser und Probe: Für das einfache System eines ebenen Plattenkondensators ist die Kapazität $C \sim \frac{1}{d}$, wenn d der Plattenabstand ist. Die Frage für das kompliziertere Laser-Probe-System ist, ob hier ebenfalls eine solche Gesetzmäßigkeit gültig ist. Denn in diesem Fall muss der Stift so lange nachgefahren werden, bis sich eine vorgegebene elektrische Feldstärke bzw. Kapazität eingestellt hat.

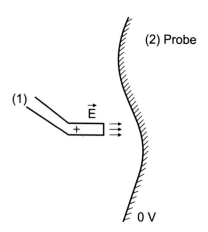

Abb. 1.1. Elektrostatisches System: (1) Schweißkopf (Laser) (2) Probe.

Die Aufgabenstellung an eine Simulation ist daher bei gegebenem Abstand zwischen Schweißkopf und Probe, die Potenzialverteilung und damit die Kapazität zu bestimmen und zu überprüfen, ob $C \sim \frac{1}{d}$. Denn dann kann die Kapazität des Systems als direktes Maß für den Abstand genommen werden. Weiterhin soll geklärt werden, welchen Einfluss die Krümmungen der Probe auf das kapazitive Verhalten des Systems haben.

Aus der Sicht einer Simulation ist die Anordnung ein zweidimensionales, elektrostatisches Zwei-Elektroden-System. Wir werden allgemeine, elektrostatische Probleme modellieren und anschließend aufzeigen, wie die Modellgleichungen für eine beliebige Anordnung der Elektroden numerisch gelöst werden.

Diskrete Gitter zur Berechnung der Potenzialwerte: Eine prinzipielle Eigenschaft der numerischen Simulationen ist, dass die Lösung nicht in jedem Punkt des Raumes bestimmt werden kann. Dies würde unendlich viel Speicher und unendlich viel Rechenzeit erfordern. Deshalb wird die Lösung nur an bestimmten Punkten, den Gitterpunkten, berechnet. Um einen ersten Eindruck von einer Simulation zu bekommen, ist in den beiden Abbildung 1.2 (a) und Abbildung 1.2 (b) ein solches Berechnungsgitter gezeigt. Die Gitterpunkte sind die Schnittpunkte der horizontalen mit den vertikalen Linien. Neben dem gesamten Berechnungsgebiet (a) ist in (b) auch eine Detailansicht des inneren Teils zwischen Laser und Probe dargestellt.

Dieses Berechnungsgitter hat die Eigenschaft, dass jeder innere Gitterpunkt vier Nachbarpunkte besitzt. Man sagt, dass das Gitter eine regelmäßige (logische) Struktur besitzt. Ferner hat das Gitter im Bereich zwischen Laser und Probe eine höhere Auflösung, da die Lösung sich vermutlich in diesem Bereich am stärksten ändert. Bei der Wahl des Berechnungsgitters ist es erstrebenswert, den erwarteten, qualitativen Verlauf der Lösung des Problems schon zu berücksichtigen, um den auftretenden Fehler möglichst gering zu halten.

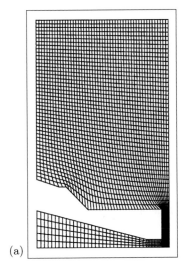
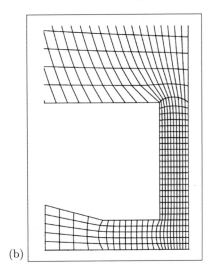

(a)   (b)

Abb. 1.2. Gitter für das elektrostatische System: (a) Gesamtansicht   (b) detailliert.

Diskrete Lösung: In Abbildung 1.3 wird die numerische Lösung durch Äquipotenziallinien dargestellt. Äquipotenziallinien sind Linien auf denen sich das Potential nicht
ändert also konstant ist.

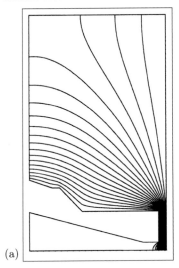
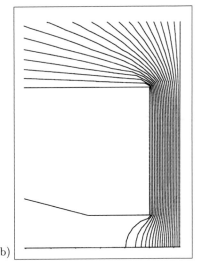

(a)   (b)

Abb. 1.3. Äquipotenziallinien: (a) Gesamtansicht   (b) detailliert.

Die Vergrößerung des Simulationsgebiets zwischen Laser und Probe zeigt deutlich,
dass die Verteilung der Potenziallinien nahezu parallel und äquidistant ist. Daher ist
das elektrische Feld zwischen Laser und Probe homogen und es herrschen Bedingungen, die denen eines ebenen (unendlich ausgedehnten) Plattenkondensators entsprechen, d.h. auch in dieser Anordnung ist die Kapazität umgekehrt proportional zum
Abstand.

1.2.2 Wärmeleitung in thermischen Systemen

Viele chemische Sensoren sind sensitiv ab einer gewissen Betriebstemperatur, die in der Regel über der Umgebungstemperatur liegt. Das Sensorsystem wird daher beheizt, damit die sensitive Schicht diese geforderte Betriebstemperatur erreicht. Allerdings muss die Heizung so ausgelegt werden, dass die Schicht möglichst eine homogene Temperaturverteilung besitzt. Denn je inhomogener die Verteilung ist, desto ungenauer wird die Messung bzw. die Auswertung der Messergebnisse.

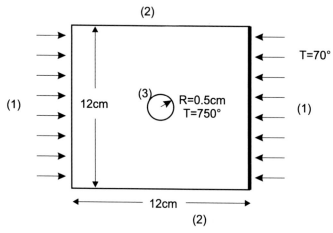

Abb. 1.4. Thermisches System: (1) Umgebungstemperatur bei $70°C$ (2) Isolation
(3) Heizung mit einer Innentemperatur von $750°C$.

Um sich diesem thermischen Problem aus der Sicht der Simulation zu nähern, gehen wir von einer einfachen geometrischen Anordnung aus (siehe Abbildung 1.4). Wir nehmen an, dass unsere Apparatur aus einer Stahlplatte gleichförmiger Dichte besteht. Im Inneren des Blocks ist ein Loch mit 0.5 cm Radius ausgefräst. Hierin befindet sich eine Heizung, welche die Temperatur auf der Oberfläche des Bohrlochs auf $750°C$ erwärmt. Der Metallblock wird von Außen mit Gas umströmt, dessen Temperatur $70°C$ beträgt. Oben und Unten ist die Platte wärmeisoliert. Die sensitive Schicht befindet sich an der rechten Seite der Apparatur.

Gesucht ist die Temperaturverteilung im Innern des Metallblocks. Messtechnisch lässt sich diese Frage nicht klären. Denn würde man die Temperatur im Innern messen, müsste man die Konfiguration ändern und würde damit einen anderen Verlauf des Wärmeflusses erhalten. Von sensorischem Interesse ist aber nicht nur der Temperaturverlauf im Innern, sondern vielmehr das Temperaturprofil auf der Oberfläche der sensitiven Schicht.

Modell des thermischen Systems: Betrachtet man das Problem mit seinen Randbedingungen etwas genauer, stellt man fest, dass es Symmetrien aufweist. Die Temperaturverteilung ist symmetrisch sowohl um die Mittelachse als auch zur Vertikalen, denn der Temperaturverlauf ist jeweils achsensymmetrisch zu diesen Symmetrielinien. Um das thermische System zu modellieren, kann man sich damit auf ein kleineres Berechnungsgebiet beschränken: Es wird nur ein Viertel der ursprünglichen Geometrie modelliert und anschließend simuliert.

Bevor wir aber eine Simulation für das reduzierte System durchführen, müssen wir die Bedingungen am Rand (Randbedingungen) diskutieren:

– Am rechten Rand haben wir Kühlung durch die Luftumströmung (convection).

– Auf Oberflächen mit Isolierung gibt es keinen Wärmeübergang über die Grenzlinie hinweg. Ein Wärmefluss findet nur dann statt, wenn eine Temperaturdifferenz besteht bzw. genauer, wenn ein Temperaturgradient existiert. Isolation bedeutet also, dass **keine** Wärme transportiert wird. Deshalb gilt für diesen Teil die Bedingung:

$$\frac{\partial T}{\partial y} = 0.$$

– Die linke und untere Randlinien sind Symmetrielinien. Symmetrie bedeutet, dass kein Wärmetransport über diese Linie stattfindet. Mathematisch bedeutet dies, dass die Linien mit gleicher Temperatur senkrecht zum Rand stehen. Deshalb ist auch hier:

$$\frac{\partial T}{\partial x} = 0 \quad \text{oder} \quad \frac{\partial T}{\partial y} = 0.$$

Dies sind spezielle **Neumann-Bedingungen**, denn für Neumann-Ränder ist die partielle Ableitung der Lösung senkrecht zum Rand vorgegeben.

– Im Innern hat der Körper eine feste Heizungstemperatur, $T = 750°C$. Diese Randbedingung ist eine sog. **Dirichlet-Bedingung**.

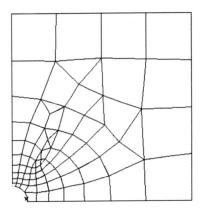

Abb. 1.5. Berechnungsgitter.

Abbildung 1.5 zeigt das Berechnungsgitter für die Simulation. Im Gegensatz zum vorherigen Beispiel ist dieses ein Finites-Elemente-Gitter, das keine regelmäßige Struktur aufweist. Wir erkennen hier eine Mischung aus dreieckigen und viereckigen Zellen (Elementen). Das Ergebnis einer Simulation auf diesem Gitter zeigt Abbildung 1.6.

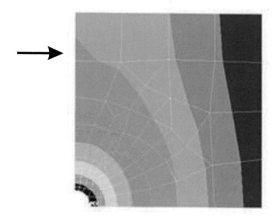

Abb. 1.6. Temperaturverteilung im Material.

Das Ergebnis erscheint einleuchtend, obwohl man bei näherer Betrachtung der Temperaturverteilung auf der linken Seite erkennt, dass nicht alle Temperaturlinien senkrecht zum Rand stehen (siehe Pfeil). Dies ist definitiv ein numerischer Fehler, weil wir auf dieser Linie festgelegt hatten: $\frac{\partial T}{\partial x} = 0$. Um die Simulationsergebnisse verstehen zu können, müssen wir erörtern, was der Grund für diesen Fehler ist bzw. was die numerische Lösung mit der physikalischen Lösung zu tun hat.

1.2.3 Drucksensor

Ein einfacher Drucksensor besteht aus einem rotationssymmetrischen Körper aus Edelstahl, dessen Mittelteil (Membran) unter dem zu messenden Druck um bis zu 10 mm ausgelenkt wird. An der Oberfläche der Membran befindet sich ein Dehnungsmessstreifen, der einen Ohmschen Widerstand darstellt. Durch die Dehnung der Membran vergrößert sich die Länge des Widerstandes, so dass eine Druckänderung durch eine Widerstandsänderung detektiert werden kann.

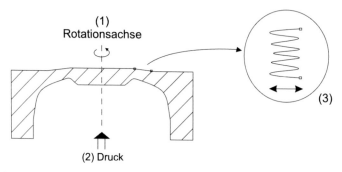

Abb. 1.7. Drucksensor: (1) Rotationsachse (2) Druck (3) Dehnungsmessstreifen.

Für die Dimensionierung von Drucksensoren interessieren hauptsächlich folgende Punkte:

– Wie groß ist die Dehnung unter einem bestimmten Druck?
– Wo tritt die größte Dehnung auf?
– Wie groß sind die Spannungszustände im Material?

Eine numerische Simulation soll diese Fragen beantworten und zu einer Optimierung des Sensors führen.

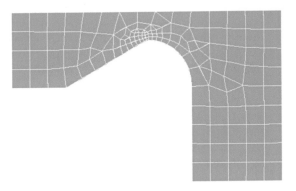

Abb. 1.8. Berechnungsgitter.

Aufgrund der Rotationssymmetrie wird nur eine Scheibe, wie in Abbildung 1.7 gezeigt, simuliert. Damit reduziert man die zunächst 3-dimensionale Problemstellung auf eine 2-dimensionale. Wegen der Symmetrie zur Vertikalen wird nur die rechte Seite modelliert. Abbildung 1.8 zeigt das Berechnungsgitter und Abbildung 1.9 die Verschiebung der Membran unter dem Einfluss des Drucks. In der Abbildung sind auch die Vergleichsspannungen im Material eingetragen.

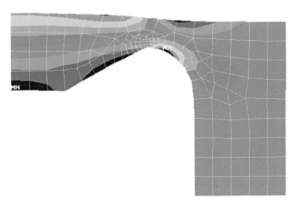

Abb. 1.9. Verformung durch Druckbelastung.

1.3 Überblick

Die Vorgehensweise bei der Simulation der Eingangs geschilderten Systeme lässt sich im Wesentlichen in zwei Blöcke aufteilen: **Modellbildung** und **Simulation**.

Modellbildung: Bevor man mit der numerischen Rechnung beginnt, muss zuerst die physikalisch-mathematische Modellbildung durchgeführt werden. Sie besteht in der Regel aus den folgenden Schritten:

(1) *Physikalische Modellierung.* Welche physikalischen Gleichungen beschreiben das System? Ist das Problem ein-, zwei- oder dreidimensional? Welche Effekte bestimmen das System, welche können vernachlässigt werden? Welche physikalischen Symmetrien können berücksichtigt werden?

(2) *Mathematische Modellierung.* Interpretation der Gleichungen: Ist das Problem zeitabhängig oder zeitunabhängig? Welches ist der Typ der Differenzialgleichung? Wie lauten die Randbedingungen, die das System bestimmen.

(3) *Numerische Modelle.* Diskrete Formulierung: finite Differenzen, finite Elemente, algorithmische Realisierung.

Simulation: Erst im Anschluss an die Modellbildung wird die eigentliche numerische Simulation durchgeführt. Bei der numerischen Simulation lassen sich drei Arbeitsschritte separieren: Pre-Processing, Solution, Post-Processing:

(1) *Pre-Processing:* Erfassung der Geometrie, Festlegung der Materialeigenschaften, Auswahl des Gittertyps, Erzeugung eines Berechnungsgitters.

(2) *Solution:* Festlegung der Randbedingungen, Lösen der Modellgleichungen auf dem Berechnungsgitter.

(3) *Post-Processing:* Darstellung der Rechenergebnisse und Interpretation.

Die Vorgehensweise stellt einen iterativen Prozess dar, der gegebenenfalls oftmals durchgeführt werden muss, bis die Lösung den Erwartungen genügt.

Es kann innerhalb der numerischen Simulation erkannt werden, dass z.B. die Anzahl der Gitterpunkte nicht ausreichend ist, um feine Strukturen des Systems aufzulösen. Abhilfe verschafft man sich dadurch, dass das Gittermodell verfeinert wird, d.h. es werden mehr Gitterpunkte zur Beschreibung der Geometrie verwendet. Es kann auch passieren, dass die Rechnung nicht konvergiert. Dann liegt es nahe, entweder die Lösungsmethode zu ändern oder ebenfalls das Gitter zu verfeinern. Manchmal ist es sogar notwendig, die Modellgleichungen zu erweitern bzw. zu ergänzen, um eine befriedigende Lösung in der Simulation zu erhalten.

Im Folgenden werden wir sowohl die Modellbildung als auch die Simulationsmethoden im Einzelnen diskutieren.

Bei der physikalisch-/mathematischen Modellierung beschränken wir uns auf zwei-dimensionale, elektrostatische Probleme. Hier zeigen wir auf, wie man von der Problemstellung zu universellen Gleichungen kommt, die für jedes elektrostatische Problem gültig sind. Anschließend kommen wir auf die mathematische Formulierung zu sprechen und approximieren die Modellgleichungen durch diskrete Gleichungen. Diese diskrete Formulierung führt auf große lineare Gleichungssysteme, dessen Lösung die gesuchten Funktionswerte auf den Gitterpunkten liefert.

Prinzipiell unterscheiden wir zwischen zwei unterschiedlichen numerischen Methoden: Die finiten Differenzenverfahren zum numerischen Lösen einer partiellen Differenzialgleichung auf strukturierten Gittern und die Finite-Elemente-Methode zum approximativen Lösen des Variationsprinzips auf unstrukturierten Gittern. Je nach Verfahren wird eine unterschiedliche physikalische Formulierung der Problems benötigt. Daher geht die Methodenwahl mit der Modellierung einher.

Wir werden zuerst die Differenzenverfahren zum Lösen von partiellen Differenzialgleichungen auf achsenparallelen Gittern einführen, das Gitterkonzept auf randangepasste Gitter erweitern und dann die Finite-Elemente-Methode auf unstrukturierten Gittern sowohl im ein- wie auch zweidimensionalen Fall beschreiben. Nach dem Modellierungsteil kommen wir auf konkrete Simulationen mit ANSYS zu sprechen, indem wir aus unterschiedlichen Anwendungsbereichen (Elektrostatik, Wärmetransport, Mechanik, Magnetfeldberechnung) grundlegende Simulationen vorstellen.

Der Aufbau

In Kapitel 2 werden wir uns auf elektrostatische Systeme beschränken, um die Grundlagen der Modellierung zu lernen. Wir modellieren ein- und zweidimensionale elektrostatische Probleme und diskutieren, wie man diese auf diskreten Punkten näherungsweise löst. Dabei kommt man auf das Konzept eines Berechnungsgitters und finiten Differenzenmethoden, die auf große lineare Gleichungssysteme führen. Für solche großen Systeme jedoch ist der von der Mathematik her bekannte Gauß-Algorithmus nicht mehr geeignet. Deshalb werden wir mehrere Alternativen für eine iterative Lösung dieser Gleichungen einführen.

Der Nachteil der finiten Differenzenmethoden ist, dass es sehr strenge Restriktionen an das Gitter gibt. Um komplexe technische Apparaturen mit hoher Genauigkeit abbilden zu können, muss man besonders auf die technischen Eigenschaften wie z.B. auf Ecken und gekrümmte Teile achten. Für eine präzise Beschreibung der Geometrie wird daher oftmals ein randangepasstes Gitter verwendet, das sich den Rändern der Geometrie anpasst.

In Kapitel 3 werden wir randangepasste Gitter einführen und lernen, wie man diese Gitter mit einem sehr einfachen Algorithmus erzeugt. Verwendet man bei der Simulation randangepasste Gitter, dann führt die diskrete Beschreibung unserer Probleme wieder auf ein System linearer Gleichungen, die ebenfalls mit den Techniken aus Kapitel 2 gelöst werden.

Die flexibelste Methode, technische Geometrien zu beschreiben, ist durch ein Finite-Elemente-Gitter gegeben. Diese Gitter haben den höchsten Grad an Flexibilität. Jedoch können hierauf die Differenzenmethoden nicht mehr angewendet werden. Prinzipiell lassen sich partielle Differenzialgleichungen auch nicht mehr auf diesen unstrukturierten Gittern lösen. Somit benötigt man stattdessen eine alternative physikalische Formulierung des Problems.

Das führt uns auf das Variationsprinzip und zur Finiten-Elemente-Methode als Näherungsverfahren. In Kapitel 4 werden wir das Variationsprinzip und die Finite-Elemente-Methode für den eindimensionalen Fall einführen. In Kapitel 5 übertragen wir die Finite-Elemente-Methode auf den zweidimensionalen Fall und erweitern die Näherungsverfahren von den linearen auf bilineare und quadratische Elemente.

In Kapitel 6 werden wir eine Einführung in das Finite-Elemente-Programm ANSYS geben und im Detail die Menüführung beschreiben, um grundlegende Simulationen mit ANSYS durchführen zu können. Anschließend stellen wir in Kapitel 7 Simulationen aus verschiedenen Bereichen vor, die im Rahmen von Projekten an der Hochschule Karlsruhe von Studenten selbständig durchgeführt wurden.

Im Anhang A werden Methoden zum Lösen von großen linearen Gleichungssystemen vorgestellt. Neben direkten Verfahren werden die klassischen iterativen Verfahren (u.a. Gauß-Seidel und konjugierte Gradienten) beschrieben. Im Anhang B werden Techniken beschrieben, um systematisch Differenzenformeln für Ableitungen erster, zweiter und höherer Ordnung zu erzeugen. Die ANSYS-Logfiles aus Anhang C können direkt in ANSYS eingelesen werden, um die jeweilige Simulation durchzuführen.

Zusätzliche Materialien:

Auf der Homepage zum Buch werden viele weitere Materialien zur Verfügung gestellt. Auf diese zusätzlichen Informationen wird durch das nebenstehende Symbol im Text explizit hingewiesen.

http://www.home.hs-karlsruhe.de/~weth0002/buecher/simulation/start.htm

Im Downloadbereich der Homepage findet man z.B.

→ alle ANSYS-Logfiles, welche direkt in ANSYS eingelesen werden können,

→ MAPLE-Worksheets zur Visualisierung der Finiten-Elemente-Methode,

→ alle MAPLE-Worksheets zu den Beispielen.

Zusätzlich wurde eine App für Smartphones entwickelt, mit der man nach interaktiver Spezifikation der Eckpunkte zugehörige randangepasste Gitter erzeugt. Mit dieser App können auch nach Festlegung aller Randbedingungen Äquipotenziallinien berechnet und dargestellt werden. Die FEM-App (FEM Simulationen) kann kostenfrei von Androids PlayStore oder Apples AppStore geladen werden.

2. Modellierung und Simulationen mit finiten Differenzenverfahren

Wir werden in diesem Kapitel die Methode der finiten Differenzen einführen, um beliebige partielle Differenzialgleichungen bezüglich den Ortskoordinaten numerisch zu lösen. Wir beschränken uns bei der Beschreibung der Methoden auf zweidimensionale elektrostatische Probleme, da man für diese Probleme die Möglichkeit hat, sie messtechnisch zu erfassen. Man ist somit in der Lage, die numerischen Lösungen mit Messungen zu vergleichen. Die Methode der finiten Differenzen ist aber nicht auf zweidimensionale elektrostatische Probleme beschränkt, sondern sie ist auf den dreidimensionalen Fall und auf andere partielle Differenzialgleichungen direkt übertragbar.

Das von einem System geladener Elektroden erzeugte elektrische Feld ist qualitativ das gleiche, unabhängig davon, ob es sich in Luft oder in einem Elektrolyten befindet. In beiden Fällen treten keine feldverzerrenden Raumladungen auf. Diese Tatsache liefert eine bequeme Methode zur experimentellen Ermittlung des Verlaufs solcher Felder: *der elektrostatische Trog*: Man kopiert das zu untersuchende Elektrodensystem, bringt es in einen Elektrolyten, erzeugt an ihm dem Original entsprechende Spannungsverhältnisse und misst die Spannungen im Innern z.B. mit einer Drahtsonde.

Genau genommen ermittelt man Äquipotenziallinien, d.h. Linien mit gleichem elektrischen Potenzial. Die elektrischen Feldlinien stehen auf diesen Linien senkrecht; das elektrische Feld ist durch den lokalen Gradienten der Potenzialverteilung gegeben. Mathematisch formuliert ist das Potenzial Φ eine Funktion von den zwei Ortsvariablen x und y, $\Phi(x,y)$, und die elektrische Feldstärke

$$\vec{E} = -grad(\Phi) = - \begin{pmatrix} \frac{\partial}{\partial x}\Phi(x,y) \\ \frac{\partial}{\partial y}\Phi(x,y) \end{pmatrix} = - \begin{pmatrix} \partial_x\Phi(x,y) \\ \partial_y\Phi(x,y) \end{pmatrix}.$$

In Abbildung 2.1 sind die Potenzialverläufe für ein Drei-Elektroden-System mit Spaltblende angegeben. Beide Abbildungen sind experimentell ermittelte Daten, die im Rahmen physikalischen Praktikums an der Hochschule Karlsruhe ermittelt wurden. In Abb. 2.1 (b) mit und in Abb. 2.1 (a) ohne Durchgriff. Die Potenzialwerte der Äquipotenziallinien sind die im Bild unten angegebenen Werte.

Die linke Elektrode liegt in beiden Fällen auf 10 V, die Zwischenelektrode auf 0 V. Der einzige Unterschied zwischen den beiden Konfigurationen besteht im Potenzialwert der rechten Elektrode: In der linken Anordnung beträgt das Potenzial 4 V; in der rechten **2** V.

© Springer-Verlag GmbH Deutschland, ein Teil von Springer Nature 2021
T. Westermann, *Modellbildung und Simulation*,

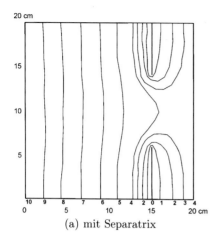

(a) mit Separatrix

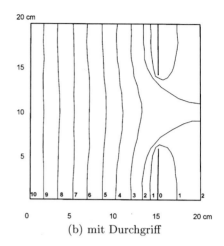

(b) mit Durchgriff

Abb. 2.1. Potenzialverteilung im elektrostatischen Trog.

Vergleicht man die beiden Abbildungen, erkennt man sehr gut, dass die Potenzialverteilung im Innern des Gebietes nicht nur quantitativ, sondern auch qualitativ unterschiedlich ist, je nachdem welchen Wert die Spannung auf der rechten Elektrode hat. Dies ist charakteristisch für alle elektrostatischen Probleme: **Die Ränder und Randbedingungen (sowohl die Form als auch die Werte) bestimmen den Verlauf der Lösung im Innern des Gebiets. Es müssen folglich auch bei der Simulation immer die Randbedingungen vollständig spezifiziert werden.**

Im Folgenden werden wir numerische Verfahren kennenlernen, um solche elektrostatischen Konfigurationen zu berechnen. Damit werden wir dann in der Lage sein, numerische Experimente durchzuführen und die Potenzialverteilung bzw. das elektrische Feld zu gegebener Anordnung zu bestimmen.

Zunächst stellen wir die Modellgleichungen für elektrostatische Probleme auf. Diese Modellgleichungen sind für alle elektrostatischen Probleme universell gültig. Allerdings lassen sie sich in der Regel nur näherungsweise lösen. Wir führen die finite Differenzenmethode für das eindimensionale Problem ein und vergleichen für dieses Problem die numerische Lösung mit der exakten. Anschließend verallgemeinern wir die Methode auf den zweidimensionalen Fall.

2.1 Modellgleichungen elektrostatischer Probleme

Die Beschreibung elektrostatischer Probleme erfolgt durch drei physikalische Größen: die Ladungsdichte ρ, das elektrostatische Potenzial Φ und das elektrische Feld $\vec{E}$. Da wir uns im Folgenden auf eine zweidimensionale Diskussion beschränken, hängen diese Größen dann nur von den beiden Ortsvariablen x und y ab. Die drei Beschreibungsgrößen werden durch zwei universell geltende Gleichungen verknüpft:

$\rightarrow$ Das von einem System geladener Elektroden erzeugte elektrische Feld wird durch den Gradienten des elektrostatischen Potenzials $\Phi(x, y)$ beschrieben:

$$\vec{E}(x, y) = - \operatorname{grad} \Phi(x, y) = - \begin{pmatrix} \partial_x \Phi(x, y) \\ \partial_y \Phi(x, y) \end{pmatrix}. \tag{2.1}$$

Das elektrische Feld ist also der negative Gradient des Potenzials.

$\rightarrow$ Der Gaußsche Satz verknüpft das elektrische Feld mit der im System vorhandenen Ladungsdichte $\rho(x, y)$

$$\nabla \vec{E}(x, y) = \frac{1}{\epsilon} \rho(x, y). \tag{2.2}$$

Dieser Satz besagt, dass die Quellen des elektrischen Feldes die Ladungsdichten sind. ϵ ist dabei die Dielektrizitätskonstante. Für Vakuum gilt $\epsilon = \epsilon_0 = 8.8 \cdot 10^{12} \frac{F}{m}$.

Wir setzen Gleichung (2.1) in (2.2) ein

$$\begin{aligned} \frac{1}{\epsilon} \rho(x, y) = \nabla \vec{E}(x, y) &= \partial_x E_1(x, y) + \partial_y E_2(x, y) \\ &= \partial_x (-\partial_x \Phi(x, y)) + \partial_y (-\partial_y \Phi(x, y)) \\ &= -\partial_x^2 \Phi(x, y) - \partial_y^2 \Phi(x, y) \end{aligned}$$

und erhalten die **Poisson-Gleichung**

$$\Phi_{xx}(x, y) + \Phi_{yy}(x, y) = -\frac{1}{\epsilon} \rho(x, y). \tag{2.3}$$

Für den ladungsfreien Raum ($\rho = 0$) gilt die **Laplace-Gleichung**

$$\Phi_{xx}(x, y) + \Phi_{yy}(x, y) = 0. \tag{2.4}$$

Oftmals kürzt man die linke Seite der Differenzialgleichung durch den Laplace-Operator $\triangle \Phi(x, y) := \Phi_{xx}(x, y) + \Phi_{yy}(x, y)$ ab, so dass man die Laplace-Gleichung in der Form $\triangle \Phi(x, y) = 0$ schreibt.

Die gute Nachricht über die Poisson- bzw. Laplace-Gleichung ist, dass alle elektrostatischen Probleme durch sie beschrieben werden. Die schlechte Nachricht dabei ist allerdings, dass man sie in der Regel für die wenigsten technischen Probleme mathematisch exakt lösen kann. Jedes Programm, das in der Lage ist diese Differenzialgleichung näherungsweise zu lösen, kann daher beliebige elektrostatische Probleme näherungsweise bestimmen.

Zusammenfassung: Elektrostatische Modellgleichungen.

Jedes zweidimensionale elektrostatische Problem lässt sich bei gegebener Ladungsdichte ρ durch die Poisson-Gleichung

$$\Phi_{xx}(x,y) + \Phi_{yy}(x,y) = -\frac{1}{\epsilon}\rho(x,y)$$

beschreiben. Für den ladungsfreien Raum gilt die Laplace-Gleichung

$$\Phi_{xx}(x,y) + \Phi_{yy}(x,y) = 0.$$

Im Folgenden werden wir die finite Differenzenmethode anwenden, um eine Näherungslösung für diese partielle Differenzialgleichung auf *achsenparallelen* Gittern zu bestimmen. Bevor wir jedoch das Problem im Zweidimensionalen lösen, werden wir die Differenzenmethode für den eindimensionalen Fall einführen:

2.2 Das eindimensionale elektrostatische Problem

Gesucht ist die Potenzialverteilung in einem ebenen Plattenkondensator siehe Abbildung 2.2 mit Spaltabstand d, Kathodenpotenzial Φ_K und Anodenpotenzial Φ_A.

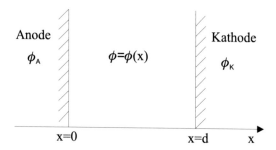

Abb. 2.2. Ebener Plattenkondensator.

Für den ebenen Plattenkondensator ist das Potenzial nur eine Funktion von x, d.h. $\Phi = \Phi(x)$, so dass die Laplace-Gleichung (2.4) sich reduziert zu

$$\boxed{\Phi''(x) = 0.}$$

Durch zweimalige Integration erhalten wir in diesem einfachsten Fall den exakten Verlauf des Potenzials

$$\Phi(x) = \Phi_K(\frac{x}{d}) + \Phi_A(1 - \frac{x}{d}),$$

wobei die Randbedingungen $\Phi(0) = \Phi_A$ und $\Phi(d) = \Phi_K$ berücksichtigt sind. Das Potenzial nimmt linear vom Anoden- zum Kathodenpotenzial ab.

Wir werden dieses eindimensionale Problem nun *numerisch* lösen. Im Gegensatz zur exakten Lösung können wir mit dem Rechner das Potenzial nicht an *allen* Punkten im Raum berechnen. Dies würde unendlich viel Speicher und Rechenzeit benötigen. Da wir die Potenzialverteilung also *nicht kontinuierlich*, sondern nur an bestimmten, *diskreten* Punkten berechnen können, führen wir diskrete Gitterpunkte auf der x-Achse ein und berechnen die gesuchte Funktion $\Phi(x)$ nur an diesen Gitterpunkten.

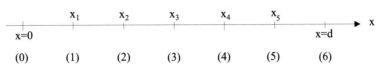

Abb. 2.3. Diskrete Gitterpunkte.

Für das obige eindimensionale Beispiel führen wir insgesamt **7** Gitterpunkte $x_0, \ldots, x_6$ ein und bestimmen das unbekannte Potenzial auf den fünf inneren Gitterpunkten $x_1, \ldots, x_5$. Das Potenzial ist am Rand bei $x_0 = 0$ und $x_6 = d$ durch die Randbedingung Φ_A und Φ_K vorgegeben. Die gesuchte Funktion Φ ist in jedem inneren Punkt durch die Bedingung $\Phi''(x) = 0$ bestimmt. Denn die zweidimensionale Laplace-Gleichung reduziert sich im Falle von nur einer Variablen x zu dieser gewöhnlichen Differenzialgleichung. Also gilt insbesondere an den fünf Gitterpunkten $x_1, \ldots, x_5$

$$\Phi''(x_i) = 0 \qquad i = 1, \ldots, 5.$$

Da wir die Funktion nur an den diskreten Gitterpunkten zur Verfügung haben, ersetzen wir die Ableitung $\Phi''(x_i)$ durch den zentralen Differenzenquotienten

$$\Phi''(x_i) \sim \frac{\Phi(x_{i-1}) - 2\Phi(x_i) + \Phi(x_{i+1})}{h^2} \qquad i = 1, \ldots, 5$$

mit $h = x_{i+1} - x_i$. Mit der Notation $\Phi_i = \Phi(x_i)$ (vgl. Abbildung 2.4) folgt

$$\Phi''(x_i) \sim \frac{\Phi_{i-1} - 2\Phi_i + \Phi_{i+1}}{h^2}.$$

Die Herleitung der Differenzenformeln für die Ableitungen auch höherer Ordnung sind im Anhang B separat in einem eigenständigen Kapitel beschrieben.

Abb. 2.4. Numerische Approximation.

Wir ersetzen die kontinuierliche Ableitung der Laplace-Gleichung $\Phi''(x) = 0$ an jedem inneren Gitterpunkt x_i durch die numerische Approximation und erhalten

$$
\begin{aligned}
x_1: &\quad \Phi_0 - 2\Phi_1 + \Phi_2 = 0 \\
x_2: &\quad \Phi_1 - 2\Phi_2 + \Phi_3 = 0 \\
x_3: &\quad \Phi_2 - 2\Phi_3 + \Phi_4 = 0 \\
x_4: &\quad \Phi_3 - 2\Phi_4 + \Phi_5 = 0 \\
x_5: &\quad \Phi_4 - 2\Phi_5 + \Phi_6 = 0
\end{aligned}
$$

wobei Φ_0 und Φ_6 die vorgegebenen Randbedingungen sind: $\Phi_0 = \Phi_A = 1V$, $\Phi_6 = \Phi_K = 0V$.

$$
\begin{aligned}
-2\Phi_1 + \Phi_2 &= -1V \\
\Phi_1 - 2\Phi_2 + \Phi_3 &= 0 \\
\Phi_2 - 2\Phi_3 + \Phi_4 &= 0 \\
\Phi_3 - 2\Phi_4 + \Phi_5 &= 0 \\
\Phi_4 - 2\Phi_5 &= 0.
\end{aligned}
$$

Dies ist ein lineares inhomogenes Gleichungssystem für die fünf Unbekannten Φ_1, Φ_2, Φ_3, Φ_4 und Φ_5:

$$
\left(\begin{array}{ccccc|c}
-2 & 1 & 0 & 0 & 0 & -1 \\
1 & -2 & 1 & 0 & 0 & 0 \\
0 & 1 & -2 & 1 & 0 & 0 \\
0 & 0 & 1 & -2 & 1 & 0 \\
0 & 0 & 0 & 1 & -2 & 0
\end{array}\right)
\rightarrow
\left(\begin{array}{ccccc|c}
-2 & 1 & 0 & 0 & 0 & -1 \\
0 & -\frac{3}{2} & 1 & 0 & 0 & -\frac{1}{2} \\
0 & 0 & -\frac{4}{3} & 1 & 0 & -\frac{1}{3} \\
0 & 0 & 0 & -\frac{5}{4} & 1 & -\frac{1}{4} \\
0 & 0 & 0 & 0 & -\frac{6}{5} & -\frac{1}{5}
\end{array}\right).
$$

Das linke Koeffizientenschema basiert auf einer Tridiagonalmatrix: Nur die Elemente der Hauptdiagonalen und den beiden Nebendiagonalen sind von Null verschieden. Durch Lösen des Tridiagonalsystems mit dem **Thomas-Algorithmus** (siehe Anhang A: Lösen von großen linearen Gleichungssystemen) erhält man das rechte Koeffizientenschema und durch Rückwärtsauflösen die Lösung:

$$
\Phi_5 = \frac{1}{6}, \Phi_4 = \frac{1}{3}, \Phi_3 = \frac{1}{2}, \Phi_2 = \frac{2}{3}, \Phi_1 = \frac{5}{6}.
$$

Dies ist die gesuchte Lösung an den diskreten Punkten $x_1, \cdots, x_5$. Für die graphische Darstellung verbinden wir die Punkte geradlinig, so dass wir eine stetige, stückweise lineare Funktion als numerische Lösung erhalten:

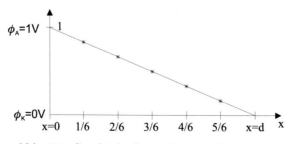

Abb. 2.5. Graphische Darstellung des Ergebnisses.

Diskussion: Im Fall des ebenen Plattenkondensators erhalten wir durch das numerische Verfahren die exakte Lösung! Dies liegt daran, dass die Lösung des Problems eine lineare Funktion ist und das Differenzenverfahren lineare Funktionen exakt differenziert. In der Regel wird dies nicht der Fall sein: Denn das numerische Verfahren liefert nur eine Approximation an die exakte Lösung! Diese numerische Lösung wird umso besser (genauer) je mehr Gitterpunkte verwendet werden, wenn man Rundungsfehler vernachlässigt. Berücksichtigt man allerdings Rundungsfehler, dann wächst der Gesamtfehler für zu kleine Gitterabstände wieder stark an (siehe Anhang B).

Führen wir 5 innere Gitterpunkte ein, erhalten wir 5 Unbekannte und eine 5×5-Matrix. Wählen wir 50 oder 100 Gitterpunkte, dann bekommen wir 50 bzw. 100 Unbekannte und müssen ein 50×50- bzw. ein 100×100-System lösen. Die Struktur der Matrix bleibt dabei aber erhalten, da für jeden Gitterpunkt immer nur die Information am betrachteten Punkt sowie der direkt benachbarten Punkte einfließt!   □

Zusammenfassung: Finite Differenzenmethode.

Der in diesem Abschnitt aufgezeigte Weg ist grundlegend für alle finite Differenzenverfahren:

(1) **Ersetzen der Geometrie durch diskrete Punkte:** Die Geometrie wird durch die gewählten Gitterpunkte repräsentiert.

(2) **Ersetzen der Ableitungen durch finite Differenzen:** Nicht die eigentliche Modellgleichung wird gelöst, sondern die diskretisierte Differenzengleichung.

(3) **Aufstellen des zugehörigen LGS:** Das Gleichungssystem enthält genau so viele Gleichungen wie Unbekannte. sind die Differenzengleichungen lineare Gleichungssysteme.

(4) **Lösen des LGS mit einer geeigneten Methode:** In dem diskutierten Beispiel wird der Thomas-Algorithmus gewählt.

(5) **Lineare Interpolation zwischen den diskreten Punkten:** Durch das Lösen der Differenzengleichungen erhält man die Lösung nur an den Gitterpunkten. Man hat keine weitere zusätzliche Information dazwischen. Als einfachste Methode wählt man die lineare Verbindung der Lösungswerte.

⚠ **Achtung:** Die Differenzenmethode besitzt somit **systematische Fehlerquellen:**

① Die Geometrie wird nicht kontinuierlich beschrieben, sondern durch endlich viele, diskrete Gitterpunkte.

② Statt der physikalischen Modellgleichung (Differenzialgleichung) löst man nur die diskretisierten Differenzengleichungen.

③ Obwohl in der Regel die Lösung des Problems einen nicht-linearen Verlauf besitzt, verbindet man die diskreten Lösungswerte linear.

2.3 Erweiterungen der Methode

Die finite Differenzenmethode kann nicht nur angewendet werden, um die Laplace-Gleichung näherungsweise zu lösen, sondern auch um die Poisson-Gleichung oder andere gewöhnliche Differenzialgleichungen mit Randbedingungen zu behandeln.

2.3.1 Poisson-Gleichung

Um die Poisson-Gleichung

$$\Phi''(x) = -\frac{\rho(x)}{\varepsilon}$$

numerisch zu lösen, verwenden wir dasselbe Vorgehen wie bei der Laplace-Gleichung. Wir ersetzen in jedem Gitterpunkt die zweite Ableitung durch die finite Differenz

$$\Phi_i'' \approx \frac{1}{h^2}\left(\Phi_{i-1} - 2\Phi_i + \Phi_{i+1}\right).$$

Dies führt wieder auf fünf Gleichungen für die fünf Unbekannten Φ_1 bis Φ_5. Betrachten wir die zugehörigen Gleichungen genauer, können wir diese wieder als lineares Gleichungssystem für die fünf Unbekannten identifizieren allerdings nun mit modifizierter rechter Seite. Also ersetzen wir die ursprüngliche Matrix

$$\left(\begin{array}{ccccc|c} -2 & 1 & 0 & 0 & 0 & -1 \\ 1 & -2 & 1 & 0 & 0 & 0 \\ 0 & 1 & -2 & 1 & 0 & 0 \\ 0 & 0 & 1 & -2 & 1 & 0 \\ 0 & 0 & 0 & 1 & -2 & 0 \end{array}\right)$$

durch

$$\left(\begin{array}{ccccc|c} -2 & 1 & 0 & 0 & 0 & -\Phi_A - \frac{1}{\varepsilon}\,\rho(x_1) \\ 1 & -2 & 1 & 0 & 0 & -\frac{1}{\varepsilon}\,\rho(x_2) \\ 0 & 1 & -2 & 1 & 0 & -\frac{1}{\varepsilon}\,\rho(x_3) \\ 0 & 0 & 1 & -2 & 1 & -\frac{1}{\varepsilon}\,\rho(x_4) \\ 0 & 0 & 0 & 1 & -2 & -\Phi_K - \frac{1}{\varepsilon}\,\rho(x_5) \end{array}\right).$$

Anschließend wird dieses lineare Gleichungssystem analog dem ursprünglichen Gleichungssystem für das Laplace-Problem aufgelöst und die Lösung durch lineare Interpolation auf dem gesamten Intervall bestimmt.

Die finite Differenzenmethode ist nicht auf die Laplace- oder Poisson-Gleichung beschränkt, sie kann auf beliebig gewöhnliche Differenzialgleichungen auch höherer Ordnung mit Randbedingungen angewendet werden. Der Unterschied besteht lediglich darin, dass höhere Ableitungen durch geeignete finite Differenzen approximiert werden, was wir im nächsten Abschnitt diskutieren.

2.3.2 Diskretisierung höherer Ableitungen

In diesem Abschnitt gehen wir auf die folgenden Fragestellungen ein:

- Wie kann eine finite Differenzenformel erzeugt werden, wenn eine nicht-äquidistante Unterteilung des Intervalls vorliegt?
- Wie erhält man Diskretisierungen von Ableitungen höherer Ordnung, wie z.B. $y^{(3)}$ oder $y^{(4)}$?
- Welche Formeln müssen verwendet werden, wenn man die erste Ableitung an einem Rand benötigt und damit die zentrale Differenzenformel nicht mehr zur Verfügung steht?

Die zentrale mathematische Methode, um alle drei Frage zu klären, ist das Newtonsche Interpolationsverfahren, das wir exemplarisch am folgenden Beispiel erläutern.

Beispiel 2.1 (Interpolationspolynom): Gegeben sind drei Punkte $(1; 2)$, $(2; 4)$, $(-1; 1)$. Gesucht ist ein quadratisches Polynom, welches durch diese drei Punkte geht. Beim Newtonschen Interpolationsverfahren wird als Ansatz für das quadratisches Polynom

$$p_2(x) = a_0 + a_1 (x - x_1) + a_2 (x - x_1)(x - x_2)$$

gewählt. Um die Koeffizienten zu bestimmen, verwendet man dabei die Methode der dividierten Differenzen:

x	y			
$x_1{=}1$	$y_1{=}\mathbf{2}$			
		$>$ $y_{21} = \dfrac{y_2 - y_1}{x_2 - x_1} = \dfrac{4 - 2}{2 - 1} = \mathbf{2}$		
$x_2{=}2$	$y_2{=}4$		$>$ $\dfrac{y_{32} - y_{21}}{x_3 - x_1} = \dfrac{1 - 2}{-1 - 1} = \dfrac{\mathbf{1}}{\mathbf{2}}$	
		$>$ $y_{32} = \dfrac{y_3 - y_2}{x_3 - x_2} = \dfrac{1 - 4}{-1 - 2} = 1$		
$x_3{=}{-}1$	$y_3{=}1$			

Aus dem Schema lesen wir die Koeffizienten $a_0 = 2$, $a_1 = 2$ und $a_2 = \frac{1}{2}$ ab. Setzen wir diese Koeffizienten nun in das Polynom ein, erhalten wir das Interpolationspolynom zweiter Ordnung

$$p_2(x) = 2 + 2 (x - 1) + \frac{1}{2} (x - 1)(x - 2).$$

Beispiel 2.2 (Finite Differenzenformel): Wir verwenden das Newtonsche Interpolationspolynom, um die zweite Ableitung einer Funktion im Punkte x_1 näherungsweise über die Werte (x_0, f_0), (x_1, f_1), (x_2, f_2) zu berechnen.

Wieder wählen wir als Ansatz für das quadratische Polynom

$$p_2(x) = a_0 + a_1 (x - x_0) + a_2 (x - x_0)(x - x_1)$$

und bestimmen die Koeffizienten über die Methode der dividierten Differenzen:

x	y			
x_0	$f_0 = \mathbf{a_0}$			
		$>$ $\quad y_{10} = \dfrac{f_1 - f_0}{x_1 - x_0} = \mathbf{a_1}$		
x_1	f_1		$>$ $\quad \dfrac{y_{21} - y_{10}}{x_2 - x_0} = \dfrac{\frac{f_2 - f_1}{x_2 - x_1} - \frac{f_1 - f_0}{x_1 - x_0}}{x_2 - x_0} = \mathbf{a_2}$	
		$>$ $\quad y_{21} = \dfrac{f_2 - f_1}{x_2 - x_1}$		
x_2	f_2			

Aus dem Schema lesen wir wieder die Koeffizienten des Polynoms ab und setzen diese in das Polynom bzw. in die zweite Ableitung des Polynoms ein

$$p_2(x) = a_0 + a_1\,(x - x_0) + a_2\,(x - x_0)\,(x - x_1)$$
$$p_2{'}(x) = a_1 + a_2\,(x - x_1) + a_2\,(x - x_0)$$
$$p_2{''}(x) = 2a_2\,.$$

Somit erhalten wir schließlich eine Näherung für die zweite Ableitung im Punkte x_1 für eine nicht-äquidistante Unterteilung

$$f''(x_1) \approx p_2{''}(x) = 2a_2 = 2\left(\frac{f_2 - f_1}{(x_2 - x_1)\,(x_2 - x_0)} - \frac{f_1 - f_0}{(x_1 - x_0)\,(x_2 - x_0)}\right).$$

Im Fall einer *äquidistanten* Unterteilung ist $h = x_2 - x_1 = x_1 - x_0$, so dass wir dann die vereinfachte Darstellung erhalten

$$f''(x_1) \approx 2\frac{f_2 - f_1}{h\,2h} - 2\frac{f_1 - f_0}{h\,2h} = \frac{1}{h^2}\,(f_2 - 2f_1 + f_0)\,.$$

Beispiel 2.3 (Einseitige Differenzenformel für die erste Ableitung): Wir übertragen die Vorgehensweise aus Beispiel 2.2, um eine finite Differenzenformel für die erste Ableitung $f'(x_0)$ am linken Rand zu erhalten, wenn die Funktion an den diskreten Stellen (x_0, f_0), (x_1, f_1), (x_2, f_2) gegeben ist.

Hierzu bestimmen wir wie in Beispiel 2.2 die Koeffizienten des Polynoms

$$p_2(x) = a_0 + a_1\,(x - x_0) + a_2\,(x - x_0)\,(x - x_1)$$

durch die Methode der dividierten Differenzen und erhalten für die erste Ableitung

$$p_2{'}(x) = a_1 + a_2\,(x - x_1) + a_2\,(x - x_0)\,.$$

Werten wir diese Ableitung an der Stelle $x = x_0$ aus und wählen einen äquidistanten Abstand, erhalten wir für die Ableitung erster Ordnung

$$f'(x_0) \approx p_2'(x_0) = a_1 + a_2(x_0 - x_1) = a_1 - a_2 h$$
$$= \frac{1}{h}(f_1 - f_0) - \frac{1}{2h}(f_2 - 2f_1 + f_0)$$
$$= \frac{1}{2h}(-3f_0 + 4f_1 - f_2).$$

2.3.3 Genauigkeit der finiten Differenzenformeln

Wir wenden die Taylor-Reihe an, um die Genauigkeit von finiten Differenzenformeln anzugeben. Für eine gegebene Funktion f und einem Punkt x_1 aus dem Definitionsbereich mit stetigen Ableitungen $\frac{d^k}{dx^k}f(x_1)$, $(k = 0 \ldots n+1)$, ist die Taylor-Entwicklung bis zur Ordnung n von f im Entwicklungspunkt x_1 gegeben durch

$$f(x) = f(x_1) + f'(x_1)(x - x_1) + \frac{1}{2!}f^{(2)}(x_1)(x - x_1)^2 + \ldots$$
$$+ \frac{1}{n!}f^{(n)}(x_1)(x - x_1)^n + O(n+1)$$

$O(n+1)$ bedeutet Terme höherer Ordnung, die durch das Taylorsche Restglied R_n abgeschätzt werden können.

Beispiel 2.4 (Fehler der zweiten Ableitung): Wir berechnen den Fehler der finiten Differenzenformel für die zweite Ableitung $f''(x_1) \approx \frac{1}{h^2}(f_2 - 2f_1 + f_0)$ bei einer äquidistanten Unterteilung des Intervalls.

Hierzu wählen wir die Taylor-Approximation für den Punkt x_1 bis zur Ordnung 4

$$f(x) = f(x_1) + f'(x_1)(x - x_1) + \frac{1}{2}f''(x_1)(x - x_1)^2 + \frac{1}{3!}f'''(x_1)(x - x_1)^3 +$$
$$+ \frac{1}{4!}f''''(x_1)(x - x_1)^4 + O(5)$$

und werten diesen Ausdruck an den Punkten $x = x_0$, $x = x_1$ und $x = x_2$ aus. Dabei berücksichtigen wir, dass $x_0 - x_1 = -h$ und $x_2 - x_1 = h$

$$f(x_0) = f(x_1) - f'(x_1)h + \frac{1}{2}f''(x_1)h^2 - \frac{1}{3!}f'''(x_1)h^3 + \frac{1}{4!}f''''(x_1)h^4 + O(5)$$
$$-2f(x_1) = -2f(x_1)$$
$$f(x_2) = f(x_1) + f'(x_1)h + \frac{1}{2}f''(x_1)h^2 + \frac{1}{3!}f'''(x_1)h^3 + \frac{1}{4!}f''''(x_1)h^4 + O(5)$$

Für die Differenzenformel bedeutet dies, dass

$$f_2 - 2f_1 + f_0 = f(x_2) - 2f(x_1) + f(x_0) = f''(x_1)h^2 + O(h^4)$$

und daher

$$\frac{1}{h^2}(f_2 - 2f_1 + f_0) = f''(x_1) + O(h^2).$$

Wir sagen, dass diese Annäherung von zweiter Ordnung ist. Das bedeutet, dass der Approximationsfehler für $h \to 0$ quadratisch gegen Null geht.

2.4 Das zweidimensionale elektrostatische Problem

Im Folgenden diskutieren wir ein zweidimensionales elektrostatisches Problem am Beispiel des in Abbildung 2.6 angegebenen Drei-Elektroden-Systems mit Spaltblende:

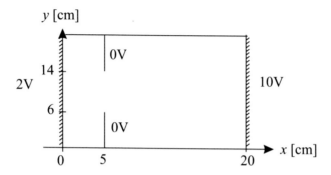

Abb. 2.6. Drei-Elektroden-System mit Spaltblende.

Da in diesem System das Potenzial Φ eine Funktion von x und y ist, muss man eine zweidimensionale Beschreibung wählen. Wie beim eindimensionalen Fall kann die gesuchte Potenzialverteilung $\Phi(x, y)$ nicht als kontinuierliche Funktion im ganzen Berechnungsgebiet bestimmt werden, sondern an gewissen (=diskreten) Punkten. Die im Abschnitt 2.2 eingeführte Differenzenmethode wenden wir nun auf das zweidimensionale Randwertproblem an. Wir folgen der Zusammenfassung für den eindimensionalen Fall und führen ein zweidimensionales Berechnungsgitter ein, um $\Phi(x, y)$ an den diskreten Gitterpunkten zu bestimmen.

2.4.1 Diskrete Beschreibung der Geometrie

Als Ränder der Geometrie werden im obigen Problem nicht nur die äußeren Ränder $\Phi(x = 0, y) = \Phi_k$ und $\Phi(x = d, y) = \Phi_A$ berücksichtigt, sondern zusätzlich auch die inneren Ränder $\Phi(x = 5, 0 \leq y \leq 6) = 0V$ und $\Phi(x = 5, 14 \leq y \leq 20) = 0V$. Damit muss das Gitter so gewählt werden, dass die Spaltblenden durch Gitterpunkte dargestellt werden. Die Linien bzw. die Punkte in Abbildung 2.7(a) und Abbildung 2.7(b) dienen als ein solches diskretes Gitter.

Wir definieren die Gitterlinien parallel zu den Koordinatenachsen. Dazu wählen wir eine gleichmäßige Unterteilung sowohl in x- als auch in y-Richtung von 40 Intervallen. Damit erhält man 41 Gitterpunkte jeweils in x- und 41 Gitterpunkte in y-Richtung (d.h. insgesamt 41 × 41 Gitterpunkte).

$$\Delta x = \frac{d}{40} = \frac{200mm}{40} = 5mm; \qquad \Delta y = \frac{200mm}{40} = 5mm.$$

Die Gitterpunkte werden gemäß der Anordnung einer Matrix als Array gespeichert: $x_{[1...41,1...41]}, y_{[1...41,1...41]}$. In unserem Fall sind die Koordinaten der Gitterpunkte

$$x_{[i,j]} = (i-1)\Delta x \quad \text{und} \quad y_{[i,j]} = (j-1)\Delta y.$$

Insbesondere wird durch diese Wahl der Gitterpunkte die Spaltblende durch Gitterpunkte repräsentiert!

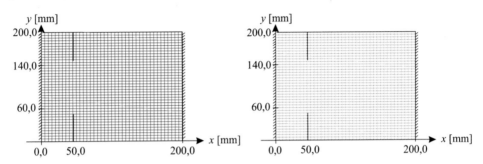

Abb. 2.7. Gitter für das Drei-Elektroden-System.

⚠ **Achtung:** Ein äquidistantes 42×42-Gitter ist für das Drei-Elektroden-System nicht möglich, um die Geometrie zu repräsentieren. Denn in diesem Fall würden die inneren Elektroden nicht durch Gitterpunkte erfasst werden; sie wären somit in der Simulation nicht vorhanden und man würde den ebenen Plattenkondensator ohne Spaltblende simulieren. Entweder muss man auf die Forderung eines äquidistanten Gitters mit konstanten Maschenweiten Δx, Δy verzichten und ein achsenparalleles Gitter mit unterschiedlichen Δx_i und Δy_j einführen. Oder man müsste zu einer 81×81-Unterteilung übergehen.

Beispiel 2.5 (Notation). Ein Gitter mit 6×5 Gitterpunkten zusammen mit der Notation der Gitterpunkte ist in Abbildung 2.8 angegeben:

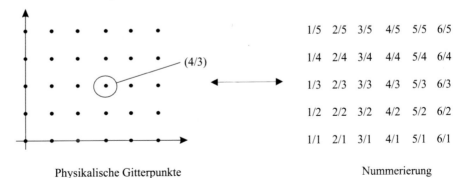

Abb. 2.8. Gitterpunkte und Nummerierung.

Links sind die Gitterpunkte dargestellt, rechts die Nummerierung dieser Gitterpunkte. Die Nummerierung beginnt links unten mit (1/1). Der erste Index gibt die Position in einer horizontalen Linie (Spaltennummer) und der zweite Index die Liniennummer an.

$\square$

2.4.2 Ersetzen der partiellen Ableitungen durch finite Differenzen

Nachdem die Geometrie durch ein diskretes Gitter erfasst ist, muss die Modellgleichung (= Laplace-Gleichung)

$$\Phi_{xx}(x,y) + \Phi_{yy}(x,y) = 0$$

auf diesen Gitterpunkten gelöst werden.

Aber gerade im zweidimensionalen Fall kann die partielle Differenzialgleichung nicht exakt gelöst werden. Man muss daher auf Näherungsverfahren zurückgreifen. Folgen wir der Zusammenfassung des eindimensionalen Problems, ersetzen wir die kontinuierlichen Ableitungen in der Laplace-Gleichung durch finite Differenzen, um zur diskreten Laplace-Gleichung zu kommen.

Betrachten wir zunächst einen beliebigen Gitterpunkt (i,j) im Berechnungsgebiet. Dieser Gitterpunkt besitzt die Koordinaten (x_{ij}, y_{ij}). Da die Laplace-Gleichung in jedem inneren Punkt des Gebietes gilt, ist sie auch im Punkt (x_{ij}, y_{ij}) gültig. An diesem Punkt ersetzen wir die kontinuierlichen Ableitungen Φ_{xx} und Φ_{yy} durch finite Differenzen:

$$\Phi_{xx}(x_{ij}, y_{ij}) \sim \frac{\Phi(x_{i-1,j}, y_{i-1,j}) - 2\Phi(x_{ij}, y_{ij}) + \Phi(x_{i+1,j}, y_{i+1,j})}{(\Delta x)^2}$$

und

$$\Phi_{yy}(x_{ij}, y_{ij}) \sim \frac{\Phi(x_{i,j-1}, y_{i,j-1}) - 2\Phi(x_{ij}, y_{ij}) + \Phi(x_{i,j+1}, y_{i,j+1})}{(\Delta y)^2},$$

wobei die Gitterpunkte folgende geometrische Anordnung besitzen.

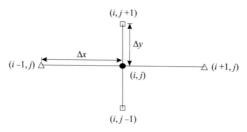

Abb. 2.9. Geometrische Anordnung des Differenzenoperators.

Wir setzen zur Abkürzung $\Phi_{ij} = \Phi(x_{ij}, y_{ij})$. Dann ist Φ_{ij} das Potenzial im Punkte (x_{ij}, y_{ij}) und wir können die diskrete Laplace-Gleichung an der Stelle (x_{ij}, y_{ij}) schreiben als

$$\Phi_{xx}(x_{ij}, y_{ij}) + \Phi_{yy}(x_{ij}, y_{ij}) \sim \frac{\Phi_{i-1,j} - 2\Phi_{ij} + \Phi_{i+1,j}}{(\Delta x)^2} + \frac{\Phi_{i,j-1} - 2\Phi_{ij} + \Phi_{i,j+1}}{(\Delta y)^2} = 0$$

bzw.

$$\frac{1}{(\Delta x)^2}\Phi_{i-1,j} - 2\left(\frac{1}{(\Delta x)^2} + \frac{1}{(\Delta y)^2}\right)\Phi_{ij} + \frac{1}{(\Delta x)^2}\Phi_{i+1,j}$$

$$+ \frac{1}{(\Delta y)^2}\Phi_{i,j-1} + \frac{1}{(\Delta y)^2}\Phi_{i,j+1} = 0.$$

(diskrete Laplace-Gleichung)

Diese Gleichung gilt für alle Punkte, die keine Randpunkte sind. Randpunkte sind aber nicht nur alle Punkte des äußeren Randes, sondern auch alle Punkte im Gebietsinneren, die Elektroden repräsentieren. Diese Randpunkte müssen getrennt behandelt werden. Im elektrostatischen Problem sind zwei unterschiedliche Typen von Randbedingungen zu betrachten:

Dirichlet-Randbedingung: Gilt für *Punkte* auf Elektroden; das Potenzial ist durch eine äußere Spannung vorgegeben. Im Falle des Drei-Elektroden-Systems sind dies die Punkte, die entweder auf Anodenspannung $\Phi_A = 10V$, auf Kathodenspannung $\Phi_K = 2V$ oder auf Zwischenspannung $\Phi_Z = 0V$ liegen.

Neumann-Randbedingung: Gilt für Rand*linien*, bei denen die Ableitung des Potenzials vorgegeben ist. Im elektrostatischen Fall ist diese Ableitung senkrecht zum Isolator gleich Null. Dann nennt man die Randbedingung auch Symmetrie-Bedingung. Bei dem Drei-Elektroden-System nehmen wir an, dass die Elektroden durch ein dielektrisches Material voneinander isoliert sind. Die physikalische Bedingung für einen elektrischen Isolator ist, dass sich das elektrische Feld nur entlang aber nicht senkrecht zum Isolator ausbilden kann.

Am oberen und unteren Rand besitzt das elektrische Feld also keine Komponente in y-Richtung, d.h. die Potenziallinien verlaufen parallel zur y-Achse:

$$\frac{\partial \Phi}{\partial y} = 0.$$

Diskretisiert bedeutet dies für den unteren Rand

$$\Phi_y(x, y = 0) \sim \frac{\Phi_{i,2} - \Phi_{i,1}}{\Delta y} = 0$$

und für den oberen Rand

$$\Phi_y(x, y = 20) \sim \frac{\Phi_{i,41} - \Phi_{i,40}}{\Delta y} = 0.$$

Nimmt man alle Feld- und Randpunkte mit ihren Bestimmungsgleichungen zusammen, erhalten wir 41×41 lineare Gleichungen für die 41×41 Gitterpunkte. Dies ist wieder ein lineares Gleichungssystem für die Potenzialwerte Φ_{ij} an den Gitterpunkten (x_{ij}, y_{ij}). Die Lösungen der Gleichungen sind dann die Potenzialwerte Φ_{ij}.

2.4.3 Aufstellen des linearen Gleichungssystems

Um die Struktur des Gleichungssystems besser zu erkennen, wählen wir im Folgenden ein 6×5-Gitter und zählen die Gitterpunkte von links unten beginnend durch:

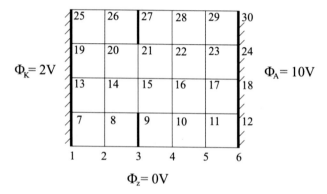

Abb. 2.10. Vereinfachtes Gitter.

Wir haben drei unterschiedliche Arten von Gitterpunkten

Dirichlet-Punkte	1, 7, 13, 19, 25	Potenzial $\Phi_K = 2V$
	6, 12, 18, 24, 30	Potenzial $\Phi_A = 10V$
	3, 9; 21, 27	Potenzial $\Phi_Z = 0V$
Neumann-Punkte	2, 4, 5; 26, 28, 29	
Feld-Punkte	Rest	

An den $6 \times 5 = 30$ Gitterpunkten stellen wir das LGS für das Potenzial Φ_{ij} auf. Der Einfachheit wegen setzen wir $\Delta x = \Delta y = 1$. Dann ist der diskrete Laplace-Operator an der Stelle (i, j) gegeben durch: Der Wert des Potenzials an der unteren Stelle $(i, j - 1)$ plus Potenzial an der oberen Stelle $(i, j + 1)$ plus Potenzialwert rechts $(i + 1, j)$ plus links $(i - 1, j)$ minus 4 mal den Potenzialwert an der Stelle (i, j). Dieser Sachverhalt wird kurz durch den **5-Sterne-Operator**

$$\begin{array}{ccc} & 1 & \\ 1 & -4 & 1 \\ & 1 & \end{array}$$

geometrisch beschrieben. Die Bilanz über alle Gitterpunkte ergibt

	1	2	3	4	5	6	7	8	9	10	11	12	13	14	15	16	17	18	19	20	21	22	23	24	25	26	27	28	29	30	
1	1																														ϕ_K
2	-1						1																								0
3		1																													ϕ_Z
4			-1					1																							0
5				-1					1																						0
6			1																												ϕ_A
7				1																											ϕ_K
8	1					1	-4	1				1																			0
9					1																										ϕ_Z
10			1				1	-4						1																	0
11				1				1	-4	1					1																0
12										1																					ϕ_A
13											1																				ϕ_K
14								1					1	-4	1				1												0
15									1					1	-4	1				1											0
16										1					1	-4	1				1										0
17											1					1	-4	1				1									0
18														1																	ϕ_A
19																1															ϕ_K
20													1						1	-4	1				1						0
21																		1													ϕ_Z
22																1					1	-4	1				1				0
23																	1					1	-4	1				1			0
24																					1										ϕ_A
25																								1							ϕ_K
26																		-1						1							0
27																									1						ϕ_Z
28																					-1						1				0
29																						-1						1			0
30																														1	ϕ_A

Dies ist das lineare Gleichungssystem, das im vierten Schritt durch geeignete Methoden gelöst wird.

2.4.4 Lösen des linearen Gleichungssystems durch geeignete Methoden

Das durch die Diskretisierung der Laplace-Gleichung aufgestellte lineare Gleichungssystem kann man bis auf Rundungsfehler z.B. durch den Gauß-Algorithmus lösen. Allerdings ist zu beachten, dass es bei höherer Gitterauflösung sehr viele Unbekannte enthält und zu sehr großen Systemen führt. Für ein 10×10-Gitter hat man 100 Unbekannte, was zu einer 100×100-Matrix führt. Für diese Matrix benötigt man dann schon 10000 Speichereinheiten. Die Nachteile des Gauß-Algorithmus liegen somit auf der Hand:

– Rundungsfehler sind dominant, da man bei jedem Eliminationsschritt die Koeffizienten der verbleibenden Matrix neu berechnet.

– Hohe Rechenzeiten, da die Rechenzeit der Elimination proportional zu $n!$ ist.

– Der Algorithmus verändert die Struktur der Matrix, da er in jedem Eliminationsschritt die Koeffizienten neu berechnet.

– Hoher Speicherbedarf; obwohl im ursprünglichen linearen Gleichungssystem viele der Koeffizienten zunächst Null sind, werden sie im Verlauf der Verfahrens geändert und durch Zahlen ungleich Null ersetzt. Damit muss im Wesentlichen die gesamte Matrix abgespeichert werden.

In der Praxis werden deshalb die linearen Gleichungssysteme meist mit **iterativen** Methoden gelöst. Drei der klassischen Iterationsverfahren werden wir in diesem Abschnitt skizzieren. Es stellt sich dabei heraus, dass sie einfacher zu handhaben sind als der Gauß-Algorithmus. Die iterativen Methoden haben aber den Nachteil, dass sie nicht für alle linearen Gleichungssysteme konvergieren, sondern nur für bestimmte für die Simulation aber relevanten! Durch diese Einschränkung werden diese Methoden in der Elementarmathematik in der Regel nicht behandelt. Einen Überblick über gängige Verfahren zum Lösen von großen linearen Gleichungssystemen findet man im Anhang A.

Wir betrachten im Folgenden ein lineares Gleichungssystem der Form

$$A\Phi = b$$

mit der $(n \times n)$-Matrix A, der rechten Seite b und dem gesuchten Lösungsvektor Φ:

$$A = (a_{ij})_{i=1,...,n;j=1,...,n}; \quad b = (b_1,..,b_n)^t; \quad \Phi = (\Phi_1,..,\Phi_n)^t.$$

Das obige System besteht aus n Zeilen der Form

$$\sum_{j=1}^{n} a_{ij}\Phi_j = b_i \qquad (i = 1,...,n).$$

(1.) Allgemeines Iterationsverfahren. Wir lösen die $i-$te Gleichungen nach Φ_i auf (d.h. Gleichung 1 nach Φ_1, Gleichung 2 nach Φ_2, ..., Gleichung n nach Φ_n)

$$\Phi_i = \frac{1}{a_{ii}} \left(b_i - \sum_{j=1}^{i-1} a_{ij}\Phi_j - \sum_{j=i+1}^{n} a_{ij}\Phi_j \right) \qquad (i = 1,\ldots,n)$$

und behandeln dieses System iterativ:

Wir geben uns eine Anfangsschätzung für die Lösung $(\Phi_1^0,\ldots,\Phi_n^0)$ des linearen Gleichungssystems vor. Im $(m+1)$-ten Schritt bestimmen wir eine Lösung über die Werte des m-ten Schritts durch die allgemeine Vorschrift

$$\Phi_i^{(m+1)} = \frac{1}{a_{ii}} \left(b_i - \sum_{j=1}^{i-1} a_{ij}\Phi_j^{(m)} - \sum_{j=i+1}^{n} a_{ij}\Phi_j^{(m)} \right) \qquad (i = 1,\ldots,n)$$

(Jacobi-Verfahren)

Das Jacobi-Verfahren ist im Worksheet **Jacobi** sowohl direkt als auch in Form einer Prozedur programmiert.

(2.) Gauß-Seidel-Verfahren. Betrachtet man das Jacobi-Verfahren, so beginnt man bei der $(m+1)$-ten Iteration mit der 1. Gleichung, um $\Phi_1^{(m+1)}$ durch die "alten" Werte $\Phi_1^{(m)}, \dots, \Phi_n^{(m)}$ zu berechnen. Anschließend wählt man Gleichung 2 und berechnet $\Phi_2^{(m+1)}$ aus den "alten" Daten $\Phi_1^{(m)}, \dots, \Phi_n^{(m)}$. Dabei kann man aber im Prinzip ausnutzen, dass $\Phi_1^{(m+1)}$ schon berechnet wurde. Man erhält also ein verbessertes Verfahren, indem man generell bei der Berechnung von $\Phi_i^{(m+1)}$ die schon aktualisierten Werte $\Phi_1^{(m+1)}, \dots, \Phi_{i-1}^{(m+1)}$ berücksichtigt:

$$\Phi_i^{(m+1)} = \frac{1}{a_{ii}} \left(b_i - \sum_{j=1}^{i-1} a_{ij} \Phi_j^{(m+1)} - \sum_{j=i+1}^{n} a_{ij} \Phi_j^{(m)} \right) \qquad i = 1, \dots, n$$

(Gauß-Seidel-Verfahren)

Das Gauß-Seidel-Verfahren ist im Worksheet **Gauß-Seidel** sowohl direkt als auch in Form einer Prozedur programmiert.

(3.) SOR-Verfahren. Das SOR-Verfahren (Successive Overrelaxation) beruht auf der Tatsache, dass die Konvergenz des Gauß-Seidel-Verfahrens erhöht werden kann, wenn man eine Linearkombination des alten Wertes $\Phi_i^{(m)}$ und des aktualisierten Wertes $\Phi_i^{(m+1)}$ wählt

$$\Phi_i^{(neu)} = w \cdot \Phi_i^{(m+1)} + (1-w) \cdot \Phi_i^{(m)}$$

(SOR-Verfahren)

Der Relaxationsparameter w liegt üblicherweise im Bereich $1 \leq w \leq 2$. Man kann zeigen, dass $0 < w < 2$ sein muss, da sonst keine Konvergenz erfolgt. Außerdem kann gezeigt werden, dass der optimale Relaxationsparameter gegeben ist durch $w_{opt} = \frac{2}{1+\sqrt{1-\rho^2}}$ wenn ρ der größte Eigenwert der Jacobi-Matrix ist. Das SOR-Verfahren ist im Worksheet **SOR** sowohl direkt als auch in Form einer Prozedur programmiert.

(4.) Abbruchkriterium. All diesen Iterationsverfahren ist gemeinsam, dass die Iteration nach einer gewissen Anzahl von Durchläufen abgebrochen werden muss. Um ein *Abbruchkriterium* zu erhalten, bestimmt man nach jeder Iteration den Fehler.

Da das lineare Gleichungssystem nicht exakt gelöst wird, berechnet man in jedem Iterationsschritt nur eine Näherung $\Phi^{(m+1)}$. Damit ist $A\,\Phi^{(m+1)} \neq b$ bzw.

$$A\,\Phi^{(m+1)} - b \neq 0.$$

Die Einzelfehler nach der $(m+1)$-ten Iteration sind somit zeilenweise gegeben durch

$$r_i^{(m+1)} = \sum_{j=1}^{n} a_{ij} \Phi_j^{(m+1)} - b_i \qquad (i = 1, \ldots, n)$$

bzw. der Gesamtfehler (auch Residuum genannt) durch

$$R^{(m+1)} = \max_{i=1,\ldots,n} |r_i^{(m+1)}| \quad \textbf{(Residuum)}$$

Als Abbruchkriterium fordert man in der Regel, dass sowohl

(1) das Residuum kleiner einer gewissen Vorgabe ist, $R^{(m+1)} < \delta_1$, als auch dass

(2) die Differenz der Werte zweier aufeinander folgender Iterationen kleiner einer vorgegebenen Schranke ist

$$\max_{i=1,\ldots,n} |\Phi_i^{(m+1)} - \Phi_i^{(m)}| < \delta_2.$$

2.4.5 Lineare Interpolation

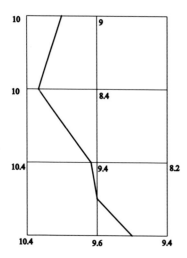

Durch Lösen des linearen Gleichungssystems z.B. mit iterativen Verfahren
erhält man die gesuchte Lösung näherungsweise an den Gitterpunkten. D.h.
die Lösung wird repräsentiert durch Wer-
te $\Phi_{i,j}$ an den Gitterpunkten $(x_{i,j}, y_{i,j})$.
Zur Interpretation dieser numerischen
Daten führt man *Äquipotenziallinien* ein.
Dies sind Linien, auf denen sich der
Wert des Potenzials nicht ändert. Das
Problem dabei ist, wie man aus den berechneten Daten auf den Gitterpunkten
zu diesen Äquipotenziallinien kommt.

Zur Klärung dieser Frage betrachten wir
Abbildung 2.11: Vorgegeben sind die Potenzialwerte an den Gitterpunkten. Ge-

Abb. 2.11. Konstruktion der 9.5-Volt-Linie. sucht ist z.B. die 9.5-Volt-Linie. Um diese Linie zu finden, wählt man sich einen Eckpunkt im Gitter (hier links oben mit 10
V) und betrachtet die beiden angrenzenden Zell-Ecken (10 V nach unten; 9 V nach
rechts). Damit ist klar, dass die 9.5-Volt-Linie durch die obere Gitterlinie geht. Lineare Interpolation besagt, dass sie genau durch die Mitte geht. D.h. die 9.5-Volt-Linie
startet an der oberen Zell-Linie in der Mitte.

Anschließend werden alle weiteren Randlinien dieser Zelle untersucht und entschieden, ob die 9.5-Volt-Linie durch eine dieser Linien geht. In unserem Fall ist dies die untere Zellbegrenzung. Lineare Interpolation legt auf dieser unteren Linie den Wert 9.5 V fest. Auf die gleiche Weise wird nun die zweite Zelle durchsucht und die Schnittpunkte der 9.5-Volt-Linie mit den Zellbegrenzungen bestimmt. Somit kommt die 9.5-Volt-Linie von der obersten Zelle durch die zweite Zelle bis hin zur untersten Zelle. Dort wird festgestellt, dass die Linie in die rechte Zellbegrenzung geht usw.

Analog zum oben beschriebenen Verfahren bestimmt man auch die 10-Volt-, 9-Volt- bzw. 8.5-Volt-Linie usw. In Abbildung 2.12 (a) sind diese Linien eingezeichnet. Kommerziell erhältliche Programme färben die Lösungsdarstellungen zusätzlich farblich ein, wie dies in Abbildung 2.12 (b) in Grautönen zu sehen ist. Dies liefert aber keine zusätzlichen Informationen, die nicht schon durch die Äquipotenziallinien gegeben sind. Lediglich die Bereiche zwischen zwei Äquipotenziallinien werden mit einer Farbe gefüllt. Die eigentliche Information ist durch die Bereichsgrenzen also Äquipotenziallinien gegeben.

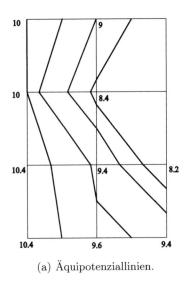

(a) Äquipotenziallinien.

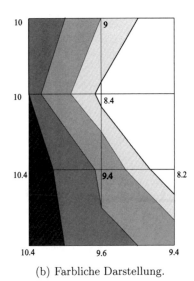

(b) Farbliche Darstellung.

Abb. 2.12. Darstellung der Lösung.

Beispiel 2.6 (Mit MAPLE). In Abbildung 2.13 ist die Lösung für das Drei-Elektroden-System auf einem 41×41-Gitter dargestellt. In den beiden Diagrammen sind die Äquipotenziallinien für die Randbedingungen ($\Phi_A = 10V, \Phi_K = 4V$ und $\Phi_Z = 0V$) bzw. ($\Phi_A = 10V, \Phi_K = 2V$ und $\Phi_Z = 0V$) dargestellt. Man beachte, dass der einzige Unterschied im Kathodenpotenzial liegt: In Abbildung 2.13 (a) ist das Kathodenpotenzial $\Phi_K = 4V$ und in 2.13 (b) $\Phi_K = 2V$.

Man erkennt im Vergleich der beiden Darstellungen sehr schön, dass eine kleine Änderung der Randbedingungen (der einzige Unterschied liegt in Φ_K) den qualitativen

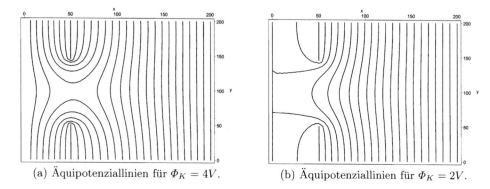

(a) Äquipotenziallinien für $\Phi_K = 4V$.   (b) Äquipotenziallinien für $\Phi_K = 2V$.

Abb. 2.13. Numerische Lösung für das Drei-Elektroden-System.

Verlauf der Lösung grundlegend ändert. Im zweiten Fall erhält man einen sog. Durchbruch der Potenziallinien, der im ersten nicht möglich ist.   □

Zusammenfassung: Finite Differenzenmethode.

Wie im eindimensionalen Fall besteht die finite Differenzenmethode auch im zweidimensionalen Fall aus fünf Schritten:

(1) **Ersetzen der Geometrie durch diskrete Punkte:** Die Geometrie wird durch ein zweidimensionales strukturiertes Berechnungsgitter repräsentiert.

(2) **Ersetzen der partiellen Ableitungen durch finite Differenzen:** Alle partiellen Ableitungen der Differenzialgleichung werden durch finite Differenzen approximiert. So kommt man bei linearen partiellen Differenzialgleichungen zu linearen Differenzengleichungen.

(3) **Aufstellen des zugehörigen LGS:** Das lineare Gleichungssystem enthält genau so viele Gleichungen wie Unbekannte (= Anzahl der Gitterpunkte).

(4) **Lösen des LGS mit einer geeigneten Methode:** In der Regel werden die durch finite Differenzenverfahren entstehenden linearen Gleichungen durch iterative Methoden gelöst.

(5) **Lineare Interpolation zwischen den diskreten Punkten:** Durch das numerische Lösen der Differenzengleichungen erhält man die Lösung an den Gitterpunkten. Durch lineare Interpolation erhält man hieraus die Äquipotenziallinien.

2.5 Verallgemeinerung

Durch die Differenzenmethode ist man prinzipiell in der Lage partielle Differenzialgleichungen in den Ortskoordinaten x, y, und z auf achsenparallelen Gittern zu diskretisieren. Für lineare Differenzialgleichungen führt die Diskretisierung auf ein lineares Gleichungssystem, das man in der Regel mit iterativen Methoden löst.

Beispiel 2.7. Am Beispiel der partiellen Differenzialgleichung

$$4\,\Phi_x + \Phi + 3\,\Phi_{xx} + 4\,\Phi_{yy} = 10$$

werden wir aufzeigen, dass die Differenzenmethode auch auf eine solche Differenzialgleichung anwendbar ist.

Zunächst stellen wir fest, dass die Diskretisierung der Differenzialgleichung unabhängig von der Geometrie ist, denn die Geometrie wird repräsentiert durch das diskrete, strukturierte Gitter. Dies bedeutet, dass jeder innere Gitterpunkt einen unteren, oberen, linken und rechten Nachbarpunkt besitzt. Wir können bei der Diskretisierung also auf diese Gitterpunkte zurückgreifen.

Wir erstellen für die Ableitungen

$$4\,\Phi_x + \Phi + 3\,\Phi_{xx} + 4\,\Phi_{yy}$$

im Punkt (i,j) den zugehörigen finiten Differenzenausdruck und geben für $\Delta x = \Delta y = 1$ die geometrische Anordnung des Differenzenoperator an.

$$4\,\Phi_x(i,j) \sim \frac{1}{\Delta x}(2\Phi_{i+1,j} - 2\Phi_{i-1,j})$$
$$3\,\Phi_{xx}(i,j) \sim \frac{1}{\Delta x^2}(3\Phi_{i+1,j} - 6\Phi_{i,j} + 3\Phi_{i-1,j})$$
$$4\,\Phi_{yy}(i,j) \sim \frac{1}{\Delta y^2}(4\Phi_{i,j+1} - 8\Phi_{i,j} + 4\Phi_{i,j-1}).$$

Setzen wir diese Näherungen für die Ableitungen in die Differenzialgleichung ein, erhalten wir im Punkt (i,j)

$$4\,\Phi_x + \Phi + 3\,\Phi_{xx} + 4\,\Phi_{yy} \sim \frac{1}{\Delta x}(2\Phi_{i+1,j} - 2\Phi_{i-1,j})$$
$$+ \Phi_{i,j}$$
$$+ \frac{1}{\Delta x^2}(3\Phi_{i+1,j} - 6\Phi_{i,j} + 3\Phi_{i-1,j})$$
$$+ \frac{1}{\Delta y^2}(4\Phi_{i,j+1} - 8\Phi_{i,j} + 4\Phi_{i,j-1}) = 10.$$

Zur übersichtlicheren Schreibweise setzen wir für $\Delta x = \Delta y = 1$. Dann erhalten wir im Punkt (i,j)

$$4\,\Phi_{i,j-1} + 1\,\Phi_{i-1,j} - 13\,\Phi_{i,j} + 5\,\Phi_{i+1,j} + 4\,\Phi_{i,j+1} = 10.$$

Dieser Sachverhalt wird wieder kurz durch einen 5-Sterne-Operator

$$\begin{array}{ccc} & 4 & \\ 1 & -13 & 5 \\ & 4 & \end{array}$$

dargestellt.

Soll die partielle Differenzialgleichung für das Gebiet aus Abbildung 2.10 gelöst werden, so erhalten wir für die angegebenen Randbedingungen das folgende lineare Gleichungssystem für die Lösung auf den Gitterpunkten:

```
    1 2 3 4  5 6 7  8 9 10  11 12 13  14  15  16  17 18 19 20 21 22  23 24 25 26 27 28 29 30|
 1 |1                                                                                        | φ_K
 2 |  -1          1                                                                          | 0
 3 |    1                                                                                    | φ_Z
 4 |     -1               1                                                                  | 0
 5 |       -1                   1                                                            | 0
 6 |         1                                                                               | φ_A
 7 |              1                                                                          | φ_K
 8 |  4          1 -13 5                 4                                                    | 10
 9 |               1                                                                         | φ_Z
10 |    4          1 -13 5                    4                                               | 10
11 |      4          1 -13 5                       4                                          | 10
12 |                   1                                                                     | φ_A
13 |                          1                                                              | φ_K
14 |              4           1 -13  5                 4                                      | 10
15 |                4           1  -13  5                  4                                 | 10
16 |                  4           1  -13  5                   4                              | 10
17 |                    4           1  -13 5                     4                           | 10
18 |                                   1                                                     | φ_A
19 |                                        1                                                | φ_K
20 |                          4             1 -13 5                      4                    | 10
21 |                                             1                                           | φ_Z
22 |                                4            1 -13  5                     4               | 10
23 |                                  4             1 -13 5                       4           | 10
24 |                                                    1                                    | φ_A
25 |                                                       1                                 | φ_K
26 |                                          -1                 1                           | 0
27 |                                                               1                         | φ_Z
28 |                                                -1                 1                     | 0
29 |                                                   -1                 1                  | 0
30 |                                                                              1          | φ_A
```

Dieses lineare Gleichungssystem wird im vierten Schritt durch iterative Methoden gelöst. Anschließend wird im fünften Schritt durch lineare Interpolation die Lösung graphisch in Form von Äquipotenziallinien dargestellt.

2.6 Aufgaben zur finiten Differenzenmethode

2.1 Gegeben ist die Differenzialgleichung

$$y''(x) + y(x) = 0,$$

die auf dem Intervall $[0, 5]$ mit den Randwerten $y(0) = 1$ und $y(5) = 0$ numerisch mit der finiten Differenzenmethode gelöst werden soll.

a) Unterteilen Sie das Intervall $[0, 5]$ in 5 Teilintervalle und stellen Sie das lineare Gleichungssystem für die Unbekannten $y_i = y(i)$ für $i = 1, \dots, 4$ auf.

b) Lösen Sie das LGS und skizzieren Sie die Lösung.

2.2 Gegeben ist die Differenzialgleichung

$$y''(x) + y'(x) = 0,$$

die auf dem Intervall $[0, 5]$ mit den Randwerten $y(0) = 1$ und $y(5) = 0$ numerisch mit der finiten Differenzenmethode gelöst werden soll.

a) Unterteilen Sie das Intervall $[0, 5]$ in 5 Teilintervalle und stellen Sie das lineare Gleichungssystem für die Unbekannten $y_i = y(i)$ für $i = 1, \dots, 4$ auf.

b) Lösen Sie das LGS und skizzieren Sie die Lösung.

2.3 a) Verwenden Sie das Newtonsche Interpolationspolynom, um eine finite Differenzenformel für die dritte Ableitung einer Funktion $f(x)$ an der Stelle x_3 zu erstellen, wenn nur die diskreten Funktionswerte an den Stellen $f_1 = f(x_1)$, $f_2 = f(x_2)$, $f_3 = f(x_3)$, $f_4 = f(x_4)$ und $f_5 = f(x_5)$ für eine gleichmäßige Unterteilung gegeben sind. Um das Ergebnis anschließend zu vereinfachen, wählen Sie $x_1 = 1$, $x_2 = 2$, $x_3 = 3$, $x_4 = 4$, $x_5 = 5$.

b) Bestimmen Sie die Genauigkeit der Differenzenformel

$$f'''(x_3) \approx \left(-\frac{1}{2\,h^3}\, f_1 + \frac{1}{h^3}\, f_2 + 0\, f_3 - \frac{1}{h^3}\, f_4 + \frac{1}{2\,h^3}\, f_5 \right)$$

2.4 a) Geben Sie eine Differenzialgleichung 2. Ordnung an, die auf die folgende finite Differenzengleichung ($\Delta x = 1$) führt

$$2\, y_{i-1} - 3\, y_i + y_{i+1} = 10.$$

b) Geben Sie eine Differenzialgleichung 2. Ordnung an, die auf die folgende finite Differenzengleichung ($\Delta x = 1$) führt

$$\frac{5}{2}\, y_{i-1} - 2\, y_i - \frac{1}{2} y_{i+1} = 5.$$

2.5 Gegeben ist das lineare Gleichungssystem $\mathbf{Ay} = \mathbf{b}$ mit

$$\mathbf{A} = \begin{pmatrix} -2 & 1 & 0 & 0 \\ 1 & -2 & 1 & 0 \\ 0 & 1 & -2 & 1 \\ 0 & 0 & 1 & -2 \end{pmatrix} \quad \text{und } \mathbf{b} = \begin{pmatrix} 1 \\ 0 \\ 0 \\ 0 \end{pmatrix}.$$

  a) Lösen Sie das LGS iterativ mit der Jacobi-Methode, indem Sie vier Iterationsschritte ausführen. Der Startvektor sei $y^{(0)} = (0,0,0,0)^t$.

  b) Lösen Sie das LGS, indem Sie einen Iterationsschritt mit dem Gauß-Seidel-Verfahren durchführen.

2.6 Gegeben ist das Potenzialproblem

$$\Phi_{xx}(x,y) + \Phi_{yy}(x,y) = 0,$$

welches für die nachfolgende Geometrie (vgl. Abb. 2.14 (a)) numerisch mit der finiten Differenzenmethode gelöst werden soll.

  a) Spezifizieren Sie für jeden Gitterpunkt den Typ (Dirichlet-, Neumann- oder Feldpunkt).

  b) Erstellen Sie das zugehörige LGS zum Lösen der Potenzialgleichung unter der Annahme, dass $\Delta x = \Delta y = 1$ (vgl. Abb. 2.14 (b)).

  c) Skizzieren Sie eine mögliche Lösung, indem Sie vier Äquipotenziallinien in Abb. 2.14 (a) qualitativ einzeichnen.

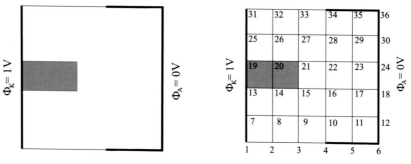

Abb. 2.14. Potenzialproblem.

2.7 Gegeben ist die partielle Differenzialgleichung

$$\Phi_{xx}(x,y) - 4\Phi_x(x,y) + 2\Phi_y(x,y) + \Phi_{yy}(x,y) = 16,$$

die für das Gebiet in Abb. 2.14 numerisch mit der finiten Differenzenmethode gelöst werden soll. Erstellen Sie das zugehörige LGS zum Lösen der Differenzialgleichung unter der Annahme, dass $\Delta x = \Delta y = 1$.

2.8 Gegeben ist ein achsenparalleles äquidistantes Gitter mit den Abständen $\Delta x = \Delta y = 1$. Erstellen Sie finite Differenzenausdrücke für die Ableitungen

$$f_x, f_y, f_{xy}, f_{xxyy},$$

wenn die Funktion f_{ij} nur an den Gitterpunkten (i, j) gegeben ist. Skizzieren Sie im Gitter, welche Punkte für die Berechnung der jeweiligen Ableitung mit einbezogen werden müssen. Wie sind die zugehörigen Gewichte?

2.9 Gegeben ist ein achsenparalleles, äquidistantes dreidimensionales Gitter mit den Abständen $\Delta x = \Delta y = \Delta z = 1$. Erstellen Sie einen finiten Differenzenausdruck für die rechte Seite der dreidimensionale Laplace-Gleichung

$$\Phi_{xx}(x, y, z) + \Phi_{yy}(x, y, z) + \Phi_{zz}(x, y, z) = 0,$$

wenn die Funktion f_{ijk} nur an den Gitterpunkten (i, j, k) gegeben ist. Skizzieren Sie im Gitter, welche Punkte für die Berechnung der jeweiligen Ableitung mit einbezogen werden müssen. Wie sind die zugehörigen Gewichte, wenn $\Delta x \neq \Delta y \neq \Delta z \neq 1$?

*2.10 Lösen Sie folgende Problemstellung, indem Sie das zugehörige MAPLE-**Worksheet** verwenden:

a) Führen Sie für ein Zwei-Elektroden-System ohne Zwischenelektrode ein (6×5)-Gitter ein (siehe Abb. 2.10) und erstellen Sie mit der finiten Differenzenmethode das zugehörige lineare Gleichungssystem ($\Phi_A = 10V; \Phi_K = 2V$).

b) Lösen Sie das unter (a) erhaltene lineare Gleichungssystem mit dem Jacobi-Verfahren, dem Gauß-Seidel-Verfahren und dem SOR-Verfahren ($w = 1.3$).

c) Lösen Sie das lineare Gleichungssystem für das Drei-Elektroden-System mit Zwischenelektrode ($\Phi_A = 10V, \Phi_K = 2V, \Phi_Z = 0V$) mit dem Jacobi-Verfahren, dem Gauß-Seidel-Verfahren und dem SOR-Verfahren.

*2.11 Gegeben ist die Poisson-Gleichung im Innern des Einheitsquadrates I^2

$$-u_{xx} - u_{yy} = -x^2 - y^2 + x + y$$
$$u(x, y) = 0 \qquad \text{auf dem Rand von } I^2.$$

Die exakte Lösung ist gegeben durch $u(x, y) = \frac{1}{2} x(x - 1)y(y - 1)$.

a) Lösen Sie die partielle Differenzialgleichung mit der Differenzenmethode für die Werte $\Delta x = \Delta y = \frac{1}{10}$, $\Delta x = \Delta y = \frac{1}{20}$, $\Delta x = \Delta y = \frac{1}{40}$, $\Delta x = \Delta y = \frac{1}{100}$.

b) Vergleichen Sie die numerische Lösung mit der exakten Lösung. Welche Aussagen über die Genauigkeit kann man in Abhängigkeit der Schrittweite machen?

3. Randangepasste Gitter

Wir werden in diesem Kapitel technisch relevante Gebiete betrachten, bei denen die Ränder der Apparatur nicht parallel zu den Koordinatenachsen sind, sondern Krümmungen und Kanten aufweisen. Um in diesen Gebieten das Potenzialproblem numerisch zu lösen, müssen wir das Gitterkonzept und die in Kapitel 2 beschriebene Vorgehensweise auf kompliziertere Gebiete übertragen und das Gittermodell verallgemeinern.

Betrachten wir als Modellgebiet ein Zwei-Elektroden-System mit einspringender Kante wie es in Abbildung 3.1 gezeigt ist. Wir nehmen an, dass die linke Elektrode auf Kathodenpotenzial $\Phi_K = 0$ Volt und die rechte auf Anodenpotenzial $\Phi_A = 10$ Volt liegt. Gesucht ist die Potenzialverteilung im Innern sowie das maximale elektrische Feld auf der Kathodenoberfläche.

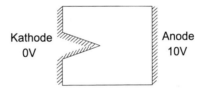

Abb. 3.1. Gebiet mit Kante.

Wie man sehr schnell feststellt, reichen die achsenparallelen Gitter nicht aus, um solche Gebiete adäquat zu beschreiben. Wir führen deshalb nach einem Überblick über mögliche Gitter in Abschnitt 3.2 randangepasste Gitter ein, um diese technisch relevanten Gebiete geeignet zu beschreiben. Im Abschnitt 3.3 zeigen wir, wie die Laplace-Gleichung auf diesen randangepassten Gittern gelöst wird.

3.1 Beschreibung anwendungsrelevanter Gebiete

Um das Potenzialproblem in einfachen Gebieten zu lösen, haben wir ein achsenparalleles Gitter eingeführt und die gesuchte Potenzialverteilung auf den diskreten Gitterpunkten berechnet. Aber schon beim Beispiel des Gebietes mit einer Kante als Kathode (siehe Abbildung 3.1) oder einer gekrümmten Kathode (siehe Abbildung 3.2) ist ein achsenparalleles Gitter dem Problem nicht mehr angemessen.

© Springer-Verlag GmbH Deutschland, ein Teil von Springer Nature 2021
T. Westermann, *Modellbildung und Simulation*,
https://doi.org/10.1007/978-3-662-63045-7_3

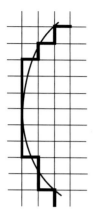

Abb. 3.2. Gekrümmter Rand.

Betrachten wir das in Abbildung 2.2 skizzierte Gebiet mit einem gekrümmten Rand. Durch ein achsenparalleles Gitter wird dieser Rand treppenförmig approximiert. Jede einspringende Ecke führt zu Feldüberhöhungen, die im physikalischen Problem nicht vorhanden sind.

Da aber gerade die Lösung der zweidimensionalen Potenzialgleichung nicht mehr analytisch berechnet werden kann, müssen in diesen Gebieten diskrete Gitterpunkte eingeführt werden, auf denen die gesuchte Funktion numerisch berechnet wird. Nachfolgende Abbildung enthält drei Typen von möglichen Gittern für ein Gebiet mit einspringender Kante:

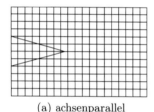

(a) achsenparallel

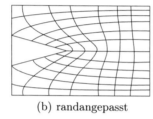

(b) randangepasst

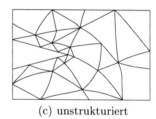

(c) unstrukturiert

Abb. 3.3. Unterschiedliche Gitter für ein Gebiet mit Kante.

(a) besteht aus äquidistanten, **achsenparallelen Gitterlinien**. Dieses Gitter ist das einfachste Gitter. Jeder innerer Punkt hat einen rechten, linken, oberen und unteren Nachbarn. Damit sind finite Differenzenverfahren anwendbar. Um die Kante jedoch einigermaßen genau darzustellen, muss man eine hohe Gitterauflösung im gesamten Berechnungsgebiet wählen. Aber selbst bei höherer Gitterauflösung wird die Kante stufenweise approximiert ⤳ *hohe Rechenzeiten und dennoch große Diskretisierungsfehler.*

(b) zeigt ein **randangepasstes Gitter**: Die Gitterlinien passen sich wie Potenziallinien dem Rand des Gebietes an. Randangepasste Gitter besitzen ebenfalls eine *logische Struktur*: Jeder innere Punkt hat einen rechten, linken, oberen und unteren Nachbarn. Durch diese Eigenschaft können finite Differenzenverfahren übertragen und die entsprechenden Differenzialgleichungen diskretisiert werden.

(c) stellt ein **unstrukturiertes Gitter** (Finite-Elemente-Gitter) dar. Mit diesem Gittertyp können sehr komplizierte, technische Apparaturen erfasst werden. Die Datenstruktur solcher Finite-Elemente-Gitter ist aber kompliziert und finite Differenzenverfahren können **nicht** angewendet werden. Zur Berechnung der Lösung der Differenzialgleichungen benötigt man dann Variationsmethoden, die auf das Finite-Elemente-Verfahren führen.

Wir werden im Folgenden aufzeigen, wie einfach man randangepasste Gitter erzeugen kann und wie die Differenzenmethode zum Lösen der Poisson-Gleichung aus Kapitel 2 auf diese Gitter übertragen wird.

3.2 Erzeugung von randangepassten Gittern

Die Grundidee bei der Erzeugung von randangepassten Gittern liegt darin, dass die physikalische Geometrie Ω in der (x, y)-Ebene auf ein "logisches" Rechteck Ω' in der (ξ, η)-Ebene abgebildet wird. In diesem Rechteck Ω' wird ein äquidistantes, achsenparalleles Gitter eingeführt. Dieses äquidistante Gitter wird dann wiederum auf die physikalische Geometrie zurück transformiert.

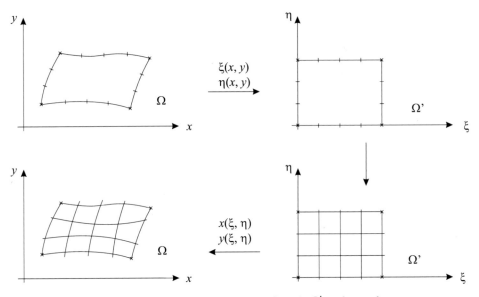

Abb. 3.4. Transformationen von Ω nach Ω' und zurück.

Die Transformation setzt voraus, dass auf dem Rand des physikalischen Gebietes vier Eckpunkte (links unten, rechts unten, rechts oben und links oben) gewählt werden. Diese mit Orientierung spezifizierten Punkte werden dann auf die Eckpunkte des logischen Rechtecks abgebildet.

Um auf geeignete Gittererzeugungsgleichungen zu kommen, formulieren wir zuerst Eigenschaften, die für ein Berechnungsgitter wünschenswert sind:

Forderungen an das Gitter:

1. Horizontale (vertikale) Gitterlinien dürfen sich nicht überschneiden.

2. Horizontale und vertikale Gitterlinien sollten senkrecht aufeinander stehen.

3. Die Gitterzellen sollten möglichst quadratisch sein.

Wir würden gerne Gitterlinien erzeugen, die sich wie Äquipotenziallinien verhalten. Denn die Potenziallinien zusammen mit den Feldlinien erfüllen unsere Wünsche nach einem geeigneten Gitter.

Gittererzeugung: Seien $\xi(x, y)$ und $\eta(x, y)$ die Abbildungen des physikalischen Gebietes Ω in der (x, y)-Ebene auf das logische Rechteck Ω' in der (ξ, η)-Ebene. D.h. jedem Punkt (x, y) im Gebiet Ω wird ein Punkt (ξ, η) im logischen Rechteck zugeordnet. Nach den Vorbemerkungen definieren wir eine Transformation, die durch die Potenzialgleichung bestimmt ist:

$$\Delta\xi(x, y) = -P, \quad \Delta\eta(x, y) = -Q. \tag{3.1}$$

Um auf die Gitterpunkte zu kommen, benötigen wir aber die Umkehrtransformationen $x(\xi, \eta)$ und $y(\xi, \eta)$, die jeden Punkt aus dem logischen Gebiet auf einen Punkt im physikalischen Gebiet Ω abbilden. Dann wird jede Gitterlinie aus dem logischen Gebiet auf eine Gitterlinie im physikalischen Gebiet abgebildet. Die Umkehrfunktionen $x(\xi, \eta)$ und $y(\xi, \eta)$ vom logischen Rechteck auf das physikalische Gebiet erfüllen die Gleichungen

$$\alpha\, x_{\xi\xi} - 2\beta\, x_{\xi\eta} + \gamma\, x_{\eta\eta} + J^2\, x_\xi\, P + J^2\, x_\eta\, Q = 0 \tag{3.2}$$

$$\alpha\, y_{\xi\xi} - 2\beta\, y_{\xi\eta} + \gamma\, y_{\eta\eta} + J^2\, y_\xi\, P + J^2\, y_\eta\, Q = 0 \tag{3.3}$$

mit den Größen:

$$J := x_\xi y_\eta - y_\xi x_\eta$$

$$\alpha := x_\eta^2 + y_\eta^2$$

$$\beta := x_\xi x_\eta + y_\xi y_\eta$$

$$\gamma := x_\xi^2 + y_\xi^2.$$

Bemerkungen:

(1) Mit den noch frei wählbaren Parametern P und Q besitzen wir Kontrollparameter, um das Gitter an bestimmten Punkten zusammenzuziehen bzw. Gitterlinien zu entzerren.

(2) Die Transformationsgleichungen (3.2) und (3.3) sind Spezialfälle der Gleichungen (3.6) aus Abschnitt 3.3: Man setzt in den Gleichungen (3.4) und (3.5) für die x-Koordinate $\widetilde{\Phi}(\xi, \eta) = \xi$ bzw. für die y-Koordinate $\widetilde{\Psi}(\xi, \eta) = \eta$.

Man beachte, dass wir im transformierten (ξ, η)-Gebiet achsenparallele Ränder haben und wir somit ein achsenparalleles Gitter einführen können. Wir lösen die Gittergleichungen numerisch auf diesem achsenparallelen Gitter, indem wir die partiellen Ableitungen durch finite Differenzen ersetzen:

$$x_\xi \sim \frac{x_{i+1,j} - x_{i-1,j}}{2\Delta\xi}, \qquad y_\xi \sim \frac{y_{i+1,j} - y_{i-1,j}}{2\Delta\xi}$$

$$x_\eta \sim \frac{x_{i,j+1} - x_{i,j-1}}{2\Delta\eta}, \qquad y_\eta \sim \frac{y_{i,j+1} - y_{i,j-1}}{2\Delta\eta}$$

$$x_{\xi\xi} \sim \frac{x_{i+1,j} - 2x_{i,j} + x_{i-1,j}}{\Delta\xi^2}$$

$$x_{\eta\eta} \sim \frac{x_{i,j+1} - 2x_{i,j} + x_{i,j-1}}{\Delta\eta^2}$$

$$x_{\xi\eta} \sim \frac{x_{i+1,j+1} - x_{i-1,j+1} - x_{i+1,j-1} + x_{i-1,j+1}}{4\Delta\xi\Delta\eta}.$$

Seien $n = i_{max}$ die maximale Anzahl der Gitterpunkte in x- und $m = j_{max}$ die maximale Anzahl in y-Richtung. Durch Einsetzen der finite Differenzen in Gleichung 3.2 und 3.3 erhalten wir ein LGS für $(x_{ij})_{i=1,\dots,n;j=1,\dots,m}$ und $(y_{ij})_{i=1,\dots,n;j=1,\dots,m}$, welches z.B. wie unten angegeben mit einem SOR-Verfahren gelöst wird. Man beachte, dass alle Randpunkte vorgegeben sind, d.h. die Randbedingungen sind im Falle der Gittererzeugung reine Dirichlet-Werte! Dies führt auf den folgenden Algorithmus für die Berechnung eines randangepassten Gitters.

Algorithmus zum Erzeugen von randangepassten Gitter:

```
dmax=0
do  i=2, imax-1
    do  j=2, jmax-1

        x_xi  = (x[i+1,j]-x[i-1,j])/2.
        x_eta = (x[i,j+1]-x[i,j-1])/2.
        y_xi  = (y[i+1,j]-y[i-1,j])/2.
        y_eta = (y[i,j+1]-y[i,j-1])/2.

        alpha = x_eta*x_eta + y_eta*y_eta
        beta  = x_xi*x_eta + y_xi*y_eta
        gamma = x_xi*x_xi + y_xi*y_xi

        C  = -2. * (alpha+gamma)
        amu = -2./C *(alpha*cos(pi/(imax-1))+gamma*cos(pi/(jmax-1)) )
        omega = 2./(1. + SQRT(1-amu*amu))

        C1 = -alpha/C
        C2 = beta/(2.*C)
        C3 = -gamma/C
```

```
xN = C1*(x[i+1,j]+x[i-1,j])
     + C2*(x[i+1,j+1]-x[i-1,j+1]-x[i+1,j-1]+x[i-1,j-1])
     + C3*(x[i,j+1]+x[i,j-1])

yN = C1*(y[i+1,j]+y[i-1,j])
     + C2*(y[i+1,j+1]-y[i-1,j+1]-y[i+1,j-1]+y[i-1,j-1])
     + C3*(y[i,j+1]+y[i,j-1])

xN = (1.-omega)*x[i,j] + omega*xN
yN = (1.-omega)*y[i,j] + omega*yN

dmax = max(abs(x[i,j]-xN), abs(y[i,j]-yN), dmax)

x[i,j] = xN
y[i,j] = yN
    end do
  end do
```

Die Iteration wird über alle inneren Gitterpunkte so lange durchgeführt, bis dmax kleiner einer vorgegebenen Genauigkeit δ wird.

Zusammenfassung: Randangepasste Gitter.

Wesentlich für die Strukturierung eines randangepassten Gitters für ein Gebiet Ω ist, dass man vier Punkte auf dem Rand von Ω auswählt, welche den vier Eckpunkten des logischen Gebietes Ω' entsprechen. Dies sind der linke untere (lu), der rechte untere (ru) sowie der rechte obere (ro) und der linke obere (lo) Eckpunkt. Durch diese charakteristischen Punkte definiert man die untere, rechte, obere und linke Begrenzungslinie. Anschließend wird die Anzahl der Unterteilungen auf dem rechten (bzw. linken) Rand festgelegt sowie die Koordinaten der Start- und Endpunkte der vertikalen Linien. Gleiches wird für die obere und untere Randlinie spezifiziert.

⚠ Durch die Anzahl der Randpunkte auf der linken Seite ist auch automatisch die Anzahl der Randpunkte auf der rechten Seite festgelegt. Denn jede Gitterlinie, die am linken Rand beginnt, muss am rechten Rand enden. Gleiches gilt für die untere bzw. obere Randlinie: Jede Gitterlinie, die unten startet, muss am oberen Rand enden.

FEM Simulationen: Um das Arbeiten mit randangepassten Gittern bei einfachen Gebieten einzuüben, wurde die App **FEM Simulationen** für Smartphones entwickelt, mit der man nach interaktiver Spezifikation der Eckpunkte randangepasste Gitter erzeugt. Diese FEM-App kann kostenfrei von Androids PlayStore oder Apples AppStore geladen werden. Nach Festlegung aller Randbedingungen wird mit dem Programm auch die Laplace-Gleichung auf den erzeugten randangepassten Gittern mit der Finiten-Elemente-Methode (siehe Abschnitt 5.2) gelöst, die Äquipotenziallinien berechnet und dargestellt. Wir verwenden dieses Programm an dieser Stelle, um randangepasste Gitter zu erzeugen, wie das folgende Beispiel zeigt.

Beispiel 3.1. Anhand eines L-förmigen Gebietes wird die Vorgehensweise bei der Definition von randangepassten Gittern erläutert. Man beachte, dass durch die Festlegung der vier Eckpunkte links unten (LU), rechts unten (RU), rechts oben (RO) und links oben (LO) der Charakter des Gitters mit festgelegt wird.

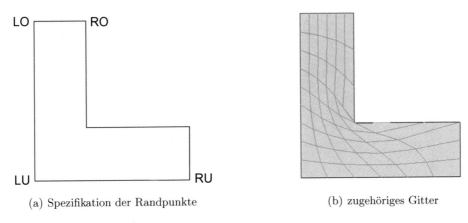

(a) Spezifikation der Randpunkte   (b) zugehöriges Gitter

Abb. 3.5. Randangepasstes Gitter für das L-förmige Gebiet.

Wir wählen in einem ersten Versuch (siehe Abbildung 3.5 (a)) die vier Eckpunkte, wie es der geometrischen Anordnung entspricht: LU als die linke untere, RU als die rechte untere, RO als die rechte obere und LO als die linke obere Ecke. Dann legt man dadurch ein Gitter fest, das insbesondere in der Nähe der Kante sehr verzerrt ist.

Beispiel 3.2. Wählt man statt der zunächst offensichtlichen Wahl der vier Eckpunkte eine modifizierte Anordnung (siehe Abbildung 3.6 (a)), so erhält man ein für die Simulation besser geeignetes Gitter, wie es in Abbildung 3.6 (b) angegeben ist.

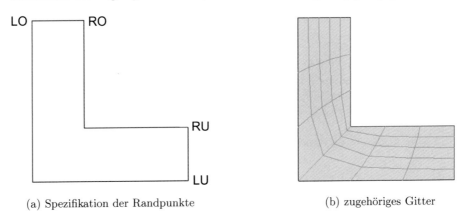

(a) Spezifikation der Randpunkte   (b) zugehöriges Gitter

Abb. 3.6. Randangepasstes Gitter für das L-förmige Gebiet.

Beispiel 3.3 (Anwendung). Kommen wir nun auf das Gebiet mit einspringender Kante. Mit dem oben beschriebenen Gitteralgorithmus erhält man das folgende randangepasste Gitter:

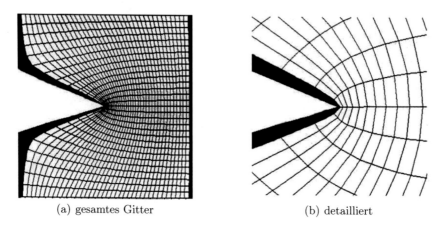

(a) gesamtes Gitter   (b) detailliert

Abb. 3.7. Randangepasstes Gitter für das Gebiet mit Kante.

Anhand des Gitters (siehe Abbildung 3.7 (a)) erkennt man, dass die Gitterlinien sowohl dem Rand des Berechnungsgebietes folgen als auch eine hohe Auflösung an der einspringenden Kante garantieren. Die höhere Auflösung an der Kante kommt zustande, da wir hier den Abstand der Randpunkte kleiner gewählt haben. Dies erkennt man deutlich am Ausschnitt (siehe Abbildung 3.7 (b)), welcher eine Vergrößerung der Kante zeigt.

Man sieht auch, dass jeder innere Punkt einen rechten, linken sowie oberen und unteren Nachbarpunkt besitzt! Auf diesem Berechnungsgitter wird anschließend die eigentliche physikalische Differenzialgleichung gelöst.   □

⚠ Allerdings können die einfachen Differenzenformeln für die Ableitungen bei diesen verzerrten Gittern nicht direkt angewendet werden. Denn bei den einfachen achsenparallelen Gittern ersetzen wir z.B. die partielle Ableitung

$$f_x(x_{i,j}, y) \sim \frac{f(x_{i+1,j}, y) - f(x_{i-1,j}, y)}{2\Delta x},$$

indem wir die y-Koordinate festhalten und x variieren. D.h. wir gehen parallel zur x-Achse, um die Information auf den benachbarten Punkte zu holen. Bei randangepassten Gittern ist dies nicht möglich: Geht man entlang einer Gitterlinien, dann ist in der Regel weder die x- noch y-Koordinate konstant. Man muss also die Formeln auf diese Situation anpassen, wie es im nächsten Abschnitt beschrieben wird.

3.3 Lösen der Poisson-Gleichung auf randangepassten Gittern

Wir haben das physikalische Gebiet Ω, das in der (x, y)-Ebene liegt, auf ein Rechteck Ω' in der (ξ, η)-Ebene transformiert. Nun transformieren wird auch die Poisson-Gleichung und lösen die Differenzialgleichung in Ω', indem wir die Ableitungen von Φ nach x bzw. y durch Ableitungen nach ξ und η ersetzen. Diese Ableitungen wiederum werden anschließend durch die entsprechenden Differenzenausdrücke diskretisiert.

Grundgleichungen: Um die Transformationsformeln zu erhalten, betrachten wir das Potenzial Φ zwar als eine Funktion von x und y; da aber x und y wiederum von ξ und η abhängen, gilt

$$\widetilde{\Phi}(\xi, \eta) := \Phi(x(\xi, \eta), y(\xi, \eta)).$$

Nach der Kettenregel erhalten wir

$$\widetilde{\Phi}_\xi = \frac{\partial \Phi}{\partial x}\frac{\partial x}{\partial \xi} + \frac{\partial \Phi}{\partial y}\frac{\partial y}{\partial \xi} = \Phi_x x_\xi + \Phi_y y_\xi \tag{3.4}$$

$$\widetilde{\Phi}_\eta = \frac{\partial \Phi}{\partial x}\frac{\partial x}{\partial \eta} + \frac{\partial \Phi}{\partial y}\frac{\partial y}{\partial \eta} = \Phi_x x_\eta + \Phi_y y_\eta. \tag{3.5}$$

Dies ist ein LGS für Φ_x und Φ_y in der Form:

$$\begin{pmatrix} x_\xi & y_\xi \\ x_\eta & y_\eta \end{pmatrix} \begin{pmatrix} \Phi_x \\ \Phi_y \end{pmatrix} = \begin{pmatrix} \widetilde{\Phi}_\xi \\ \widetilde{\Phi}_\eta \end{pmatrix}.$$

Mit der Cramerschen Regel lässt sich dieses LGS nach Φ_x und Φ_y auflösen:

$$\Phi_x = \frac{1}{J}\left(y_\eta \widetilde{\Phi}_\xi - y_\xi \widetilde{\Phi}_\eta\right)$$

$$\Phi_y = \frac{1}{J}\left(-x_\eta \widetilde{\Phi}_\xi + x_\xi \widetilde{\Phi}_\eta\right)$$

mit

$$J = x_\xi y_\eta - y_\xi x_\eta.$$

Vorgehen: Mit der analogen Vorgehensweise wie für die Berechnung von Φ_x bzw. Φ_y über $\widetilde{\Phi}_\xi$ und $\widetilde{\Phi}_\eta$ drückt man auch die zweiten partiellen Ableitungen Φ_{xx} und Φ_{yy} durch $\widetilde{\Phi}_\xi$, $\widetilde{\Phi}_\eta$, $\widetilde{\Phi}_{\xi\xi}$, $\widetilde{\Phi}_{\eta\eta}$ und $\widetilde{\Phi}_{\xi\eta}$ aus. Man ersetzt also alle Ableitungen nach x und y durch die entsprechenden Ableitungen nach ξ und η. Der Vorteil ist, dass man die Ableitungen $\widetilde{\Phi}_\xi$, $\widetilde{\Phi}_\eta$, $\widetilde{\Phi}_{\xi\xi}$, $\widetilde{\Phi}_{\eta\eta}$ und $\widetilde{\Phi}_{\xi\eta}$ im Rechteckgebiet einfach mit den Näherungsformeln für achsenparallele Gitter diskretisieren kann.

Transformationsformeln: Durch nochmaliges Differenzieren von Gleichungen (3.4) und (3.5) nach ξ bzw. η folgt

$$\widetilde{\Phi}_{\xi\xi} = \Phi_{xx} x_\xi^2 + {} + \Phi_x x_{\xi\xi} + \Phi_{yy} y_\xi^2 + \Phi_y y_{\xi\xi} + 2x_\xi \Phi_{xy} y_\xi$$

$$\widetilde{\Phi}_{\eta\eta} = \Phi_{xx} x_\eta^2 + {} + \Phi_x x_{\eta\eta} + \Phi_{yy} y_\eta^2 + \Phi_y y_{\eta\eta} + 2x_\eta \Phi_{xy} y_\eta$$

$$\widetilde{\Phi}_{\xi\eta} = \Phi_{xx} x_\xi x_\eta + \Phi_x x_{\xi\eta} + \Phi_{yy} y_\xi y_\eta + \Phi_y y_{\xi\eta} + (x_\xi y_\eta + y_\xi x_\eta)\Phi_{xy}.$$

Wir lösen dieses lineare Gleichungssystem für die partiellen Ableitungen nach Φ_{xx}, Φ_{yy} und Φ_{xy} auf. Nach aufwändiger aber elementarer Rechnung oder unter Verwendung von MAPLE (siehe Worksheet **BfcTransform**) erhalten wir

$$
\Phi_x = \frac{1}{J}\left(y_\eta\,\widetilde{\Phi}_\xi - y_\xi\,\widetilde{\Phi}_\eta\right) \tag{3.6}
$$

$$
\Phi_y = \frac{1}{J}\left(-x_\eta\,\widetilde{\Phi}_\xi + x_\xi\,\widetilde{\Phi}_\eta\right)
$$

$$
\Phi_{xx} = \frac{1}{J^2}\,y_\eta^2\,\widetilde{\Phi}_{\xi\xi} + \frac{1}{J^2}\,y_\xi^2\,\widetilde{\Phi}_{\eta\eta} - \frac{2}{J^2}\,y_\xi y_\eta\,\widetilde{\Phi}_{\xi\eta}
$$

$$
+ \frac{1}{J^3}\left(-y_\eta\,(y_\eta^2\,x_{\xi\xi} - 2y_\eta y_\xi\,x_{\xi\eta} + y_\xi^2\,x_{\eta\eta}) + x_\eta\,(y_\eta^2\,y_{\xi\xi} - 2y_\eta y_\xi\,y_{\xi\eta} + y_\xi^2\,y_{\eta\eta})\right)\widetilde{\Phi}_\xi
$$

$$
+ \frac{1}{J^3}\left(y_\xi\,(y_\eta^2\,x_{\xi\xi} - 2y_\eta y_\xi\,x_{\xi\eta} + y_\xi^2\,x_{\eta\eta}) - x_\xi\,(y_\eta^2\,y_{\xi\xi} - 2y_\eta y_\xi\,y_{\xi\eta} + y_\xi^2\,y_{\eta\eta})\right)\widetilde{\Phi}_\eta
$$

$$
\Phi_{yy} = \frac{1}{J^2}\,x_\eta^2\,\widetilde{\Phi}_{\xi\xi} + \frac{1}{J^2}\,x_\xi^2\,\widetilde{\Phi}_{\eta\eta} - \frac{2}{J^2}\,x_\xi x_\eta\,\widetilde{\Phi}_{\xi\eta}
$$

$$
+ \frac{1}{J^3}\left(-y_\eta\,(x_\eta^2\,x_{\xi\xi} - 2x_\eta x_\xi\,x_{\xi\eta} + x_\xi^2\,x_{\eta\eta}) + x_\eta\,(x_\eta^2\,y_{\xi\xi} - 2x_\eta x_\xi\,y_{\xi\eta} + x_\xi^2\,y_{\eta\eta})\right)\widetilde{\Phi}_\xi
$$

$$
+ \frac{1}{J^3}\left(y_\xi\,(x_\eta^2\,x_{\xi\xi} - 2x_\eta x_\xi\,x_{\xi\eta} + x_\xi^2\,x_{\eta\eta}) - x_\xi\,(x_\eta^2\,y_{\xi\xi} - 2x_\eta x_\xi\,y_{\xi\eta} + x_\xi^2\,y_{\eta\eta})\right)\widetilde{\Phi}_\eta
$$

$$
\Phi_{xy} = +\frac{1}{J^2}\,x_\eta y_\eta\,\widetilde{\Phi}_{\xi\xi} + \frac{1}{J^2}\,x_\xi y_\xi\,\widetilde{\Phi}_{\eta\eta} - \frac{1}{J^2}\,(x_\xi y_\eta + x_\eta y_\xi)\,\widetilde{\Phi}_{\xi\eta}
$$

$$
+ \frac{1}{J^3}\left(-y_\eta\,[x_\eta y_\eta\,x_{\xi\xi} - (x_\xi y_\eta + x_\eta y_\xi)\,x_{\xi\eta} + x_\xi y_\xi\,x_{\eta\eta}]\right.
$$

$$
\left. + x_\eta\,[x_\eta y_\eta\,y_{\xi\xi} - (x_\xi y_\eta + x_\eta y_\xi)\,y_{\xi\eta} + x_\xi y_\xi\,y_{\eta\eta}]\right)\widetilde{\Phi}_\xi
$$

$$
+ \frac{1}{J^3}\left(y_\xi\,[x_\eta y_\eta\,x_{\xi\xi} - (x_\xi y_\eta + x_\eta y_\xi)\,x_{\xi\eta} + x_\xi y_\xi\,x_{\eta\eta}]\right.
$$

$$
\left. - x_\xi\,[x_\eta y_\eta\,y_{\xi\xi} - (x_\xi y_\eta + x_\eta y_\xi)\,y_{\xi\eta} + x_\xi y_\xi\,y_{\eta\eta}]\right)\widetilde{\Phi}_\eta
$$

mit $J = x_\xi y_\eta - y_\xi x_\eta$.

Wir ersetzen nun in der Poisson-Gleichung die partiellen Ableitungen Φ_{xx} und Φ_{yy} durch die in (3.6) angegebenen Formeln und erhalten die transformierte Poisson-Gleichung. Bevor wir diese allerdings formelmäßig angeben, verallgemeinern wir die Problemstellung: Bisher hatten wir die Potenzialgleichung nur in kartesischen Koordinaten aufgestellt: $\Delta\Phi(x,y) = \Phi_{xx}(x,y) + \Phi_{yy}(x,y) = -\frac{1}{\epsilon}\,\rho(x,y)$. In der Praxis treten jedoch oftmals rotationssymmetrische Probleme auf. Dann verwendet man zur Beschreibung des Problems keine kartesischen, sondern Zylinderkoordinaten (z,r). In diesen Zylinderkoordinaten lautet die Potenzialgleichung

$$
\Phi_{zz}(z,r) + \Phi_{rr}(z,r) + \frac{1}{r}\Phi_r(z,r) = -\frac{\rho(z,r)}{\epsilon}.
$$

Wenn die Potenzialgleichung nur in kartesischen Koordinaten gelöst werden soll, dann entfällt der unterstrichene Term.

Poisson-Gleichung in der $(\xi,\, \eta)$-Ebene: Ersetzt man in der Potenzialgleichung die Ableitungen nach r und z durch die entsprechenden Ableitungen nach ξ und η, so erhält man im logischen Gebiet die transformierte Poisson-Gleichung:

$$\alpha\, \widetilde{\Phi}_{\xi\xi} - 2\beta\, \widetilde{\Phi}_{\xi\eta} + \gamma\, \widetilde{\Phi}_{\eta\eta} + (\tau - \underline{z_\eta J/r})\, \widetilde{\Phi}_\xi + (\sigma - \underline{z_\xi J/r})\, \widetilde{\Phi}_\eta = -J^2 \rho/\epsilon_0$$

mit

$$\sigma := (r_\xi Dz - z_\xi Dr)/J, \; \tau := (z_\eta Dr - r_\eta Dz)/J$$

und

$$Dz := \alpha z_{\xi\xi} - 2\beta z_{\xi\eta} + \gamma z_{\eta\eta}, \; Dr := \alpha r_{\xi\xi} - 2\beta r_{\xi\eta} + \gamma r_{\eta\eta}.$$

Dabei sind die Koeffizienten α, β und γ wie bei den Gittererzeugungsgleichungen definiert:

$$J := x_\xi y_\eta - y_\xi x_\eta$$
$$\alpha := x_\eta^2 + y_\eta^2$$
$$\beta := x_\xi x_\eta + y_\xi y_\eta$$
$$\gamma := x_\xi^2 + y_\xi^2.$$

Die Koeffizienten hängen nur von der Lage der Gitterpunkte ab, d.h. sie spiegeln die Verzerrung des Gitters wieder. Ersetzt man die kontinuierlichen Ableitungen der Differenzialgleichung am Gitterpunkt (i, j) durch zentrale Differenzen

$$\widetilde{\Phi}_\xi(i, j) \sim \frac{\widetilde{\Phi}_{i+1,j} - \widetilde{\Phi}_{i-1,j}}{2\Delta\xi}$$

$$\widetilde{\Phi}_\eta(i, j) \sim \frac{\widetilde{\Phi}_{i,j+1} - \widetilde{\Phi}_{i,j-1}}{2\Delta\eta}$$

$$\widetilde{\Phi}_{\xi\xi}(i, j) \sim \frac{\widetilde{\Phi}_{i+1,j} - 2\,\widetilde{\Phi}_{i,j} + \widetilde{\Phi}_{i-1,j}}{\Delta\xi^2}$$

$$\widetilde{\Phi}_{\eta\eta}(i, j) \sim \frac{\widetilde{\Phi}_{i,j+1} - 2\,\widetilde{\Phi}_{i,j} + \widetilde{\Phi}_{i,j-1}}{\Delta\eta^2}$$

$$\widetilde{\Phi}_{\xi\eta}(i, j) \sim \frac{\widetilde{\Phi}_{i+1,j+1} - \widetilde{\Phi}_{i-1,j+1} - \widetilde{\Phi}_{i+1,j-1} + \widetilde{\Phi}_{i-1,j-1}}{4\Delta\xi\Delta\eta}$$

erhält man ein lineares Gleichungssystem für die gesuchten Größen $\widetilde{\Phi}_{i,j}$ (= Potenzial am Gitterpunkt (i, j)):

$$M_{i,j}\,\widetilde{\Phi}_{i-1,j-1} + L_{i,j}\,\widetilde{\Phi}_{i-1,j} - M_{i,j}\,\widetilde{\Phi}_{i-1,j+1}$$
$$+ U_{i,j}\,\widetilde{\Phi}_{i,j-1} + C_{i,j}\,\widetilde{\Phi}_{i,j} + O_{i,j}\,\widetilde{\Phi}_{i,j+1}$$
$$- M_{i,j}\,\widetilde{\Phi}_{i+1,j-1} + R_{i,j}\,\widetilde{\Phi}_{i+1,j} + M_{i,j}\,\widetilde{\Phi}_{i+1,j+1} = -\frac{\rho_{i,j}}{\epsilon_0}.$$

Die Koeffizienten L, U, R, O, C und M für den Punkt (i,j) folgen durch Einsetzen der finiten Differenzen in die Differenzialgleichung:

$$L = \frac{2\,\alpha - (\tau - z_\eta J/r)}{2\,J^2}, \quad R = \frac{2\,\alpha + (\tau - z_\eta J/r)}{2\,J^2}, \quad M = -\frac{\beta}{2\,J^2},$$
$$O = \frac{2\,\gamma + (\sigma - z_\xi J/r)}{2\,J^2}, \quad U = \frac{2\,\gamma - (\sigma - z_\xi J/r)}{2\,J^2}, \quad C = -2\,\frac{\alpha + \gamma}{J^2}.$$

Lösen des LGS durch iterative Methoden: Das oben erhaltene lineare Gleichungssystem für die Potenzialwerte an den Gitterpunkten wird durch ein iteratives Verfahren z.B. mit dem SOR-Verfahren gelöst.

$$\widetilde{\Phi}_{i,j}^{(m+1)} = (1 - \omega_{i,j})\,\widetilde{\Phi}_{i,j}^{(m)} +$$
$$\omega_{i,j}\,\frac{1}{-C_{i,j}}(R_{i,j}\,\widetilde{\Phi}_{i+1,j}^{(m)} + O_{i,j}\,\widetilde{\Phi}_{i,j+1}^{(m)} + L_{i,j}\,\widetilde{\Phi}_{i-1,j}^{(m+1)} + U_{i,j}\,\widetilde{\Phi}_{i,j-1}^{(m+1)}$$
$$+ M_{i,j}(\,\widetilde{\Phi}_{i+1,j+1}^{(m)} - \widetilde{\Phi}_{i-1,j+1}^{(m)} - \widetilde{\Phi}_{i+1,j-1}^{(m+1)} + \widetilde{\Phi}_{i-1,j-1}^{(m+1)}) + \frac{\rho_{i,j}}{\epsilon_0}).$$

Um ein Abbruchkriterium für das Verfahren zu erhalten, wird nach jeder Iteration das Residuum berechnet

$$RES_{i,j}^{(m+1)} = R_{i,j}\,\widetilde{\Phi}_{i+1,j}^{(m+1)} + O_{i,j}\,\widetilde{\Phi}_{i,j+1}^{(m+1)} + L_{i,j}\,\widetilde{\Phi}_{i-1,j}^{(m+1)} + U_{i,j}\,\widetilde{\Phi}_{i,j-1}^{(m+1)}$$
$$+ C_{i,j}\,\widetilde{\Phi}_{i,j}^{(m+1)} + M_{i,j}(\,\widetilde{\Phi}_{i+1,j+1}^{(m+1)} - \widetilde{\Phi}_{i-1,j+1}^{(m+1)} - \widetilde{\Phi}_{i+1,j-1}^{(m+1)} + \widetilde{\Phi}_{i-1,j-1}^{(m+1)})$$
$$+ \frac{\rho_{i,j}}{\epsilon_0}.$$

Ist das Maximum über die Residuen aller Gitterpunkte kleiner als eine vorgegebene Schranke, so ist die Iteration beendet und die Potenzialwerte $\widetilde{\Phi}_{i,j}$ an den Gitterpunkten berechnet.

Lineare Interpolation: Führen wir eine Simulation auf dem in Abbildung 3.7 angegebenen randangepassten Gitter durch, erhalten wir die Lösung auf den Gitterpunkten. Um den Verlauf der Lösung im Berechnungsgebiet zu bestimmen, werden anschließend die Äquipotenziallinien gemäß der Beschreibung aus Abschnitt 2.4.5 berechnet und graphisch ausgegeben.

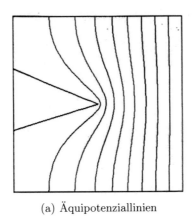
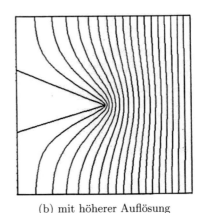

(a) Äquipotenziallinien   (b) mit höherer Auflösung

Abb. 3.8. Äquipotenziallinien im Gebiet mit Kante.

Man erkennt, dass die Äquipotenziallinien senkrecht auf dem oberen und unteren Rand stehen. Dies entspricht den Neumann-Randbedingungen. Die Potenziallinien verdichten sich um die Kante. Dies führt dort zu einer Feldüberhöhung, was auch aus Abbildung 3.9 ersichtlich ist, welche das elektrische Feld als negativen Gradienten des Potenzials in Form einer Vektorgraphik zeigen.

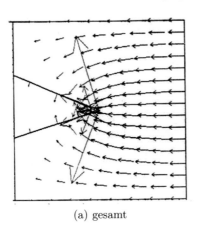
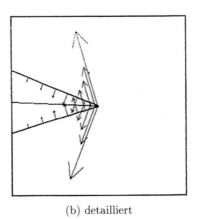

(a) gesamt   (b) detailliert

Abb. 3.9. Elektrisches Feld.

Zusammenfassung: Simulation auf randangepassten Gittern.

Die Vorgehensweise bei der Lösung von partiellen Differenzialgleichungen mit finiten Differenzenverfahren auf randangepassten Gittern kann man in folgende Schritte untergliedern:

(1) Einführung eines Berechnungsgitters. Hierzu muss jeweils eine modifizierte Poisson-Gleichung gelöst werden. Das Ergebnis dieser ersten Rechnung sind die Koordinaten $(x_{i,j}, y_{i,j})$ des Berechnungsgitters. Auf diesem Berechnungsgitter wird die eigentliche physikalische Differenzialgleichung gelöst.

(2) Man transformiert die physikalische Differenzialgleichung ins logische (ξ, η)-Gebiet. Dadurch erhält man eine DG in den Variablen ξ und η. Die partiellen Ableitungen der transformierten Differenzialgleichung werden durch finite Differenzen ersetzt.

(3) Aufstellen des LGS. Wie bei achsenparallelen Gittern erhält man ein LGS für die gesuchten Funktionswerte an den Gitterpunkten.

(4) Lösen des LGS durch iterative Methoden. Die Lösung des LGS repräsentiert die gesuchte Funktion an den Gitterpunkten.

(5) Lineare Interpolation.

Die Vorteile der Verwendung von randangepassten Gittern zum numerischen Lösen von Differenzialgleichungen mit der finiten Differenzenmethode sind,

– dass sie im Prinzip auf jede Differenzialgleichung in den Ortskoordinaten angewendet werden kann,
– dass sie eine einfache Datenstruktur aufweist und
– dass sie sich einfach programmieren lässt.

Die Einschränkung dieser Methode liegt in der Forderung, dass der Berechnung ein reguläres Gitter zugrunde liegt.

In komplizierten, technischen Anwendungen ist diese Einschränkung zu stark, so dass für Gebiete mit unterschiedlichen Strukturen sich die Finite-Elemente-Zerlegung des Berechnungsgebietes durchgesetzt hat. Die meisten kommerziellen Programme zur Simulation technischer Prozesse basieren auf der Finiten-Elemente-Zerlegung der Gebiete. Bei dieser Zerlegung wird das Berechnungsgebiet in beliebige Dreiecke, Vierecke usw. zerlegt, wobei die Gitterpunkte beliebig verteilt sein können. Damit geht aber die logische Struktur des Gitters verloren und finite Differenzenverfahren können nicht mehr angewendet werden.

Im Folgenden werden wir die Finite-Elemente-Methode in Kapitel 4 für eindimensionale und in Kapitel 5 für zweidimensionale Probleme einführen, erläutern und anhand von Beispielen vertiefen.

3.4 Aufgaben zu randangepassten Gittern

3.1 Setzen Sie die finiten Differenzen

$$x_\xi \sim \frac{x_{i+1,j} - x_{i-1,j}}{2\Delta\xi}, \qquad y_\xi \sim \frac{y_{i+1,j} - y_{i-1,j}}{2\Delta\xi}$$

$$x_\eta \sim \frac{x_{i,j+1} - x_{i,j-1}}{2\Delta\eta}, \qquad y_\eta \sim \frac{y_{i,j+1} - y_{i,j-1}}{2\Delta\eta}$$

$$x_{\xi\xi} \sim \frac{x_{i+1,j} - 2x_{i,j} + x_{i-1,j}}{\Delta\xi^2}$$

$$x_{\eta\eta} \sim \frac{x_{i,j+1} - 2x_{i,j} + x_{i,j-1}}{\Delta\eta^2}$$

$$x_{\xi\eta} \sim \frac{x_{i+1,j+1} - x_{i-1,j+1} - x_{i+1,j-1} + x_{i-1,j-1}}{4\Delta\xi\Delta\eta}.$$

in die Gittergleichungen

$$\alpha x_{\xi\xi} - 2\beta x_{\xi\eta} + \gamma x_{\eta\eta} = 0$$
$$\alpha y_{\xi\xi} - 2\beta y_{\xi\eta} + \gamma y_{\eta\eta} = 0$$

ein und zeigen Sie, dass man auf genau die Koeffizienten C, C_1, C_2, C_3 kommt, die im Algorithmus zum Erzeugen von randangepassten Gittern verwendet werden.

3.2 Erzeugen Sie per Handskizze randangepasste Gitter für die drei in Abbildung 3.10 angegebenen Gebiete.

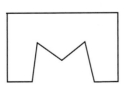 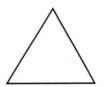

Abb. 3.10.

3.3 Erzeugen Sie mit der App **FEM Simulationen** randangepasste Gitter für die drei in Abbildung 3.10 angegebenen Gebiete.

3.4 Erzeugen Sie mit der App **FEM Simulationen** randangepasste Gitter für die drei in Abbildung 3.11 angegebenen Gebiete.

 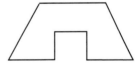

Abb. 3.11.

4. Finite-Elemente-Methode für eindimensionale Probleme

Grundlegend für das Anwenden der Differenzenmethoden ist, dass das zugrunde liegende Berechnungsgitter eine reguläre Struktur aufweist: Jeder innere Gitterpunkt muss genau vier Nachbarpunkte besitzen. Dann kann eine partielle Differenzialgleichung in den Raumkoordinaten diskretisiert werden, indem der zur Differenzialgleichung gehörende Differenzenstern auf diese Nachbarpunkte zugreift.

Bei den Finiten-Elementen-Gittern ist diese reguläre Struktur nicht mehr gegeben. Somit können auf diesen Gittern Differenzialgleichungen nicht mehr direkt gelöst werden. Wir müssen für die numerische Rechnung zu einer alternativen Beschreibung übergehen: dem sog. Variationsproblem. Das Variationsprinzip besagt, dass es äquivalent ist, ob man die Lösung der Differenzialgleichung findet oder das Minimum der zugehörigen Energiefunktion. Dieses Prinzip werden wir anhand einer einfachen eindimensionalen Differenzialgleichung einführen, indem wir die zur Differenzialgleichung gehörende Energiefunktion angeben. Die Idee bei der Finiten-Elemente-Methode ist, das Gebiet in finite Elemente zu zerlegen und das Minimum z.B. unter den darauf stetigen, stückweise linearen Funktionen zu suchen.

4.1 Variationsproblem statt Differenzialgleichung

Wir werden die Vorgehensweise exemplarisch am Beispiel einer Differenzialgleichung zweiter Ordnung vorführen. Diese Differenzialgleichung enthält noch Parameter p und q, die anschließend für Spezialfälle geeignet gewählt werden. Dazu betrachten wir die folgende Differenzialgleichung zusammen mit den beiden Randwerten

$$-(p\,y'(x))' + q\,y(x) = f(x) \qquad \text{mit} \quad y(a) = y(b) = 0 \qquad \text{(RWA)}$$
$$\text{und} \quad p > 0;\, q \geq 0.$$

Bemerkungen 4.1:

(1) Wir können im Folgenden annehmen, dass die Randbedingungen Null sind: $y(a) = y(b) = 0$. Denn ist dies nicht der Fall, transformiert man das Randwertproblem

$$-(p\,u'(x))' + q\,u(x) = g(x); \quad u(a) = u_a, \quad u(b) = u_b$$

durch

$$y(x) := u(x) - \frac{b-x}{b-a}u_a - \frac{a-x}{a-b}u_b$$

© Springer-Verlag GmbH Deutschland, ein Teil von Springer Nature 2021
T. Westermann, *Modellbildung und Simulation*,

auf ein Randwertproblem mit verschwindenden Randbedingungen

$$-(p\,y'(x))' + q\,y(x) = f(x); \quad y(a) = 0, \quad y(b) = 0$$

mit der modifizierten rechten Seite

$$f(x) = g(x) - \frac{u_a}{b-a}p'(x) - \frac{u_b}{a-b}p'(x) - q(x)\frac{b-x}{b-a}u_a - q(x)\frac{a-x}{a-b}u_b.$$

(2) Bei der Beschreibung der Methode nehmen wir auch der Einfachheit halber an, dass p und q konstante Parameter sind. Die Vorgehensweise und Argumentationen gelten auch allgemeiner für nicht-negative Funktionen $p(x)$ und $q(x)$.

Beispiel 4.1. Die Randwertaufgabe (RWA) beinhaltet die eindimensionale Poisson-Gleichung

$$\Phi_{xx} = -\frac{1}{\epsilon_0}\rho \quad \text{mit} \quad \Phi(0) = \Phi_A, \Phi(d) = \Phi_K$$

aus Abschnitt 2.2. Denn für $p = 1$ und $q = 0$ geht die Poisson-Gleichung aus Gleichung (RWA) hervor.   □

Beispiel 4.2. Auch die Gleichung für eine Knickbiegung wird durch (RWA) abgedeckt: Ein Balken mit konstanter Steifigkeit EJ unter veränderlicher Querbelastung $f(x)$ und fester Axiallast F wird beschrieben durch die Differenzialgleichung 2. Ordnung

$$\frac{d^2 M(x)}{dx^2} + \frac{F}{EJ}M(x) = -f(x) \quad \text{mit} \quad M(0) = M(l) = 0\,.$$

Um diese Differenzialgleichung zu erhalten, setzen wir $p = 1$ und $q = \frac{F}{EJ}$.   □

Wir werden nun zur Randwertaufgabe (RWA) die zugehörige Energiegleichung aufstellen. Dazu führen wir die folgenden Abkürzungen ein:

– Wir definieren den linearen Differenzialoperator L durch die Vorschrift

$$L\,u(x) := -(p\,u'(x))' + q\,u(x).$$

Damit lässt sich die RWA kurz schreiben als $Lu = f$ mit
$\mathbb{D}_L = \{u : [a,b] \to \mathbb{R} : \text{zweimal stetig differenzierbar mit } u(a) = u(b) = 0\}$.

– Außerdem definieren wir das Skalarprodukt

$$< f, g >:= \int_a^b f(x)\,g(x)\,dx.$$

Mit diesen eingeführten Notationen berechnen wir $< Lu, v >$:

$$< Lu, v > = \int_a^b L\,u(x)\,v(x)\,dx = \int_a^b (-(p\,u')' + q\,u)v\,dx$$

$$= \int_a^b -(p\,u')'\,v\,dx + \int_a^b q\,u\,v\,dx.$$

Mit partieller Integration ($\int_a^b f'(x)g(x)\,dx = [f(x)g(x)]_a^b - \int_a^b f(x)g'(x)\,dx$) rechnet man weiter

$$< Lu, v > = \underbrace{-p\,u'\,v\big|_a^b}_{=0} + \int_a^b p\,u'\,v'\,dx + \int_a^b q\,u\,v\,dx$$

$$= \int_a^b (p\,u'\,v' + q\,u\,v)\,dx =: [u, v].$$

Wir verwenden die Abkürzung $< Lu, v >$ bzw. $[u, v]$ für das bestimmte Integral $\int_a^b (p\,u'\,v' + q\,u\,v)\,dx$, denn für viele weitere Rechnungen benötigen wir nicht den genauen Aufbau des Integrals, sondern es genügt, dass wir die Eigenschaften von $< Lu, v >$ kennen.

Eigenschaften von $< Lu, v >$:

E_1: $< Lu, v >$ ist symmetrisch: $< Lu, v > = < u, Lv >$.
Denn $< Lu, v > = [u, v] = \int_a^b (pu'v' + quv)dx = < u, Lv >$.

E_2: $< Lu, v >$ ist linear in u und in v (=bilinear).

E_3: $< Lu, v >$ ist positiv definit:
$< Lu, u > \geq 0$ für alle $u \in \mathbb{D}_L$ und aus $< Lu, u > = 0$ folgt $u = 0$.
Begründung: $< Lu, u > = [u, u] = \int_a^b \underbrace{(p(u')^2 + qu^2)}_{p>0,\,q\geq 0 \frown ()\geq 0}\,dx \geq 0$. Außerdem folgt aus

$$< Lu, u > = 0 \Rightarrow \int_a^b (p(u')^2 + qu^2)dx = 0 \Rightarrow (pu'^2 + qu^2) = 0 \Rightarrow u^2 = 0 \Rightarrow u = 0.$$

Aufgrund der Eigenschaften E_1 bis E_3 nennt man $< Lu, v >$ eine symmetrische, positiv definite Bilinearform.   □

Folgerung: Die Lösung der Randwertaufgabe (RWA) ist eindeutig.
Denn angenommen es gibt zwei Lösungen y_1 und y_2 der RWA. Dann sind y_1 und y_2 Lösungen der Differenzialgleichung $Ly_1 = f$ und $Ly_2 = f$ und es gilt

$$\Rightarrow L(y_1 - y_2) = L(y_1) - L(y_2) = f - f = 0 \qquad \Rightarrow \qquad L(y_1 - y_2) = 0$$

$$\frown < L(y_1 - y_2), y_1 - y_2 > = 0 \frown y_1 - y_2 = 0 \Rightarrow y_1 = y_2.$$ □

Mit diesen Vorbemerkungen sind wir in der Lage, den Zusammenhang zwischen der Differenzialgleichung und dem Variationsproblem herzustellen. Die Energiefunktion, die zu der gegebenen Differenzialgleichung mit Randbedingungen gehört, lautet mit den eingeführten Abkürzungen:

$$E(u) := [u, u] - 2 < u, f >$$
$$= \int_a^b (p\,u'^2(x) + q\,u^2(x))\,dx - 2\int_a^b u(x)\,f(x)\,dx.$$

Bemerkung: Man bezeichnet $E(u)$ als ein **Funktional**, da die Abbildung E jeder *Funktion* $u \in \mathbb{D}_L$ eine Zahl zuordnet. Dieser Begriff ist in Anlehnung an den Funktionsbegriff: Eine Funktion ordnet jeder *Zahl* $x \in \mathbb{D}$ eine Zahl zu.

Bevor wir beweisen, dass E ein Energiefunktional zur Randwertaufgabe (RWA) ist, formulieren wir diese Aussage in unterschiedlichen Varianten:

> Die folgenden Aussagen sind äquivalent:
>
> (1) Das zur Differenzialgleichung $-(p\, y'(x))' + q\, y(x) = f(x)$ gehörende Energiefunktional lautet $E(u) = \int_a^b (p\, u'^2 + q\, u^2)\, dx - 2 \int_a^b u\, f\, dx$.
>
> (2) Das zur Differenzialgleichung $L\, y = f$ gehörende Energiefunktional lautet $E(u) = [u, u] - 2 < u, f >$.
>
> (3) y ist das Minimum von $E(u)$ genau dann, wenn y Lösung der Differenzialgleichung $L\, y = f$.
>
> (4) $E(u) \geq E(y)$, wenn y die Lösung der Differenzialgleichung $L\, y = f$.

Wir werden die vierte Aussage beweisen. Dies bedeutet dann gleichzeitig, dass $E(u)$ das zu Differenzialgleichung gehörende Energiefunktional darstellt!

Behauptung: y ist Lösung der RWA $\Rightarrow E(u) \geq E(y)$ für alle $u \in \mathbb{D}_L$.
Begründung: Wir gehen von der Lösung y der RWA aus: $Ly = f$. Dann gilt

$$\Rightarrow E(u) = [u, u] - 2 < u, f > = [u, u] - 2 < u, Ly >$$
$$= [u, u] - 2[u, y] = [u, u] - 2[u, y] + [y, y] - [y, y]$$
$$= \underbrace{[u - y, u - y]}_{\geq 0} - [y, y] \geq -[y, y] = E(y)$$

da

$$E(y) = [y, y] - 2 < y, f > = < Ly, y > - 2 < y, Ly > = - < Ly, y > = -[y, y]. \qquad \square$$

> **Zusammenfassung: Differenzialgleichung und Variationsproblem.**
>
> Das Lösen der Differenzialgleichung
>
> $$-(p\, y'(x))' + q\, y(x) = f(x) \qquad \text{mit} \quad y(a) = y(b) = 0$$
>
> ist äquivalent zum Finden des Minimums des Energiefunktionals
>
> $$E(u) := [u, u] - 2 < u, f >$$
> $$= \int_a^b (p\, u'^2 + q\, u^2)\, dx - 2 \int_a^b u\, f\, dx.$$
>
> Denn die Lösung der Differenzialgleichung ist das Minimum von E und umgekehrt: Das Minimum von E ist die Lösung der Differenzialgleichung!

4.2 Minimierung des Energiefunktionals

Das Problem besteht also zunächst darin: Finde aus allen zweimal stetig differenzierbaren Funktionen $u : [a, b] \to \mathbb{R}$ mit $u(a) = u(b) = 0$ die eine, für welche das Energiefunktional

$$E(u) = \int_a^b (p\,u'^2(x) + q\,u^2(x))dx - 2 \int_a^b u(x)\,f(x)dx$$

minimal wird. Das Variationsproblem ist in der Regel ebenfalls **nicht** exakt lösbar. Denn das Problem bei dieser Beschreibung liegt darin, dass man alle erlaubten Funktionen (also unendlich viele!) in das Energiefunktional einsetzen müsste, um die Energie zu bestimmen. Man ist aber nicht in der Lage - und schon gar nicht auf einem Rechner - alle (d.h. unendlich viele) solcher Funktionen mathematisch zu beschreiben.

Daher beschränkt man sich auf eine kleinere Funktionenklasse, die man explizit angeben kann, und sucht darin das Minimum. Letztendlich ist man z.B. mit stetigen, stückweise linearen Funktionen zufrieden. Diese Funktionenklasse lässt sich nämlich besonders einfach konstruieren:

1. Schritt: Unterteilung des Intervalls. Wir unterteilen das Berechnungsgebiet $[a, b]$ in n Teilintervalle (in unserem Beispiel $n = 6$).

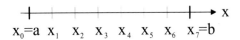

Abb. 4.1. Intervallunterteilung.

2. Schritt: Für jeden inneren Punkt des Intervalls x_i $(i = 1, ..., 6)$ definieren wir eine *Basisfunktion* $u_i(x)$ durch die Eigenschaft

$$u_i(x_j) = \delta_{ij} = \begin{cases} 0 & \text{für } i \neq j \\ 1 & \text{für } i = j \end{cases}.$$

Zwischen den Punkten soll die Funktion linear verlaufen (siehe Abbildung 4.2). Man beachte, dass die Beschränkung auf stückweise lineare Funktionen hier der Einfachheit halber vorgenommen wird. Es können auch Polynome höherer Ordnung gewählt werden. Aufgrund der Funktionsgraphen nennen wir obige Funktionen auch Dreiecksfunktionen.

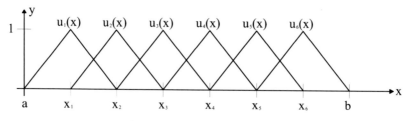

Abb. 4.2. Dreiecksfunktionen.

3. Schritt: *Testfunktion.* Eine allgemeine stetige, stückweise lineare Funktion $u(x)$ wird als Überlagerung (Linearkombination) dieser Dreiecksfunktionen definiert:

$$u(x) := \sum_{i=1}^{n} c_i u_i(x).$$

Man bezeichnet die Dreiecksfunktionen $u_i(x)$ als Basisfunktionen, da sie eine Basis des n-dimensionalen Vektorraums

$$S = \{u(x) = \sum_{i=1}^{n} c_i u_i(x) \quad \text{mit } c_i \in \mathbb{R}\}$$

bilden. Gelegentlich werden sie auch als Elementfunktionen bzw. Shapefunktionen bezeichnet, da sie auf den finiten Elementen definiert sind. Für eine gegebene Unterteilung des Intervalls ist S nichts anderes als die Menge der stetigen, stückweise linearen Funktionen, die in den Punkten x_i ($i = 1, ..., n$) vorgegeben sind. Die Funktionswerte an den Punkten x_i sind die Koeffizienten c_i, d.h.

$$u(x_i) = c_i \quad \text{für alle} \quad i = 1, ..., n.$$

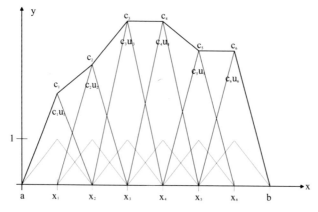

Abb. 4.3. Linearkombination der Dreiecksfunktionen.

In Abbildung 4.3 sind die Koeffizienten c_i zahlenmäßig vorgegeben und hierzu die Funktion $u(x)$ eingezeichnet. Man erkennt an dieser Darstellung, dass die Funktion $u(x)$ an den Stellen x_i den Funktionswert c_i annimmt und dazwischen linear verläuft.

Einschränkung: Wir suchen das Minimum des Energiefunktionals $E(u)$ nicht mehr unter allen zulässigen Funktionen, sondern nur unter den Funktionen aus der Menge S, d.h. unter den stetigen, stückweise linearen Funktionen. Es sind Koeffizienten $\bar{c}_i$ gesucht, so dass für die Funktion

$$\bar{u}(x) = \sum_{i=1}^{n} \bar{c}_i u_i(x)$$

die Energie $E(u)$ minimal wird.

Um eine Bedingung für das Minimum zu erhalten, nehmen wir eine beliebige Funktion aus S und bestimmen hierzu die Energie $E(u)$. Zur übersichtlicheren Berechnung der Energie verwenden wir die folgenden Abkürzungen

$$[u, v] := \int_a^b (p\, u'(x)\, v'(x) + q\, u(x)\, v(x)) dx$$

$$<u, v> := \int_a^b u(x)\, v(x) dx \, .$$

Bemerkung: Sowohl $<,>$ als auch $[\,,]$ sind Skalarprodukte, denn es gelten die folgenden Eigenschaften:

(S1) Linearität im ersten und zweiten Argument:

$$<\alpha_1 u_1 + \alpha_2 u_2, v> = \alpha_1 <u_1, v> + \alpha_2 <u_2, v>$$
$$<u, \alpha_1 v_1 + \alpha_2 v_2> = \alpha_1 <u, v_1> + \alpha_2 <u, v_2>$$

(S2) Symmetrie: $<u, v> = <v, u>$

(S3) Positiv definit:

$$<u, u> \geq 0 \text{ für alle } u$$
$$<u, u> = 0 \Leftrightarrow u = 0.$$

Beweis der Eigenschaften: Übungsaufgabe.

Mit den eingeführten Abkürzungen und den Eigenschaften von $[\,,]$ bzw. $<,>$ kann man das Energiefunktional für eine allgemeine Testfunktion

$$u(x) = \sum_{i=1}^{n} c_i u_i(x)$$

berechnen. Dazu setzen wir $u(x)$ in $E(u) = [u, u] - 2 < u, f >$ ein:

$$
\begin{aligned}
E(u) &= [u, u] - 2 < u, f > \\
&= [\sum_{i=1}^{n} c_i u_i, \sum_{j=1}^{n} c_j u_j] - 2 < \sum_{k=1}^{n} c_k u_k, f > \\
&\overset{S1}{=} \sum_{i=1}^{n} c_i [u_i, \sum_{j=1}^{n} c_j u_j] - 2 \sum_{k=1}^{n} c_k < u_k, f > \\
&\overset{S1}{=} \sum_{i=1}^{n} \sum_{j=1}^{n} c_i c_j [u_i, u_j] - 2 \sum_{k=1}^{n} c_k < u_k, f > \\
&=: F(c_1, c_2, ..., c_n).
\end{aligned}
$$

Bei der Rechnung haben wir die Linearität von $[\,,\,]$ im ersten und zweiten sowie die Linearität von $<\,,\,>$ im ersten Argument ausgenutzt.

⚠ **Achtung:** Im Gegensatz zum Funktional **E** ist **F** eine Funktion in den Variablen $c_1, ..., c_n$. Man beachte, dass $[u_i, u_j]$ bzw. $< u_k, f >$ bestimmte Integrale über bekannte Funktionen sind und damit reine Zahlenwerte darstellen. Von der Funktion F muss nun das Minimum gefunden werden. Eine notwendige Bedingung für das Minimum ist, dass alle partiellen Ableitungen nach den Variablen c_l verschwinden:

$$
\frac{\partial F}{\partial c_l} = 0 \quad \text{für alle } l = 1, ..., n.
$$

4. Schritt: Minimierung des Energiefunktionals. Wir differenzieren die Funktion

$$
\begin{aligned}
F(c_1, ..., c_n) = \;& c_1^2 [u_1, u_1] + c_1 c_2 [u_1, u_2] + c_1 c_3 [u_1, u_3] + ... + c_1 c_n [u_1, u_n] + \\
& c_2 c_1 [u_2, u_1] + c_2^2 [u_2, u_2] + c_2 c_3 [u_2, u_3] + ... + c_2 c_n [u_2, u_n] + \\
& c_3 c_1 [u_3, u_1] + c_3 c_2 [u_3, u_2] + c_3^2 [u_3, u_3] + ... + c_3 c_n [u_3, u_n] + \\
& \vdots \\
& c_n c_1 [u_n, u_1] + c_n c_2 [u_n, u_2] + c_n c_3 [u_n, u_3] + ... + c_n^2 [u_n, u_n] \\
& -2 c_1 < u_1, f > -2 c_2 < u_2, f > -... - 2 c_n < u_n, f >
\end{aligned}
$$

partiell nach ihren Variablen $c_1, ..., c_n$. Berücksichtigt man die Symmetrieeigenschaft $[u_i, u_j] = [u_j, u_i]$, gilt

$$
\frac{\partial F}{\partial c_1} = 0: \quad 2 c_1 [u_1, u_1] + 2 c_2 [u_1, u_2] + 2 c_3 [u_1, u_3] + ... + 2 c_n [u_1, u_n] - 2 < u_1, f > = 0
$$

$$
\frac{\partial F}{\partial c_2} = 0: \quad 2 c_1 [u_2, u_1] + 2 c_2 [u_2, u_2] + 2 c_3 [u_2, u_3] + ... + 2 c_n [u_2, u_n] - 2 < u_2, f > = 0
$$

$$
\frac{\partial F}{\partial c_3} = 0: \quad 2 c_1 [u_3, u_1] + 2 c_2 [u_3, u_2] + 2 c_3 [u_3, u_3] + ... + 2 c_n [u_3, u_n] - 2 < u_3, f > = 0
$$

$$
\vdots
$$

$$
\frac{\partial F}{\partial c_n} = 0: \quad 2 c_1 [u_n, u_1] + 2 c_2 [u_n, u_2] + 2 c_3 [u_n, u_3] + ... + 2 c_n [u_n, u_n] - 2 < u_n, f > = 0.
$$

Dies ist ein lineares Gleichungssystem für die gesuchten Größen $c_1, ..., c_n$. Führen wir die Koeffizientenmatrix A und die rechte Seite $\vec{b}$ ein

$$\underbrace{\begin{pmatrix} [u_1, u_1] & [u_1, u_2] & [u_1, u_3] & \ldots & [u_1, u_n] \\ [u_2, u_1] & [u_2, u_2] & [u_2, u_3] & \ldots & [u_2, u_n] \\ & & \vdots & & \\ [u_n, u_1] & [u_n, u_2] & [u_n, u_3] & \ldots & [u_n, u_n] \end{pmatrix}}_{A} \underbrace{\begin{pmatrix} c_1 \\ c_2 \\ \vdots \\ c_n \end{pmatrix}}_{\vec{c}} = \underbrace{\begin{pmatrix} <u_1, f> \\ <u_2, f> \\ \vdots \\ <u_n, f> \end{pmatrix}}_{\vec{b}}$$

erhalten wir das lineare Gleichungssystem in der Form

$$\boxed{A\vec{c} = \vec{b}.}$$

Ist $\vec{c} = (\bar{c}_1, \bar{c}_2, ..., \bar{c}_n)^t$ die Lösung des linearen Gleichungssystems, dann ist

$$\bar{u}(x) = \sum_{i=1}^{n} \bar{c}_i u_i(x)$$

das gesuchte Energieminimum innerhalb der Menge der stetigen, stückweise linearen Funktionen. Man kann zeigen, dass die Matrix A positiv definit ist, d.h. alle Eigenwerte positiv sind. Daher ist die Lösung des linearen Gleichungssystems gleichzeitig das lokale Minimum der Funktion F.

Bemerkung: In der oben durchgeführten Diskussion wurde noch nicht auf eine spezielle Wahl der Basisfunktionen eingegangen. D.h. das angegebene LGS mit der Matrix A ist noch unabhängig von der Wahl dieser Basisfunktionen. Wir werden erst im folgenden Beispiel die spezielle Wahl der Basisfunktionen berücksichtigen, indem wir konkret die Koeffizienten $[u_i, u_j]$ der Matrix A und die rechte Seite $\vec{b}$ bestimmen.

4.3 Beispiele

Beispiel 4.3 (Mit MAPLE-Worksheet). Gegeben ist die Differenzialgleichung

$$-y''(x) = 10 \qquad \text{in } [0, 1]$$
$$y(0) = y(1) = 0.$$

Wählen wir eine Unterteilung des Intervalls $[0, 1]$ in $n + 1$ Teilintervalle der Breite $h = \frac{1}{n+1}$ und als Basisfunktionen die Dreiecksfunktionen $u_i(x)$, müssen wir

$$u(x) = \sum_{i=1}^{n} c_i u_i(x)$$

in das Energiefunktional

$$E(u) = [u, u] - 2 < u, f >$$

einsetzen. Für das gegebene Beispiel ist $p = 1, q = 0$ und $f = 10$ zu setzen, so dass

$$[u, v] = \int_0^1 u'(x) \cdot v'(x) \, dx$$

$$< u, f >= \int_0^1 u(x) \cdot 10 \, dx.$$

Bei der Bestimmung der Matrix $A = ([u_i, u_j])_{i,j}$ stellt man fest, dass $[u_i, u_j] = 0$ für $|i - j| > 1$, da sich die Träger der Dreiecksfunktionen nicht überschneiden und somit das Integral Null ergibt. Daher müssen wir nur $[u_i, u_i]$ und $[u_i, u_{i+1}]$ bzw. $< u_i, f >$ für die rechte Seite $\vec{b}$ berechnen:

(1) $[u_i, u_i]$:

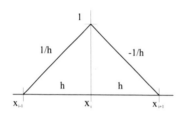

$$[u_i, u_i] = \int_0^1 (u_i'(x))^2 dx = \int_{x_{i-1}}^{x_{i+1}} (u_i'(x))^2 dx$$

$$= \int_{x_{i-1}}^{x_i} (\tfrac{1}{h})^2 dx + \int_{x_i}^{x_{i+1}} (-\tfrac{1}{h})^2 dx$$

$$= \tfrac{1}{h^2} h + \tfrac{1}{h^2} h = \tfrac{2}{h} \ .$$

(2) $[u_i, u_{i+1}]$:

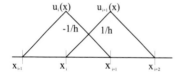

$$[u_i, u_{i+1}] = \int_{x_i}^{x_{i+1}} u_i'(x) \, u_{i+1}'(x) \, dx$$

$$= \int_{x_i}^{x_{i+1}} (-\tfrac{1}{h}) \tfrac{1}{h} \, dx = -\tfrac{1}{h}.$$

(3) Für die Berechnung der rechten Seite des linearen Gleichungssystems gilt

$$b_i =< u_i, f >= \int_{x_{i-1}}^{x_{i+1}} u_i(x) \cdot 10 \cdot dx = \tfrac{1}{2} 2h \cdot 1 \cdot 10 = 10h.$$

Insgesamt erhalten wir $A \vec{c} = \vec{b}$ mit der Tridiagonalmatrix

$$A = \frac{1}{h} \begin{pmatrix} 2 & -1 & \dots & 0 \\ -1 & \ddots & \ddots & \vdots \\ \vdots & \ddots & \ddots & -1 \\ 0 & \dots & -1 & 2 \end{pmatrix} \quad \text{und} \quad \vec{b} = h \begin{pmatrix} 10 \\ 10 \\ \vdots \\ 10 \end{pmatrix}.$$

Dieses lineare Gleichungssystem ist für eine Unterteilung von $n = 5$ im zugehörigen MAPLE-**Worksheet** gelöst:

$$\bar{c}_1 = \frac{25}{36}, \bar{c}_2 = \frac{10}{9}, \bar{c}_3 = \frac{5}{4}, \bar{c}_4 = \frac{10}{9}, \bar{c}_5 = \frac{25}{36}.$$

Damit ist

$$\bar{u}(x) = \sum_{i=1}^{5} \bar{c}_i u_i(x) = \frac{25}{36}\,u_1(x) + \frac{10}{9}\,u_2(x) + \frac{5}{4}\,u_3(x) + \frac{10}{9}\,u_4(x) + \frac{25}{36}\,u_5(x)$$

bezüglich der gewählten Unterteilung des Intervalls in 6 Teilintervalle das Minimum des Energiefunktionals innerhalb der stetigen, stückweisen linearen Funktionen.

⚠ **Achtung:** Diese Funktion ist **nicht** das absolute Minimum unter allen Funktionen, sondern nur eine Näherung hierfür. Daher ist die Funktion $\bar{u}(x)$ nicht die Lösung der Differenzialgleichung, sondern nur eine Näherung für die Lösung der Differenzialgleichung! Zum Vergleich wird die exakte Lösung der Differenzialgleichung $y(x) = -5x^2 + 5x$ mit in das Schaubild in Abbildung 4.4 aufgenommen.

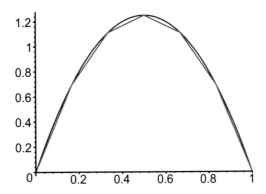

Abb. 4.4. Vergleich der numerischen mit der exakten Lösung.

Beispiel 4.4. Gesucht ist eine Näherung für die Lösung des Randwertaufgabe

$$-y''(x) = 10 \qquad \text{in } [0,1]$$
$$y(0) = y_a \text{ und } y(1) = y_b.$$

Um diese Differenzialgleichung mit **nicht** verschwindenden Randbedingungen zu lösen, zeigen wir zwei alternative Wege auf:

(1) Man transformiert nach Bemerkung 4.1 (1) die Differenzialgleichung auf

$$-u''(x) = 10 \text{ mit den Randwerten } u(0) = u(1) = 0,$$

löst dieses Problem analog zu Beispiel 4.1 mit der selben Matrix A und rechten Seite b, da $p' = 0$ und $q = 0$. Anschließend setzt man

$$y(x) = u(x) + (1-x)y_a + x\,y_b,$$

um die gesuchte Näherung zu erhalten, siehe MAPLE-**Worksheet**.

(2) Alternativ erweitert man das Konzept der Basisfunktionen, indem man zu $u_1(x)$, ..., $u_n(x)$ noch die beiden "halben" Dreiecksfunktionen $u_0(x)$ und $u_{n+1}(x)$ für den linken bzw. rechten Rand hinzufügt.

(a) Linker Rand   (b) Rechter Rand

Abb. 4.5. Basisfunktionen am linken und rechten Rand.

Als Ansatzfunktion wählt man dann

$$u(x) = \underline{y_a\, u_0(x)} + \sum_{i=1}^{n} c_i\, u_i(x) + \underline{y_b\, u_{n+1}(x)}$$

mit den fest vorgegebenen Randwerten y_a und y_b. Bei der Minimierung des Energiefunktionals bleiben alle Gleichungen bis auf die erste und letzte erhalten. Diese werden modifiziert zu

$$\underline{2y_a[u_0, u_1]} + 2c_1[u_1, u_1] + ... + 2c_n[u_1, u_n] - 2 < u_1, f > = 0$$

bzw.

$$2c_1[u_n, u_1] + ... + 2c_n[u_n, u_n] + \underline{2y_b[u_n, u_{n+1}]} - 2 < u_n, f > = 0.$$

Daher bleibt die Matrix A unverändert, lediglich die rechte Seite $\vec{b}$ des linearen Gleichungssystems wird an der ersten und letzten Stelle modifiziert:

$$\vec{b} = \begin{pmatrix} < u_1, f > \quad - \quad \underline{y_a[u_0, u_1]} \\ < u_2, f > \\ \vdots \\ < u_{n-1}, f > \\ < u_n, f > \quad - \quad \underline{y_b[u_n, u_{n+1}]} \end{pmatrix} = \begin{pmatrix} < u_1, f > \quad + \frac{y_a}{h} \\ < u_2, f > \\ \vdots \\ < u_{n-1}, f > \\ < u_n, f > \quad + \frac{y_b}{h} \end{pmatrix}.$$

Denn für das gegebene Beispiel berechnet sich $[u_0, u_1]$ aus

$$[u_0, u_1] = \int_{x_0}^{x_1} u_0'(x)\, u_1'(x)dx$$

$$= \int_{x_0}^{x_1} (-\tfrac{1}{h})\tfrac{1}{h}dx$$

$$= -\tfrac{1}{h^2}h = -\tfrac{1}{h}$$

und analog $[u_n, u_{n+1}] = -\frac{1}{h}$. Das Aufstellen und das Lösen des linearen Glei-chungssystems sind im zugehörigen MAPLE-**Worksheet** ausgeführt. Wir geben hier die numerische Lösung zusammen mit der exakten Lösung des Problems in Abbildung 4.6 an.

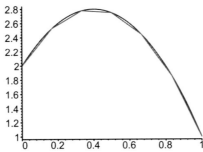

Abb. 4.6. Vergleich der numerischen mit der exakten Lösung.

Zusammenfassung: Finite-Elemente-Methode.

Bei der Finiten-Elemente-Methode wird eine Differenzialgleichung mit Randbe-dingungen nicht direkt gelöst, sondern über das zugehörige Variationsproblem. D.h. es wird ein Minimum des zur Differenzialgleichung gehörenden Energiefunk-tionals gesucht. Da dieses Problem in der Regel nicht exakt lösbar ist, beschränkt man sich bei der Suche nach dem Minimum auf eine kleinere Klasse von Funktio-nen: Man unterteilt das Intervall $[a, b]$ in n Teilintervalle (finite Elemente) und definiert für jeden Punkt x_i Basisfunktionen. Das Minimum wird dann in der Menge der Überlagerungen dieser Basisfunktionen

$$u(x) = \sum_{i=1}^{n} c_i \, u_i(x)$$

gesucht. Durch die Einschränkung auf lokale Basisfunktionen (hier stetige, stück-weise lineare Funktionen) reduziert sich das Problem auf das Lösen eines linearen Gleichungssystems für die Koeffizienten c_i, welche genau die gesuchten Funk-tionswerte an den Stellen x_i sind.

⚠ **Achtung:** Die Finite-Elemente-Methode besitzt zwei **systematische Fehler-quellen**:

① Die Geometrie wird nicht kontinuierlich beschrieben, sondern nur durch endlich viele, diskrete Gitterpunkte.

② Statt dem absoluten Minimum unter allen zulässigen Funktionen wird nur das Minimum des Energiefunktionals unter allen stetigen, stückweise linearen Funk-tionen bestimmt.

4.4 Aufgaben zur Finiten-Elemente-Methode (1D)

4.1 a) Zeigen Sie, dass für zwei Vektoren $\mathbf{f} = \begin{pmatrix} f_x \\ f_y \\ f_z \end{pmatrix}$ und $\mathbf{g} = \begin{pmatrix} g_x \\ g_y \\ g_z \end{pmatrix}$ das Skalarprodukt

$$< \mathbf{f}, \mathbf{g} > := f_x\, g_x + f_y\, g_y + f_z\, g_z$$

die folgenden Eigenschaften besitzt:

(BL1) $< f_1 + f_2, g > = < f_1, g > + < f_2, g >$
$< \lambda f, g > = \lambda < f, g >$ (Linearität im ersten Argument)

(BL2) $< f, g_1 + g_2 > = < f, g_1 > + < f, g_2 >$
$< f, \lambda g > = \lambda < f, g >$ (Linearität im zweiten Argument)

(S) $< f, g > = < g, f >$ (Symmetrie)

(PS) $< f, g >$ ist positiv definit:
$< f, f > \geq 0$ für alle f und aus $< f, f > = 0$ folgt $f = 0$.

Hinweis: Setzen Sie hierzu die Vektoren auf der linken Seite der Gleichung ein und formen die Ausdrücke so lange um, bis die rechte Seite der Gleichung ersichtlich wird.

b) Zeigen Sie, dass für stetige Funktionen $f, g : [a, b] \to \mathbb{R}$ durch

$$< f, g > := \int_a^b f(x)\, g(x)\, dx$$

ebenfalls ein Skalarprodukt definiert wird, d.h. dass die Eigenschaften (BL1) - (PS) erfüllt sind, indem Sie die Funktionen in die linke Seite der Gleichung einsetzen und entsprechend umformen.

4.2 Wir definieren den linearen Differenzialoperator

$$L\, y(x) := -(p(x)\, y'(x))' + q(x)\, y(x)$$

mit $p(x) > 0$ und $q(x) \geq 0$. Zeigen Sie durch Nachrechnen mit Hilfe partieller Integration, dass

$$< Ly, v > = \int_a^b (p(x)\, y'(x)\, v'(x) + q(x)\, y(x)\, v(x))\, dx,$$

falls $v(a) = v(b) = 0$ und $<,>$ das unter 4.1 (b) definierte Skalarprodukt für Funktionen ist.

4.3 a) Zeigen Sie, dass

$$[u - y, u - y] = [u, u] - 2[u, y] + [y, y],$$

wenn $[,]$ linear im ersten und im zweiten Argument sowie symmetrisch ist.

b) Zeigen Sie: Ist das Energiefunktional $E(u)$ definiert durch

$$E(u) := [u, u] - 2 < u, f >,$$

dann gilt für die Lösung der Differenzialgleichung $L\, y(x) = f(x)$:

$$E(y) = -[y,\, y].$$

4.4 Gegeben sind n Wertepaare (x_1, δ_1), ..., (x_n, δ_n). Definiert man Dreiecksfunktionen durch

$$u_i(x_j) = \begin{cases} 0 & \text{für } i \neq j \\ 1 & \text{für } i = j \end{cases}$$

und nimmt einen linearen Verlauf der Funktionen an (siehe Abbildung 4.7), so ist die

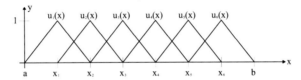

Abb. 4.7. Dreiecksfunktionen.

Überlagerung

$$u(x) = \sum_{i=1}^{n} \delta_i u_i(x)$$

eine stetige, stückweise lineare Funktion. Zeigen Sie graphisch, dass diese Überlagerung die Einhüllende über die Punkte (x_1, δ_1), ..., (x_n, δ_n) darstellt, d.h. die vorgegebenen Punkte linear verbindet.

4.5 Gegeben ist die Funktion $F(\delta_1, \delta_2)$ von zwei Variablen, die definiert ist durch

$$F(\delta_1, \delta_2) = \sum_{i=1}^{2} \sum_{j=1}^{2} \alpha_{ij} \delta_i \delta_j - 2 \sum_{k=1}^{2} f_k \delta_k$$

mit gegebenen, symmetrischen Koeffizienten α_{ij} und Konstanten f_k. Geben Sie eine Bedingung für das Extremum von F an.

4.6 Gegeben ist die Differenzialgleichung

$$y''(x) = 1 \text{ mit } y(0) = y(5) = 0$$

und das Energiefunktional

$$E(u) = \int_0^5 (u'(x))^2 \, dx + 2 \int_0^5 u(x) \, dx.$$

a) Welcher Zusammenhang besteht zwischen der Differenzialgleichung und dem Energiefunktional?

b) Erläutern Sie anhand des obigen Beispiels die Vorgehensweise bei der Finiten-Elemente-Methode.

c) Gegeben sind vier Basisfunktionen vgl. Abbildung 4.7. Das lineare Gleichungssystem $A\,\delta = b$ ist bestimmt durch die Koeffizienten

$$a_{ij} = [u_i, u_j] = \int_0^5 u_i'(x) u_j'(x)\, dx$$

$$b_i = \;< f, u_i > = -\int_0^5 u_i(x)\, dx.$$

Stellen Sie das lineare Gleichungssystem auf, indem Sie die zugehörigen Integrale berechnen.

Hinweis: Beachten Sie, dass $u_i'(x)$ gegeben ist durch

$$u_i(x) = \begin{cases} \frac{1}{h}(x - x_{i-1}) & \text{für } x_{i-1} \le x \le x_i \\ -\frac{1}{h}(x - x_{i+1}) & \text{für } x_i \le x \le x_{i+1} \end{cases} \quad \Rightarrow \quad u_i'(x) = \begin{cases} \frac{1}{h} \\ -\frac{1}{h} \end{cases}.$$

d) Lösen Sie das lineare Gleichungssystem $A\,\delta = b$.

4.7 Lösen Sie das Randwertproblem

$$-y''(x) + y(x) = 0$$
$$y(0) = 5, \; y(2) = 4$$

mit der Finiten-Elemente-Methode. Beachten Sie dabei, dass das Energiefunktional

$$E(u) = [u, u]$$

durch

$$[u, v] = \int_0^2 (u'(x)\, v'(x) + u(x)\, v(x)) dx$$

gegeben ist! Transformieren Sie das Problem entweder auf eines mit verschwindenden Randbedingungen **Aufgabe (a)** oder modifizieren Sie an den Intervallgrenzen die Basisfunktionen **Aufgabe (b)**.

5. Finite-Elemente-Methode bei elliptischen Randwertproblemen

Wir haben die Methode der Finiten-Elemente zum Lösen gewöhnlicher Randwertprobleme eingeführt. Das eigentliche Anwendungsgebiet jedoch sind die partiellen Differenzialgleichungen und zwar vorzugsweise die elliptischen Randwertprobleme (RWP). Auch im zweidimensionalen Fall besteht die Grundidee bei der Finiten-Elemente-Methode darin, dass man nicht die Differenzialgleichung mit gegebenen Randbedingungen direkt löst, sondern das zum Randwertproblem gehörende Variationsproblem.

Wie im eindimensionalen Fall wählt man für die numerische Modellierung Ansatzfunktionen, die nur lokal auf Teilgebieten (finiten Elementen) spezifiziert sind. Zerlegt man das Gebiet in Dreiecke, wählt man sich im einfachsten Fall als Basisfunktionen nun Pyramidenfunktionen. Innerhalb eines Elementes nimmt man einen linearen Verlauf an. Die Superposition der Pyramidenfunktionen, welche das Energiefunktional minimiert, ist eine Näherung für die Lösung des Randwertproblems.

Zu jeder Variationsaufgabe

$$I(u) = \int_{\Omega} f(x, y, z, u, u_x, u_y, u_z) \, dx \, dy \, dz \overset{!}{=} \min.!$$

lässt sich über die Eulersche Differenzialgleichung

$$\frac{\partial f}{\partial u} - \frac{\partial}{\partial x} f_{u_x} - \frac{\partial}{\partial y} f_{u_y} - \frac{\partial}{\partial z} f_{u_z} = 0$$

die zugehörige partielle Differenzialgleichung angeben. Für das inverse Problem der Variationsrechnung, also dem Übergang vom Randwertproblem zu einer Variationsaufgabe, existiert nicht immer eine Lösung und falls sie existiert, ist es im Allgemeinen alles andere als trivial, sie herzuleiten. **Nur für solche Probleme, bei denen die Variationsaufgabe bekannt ist, lassen sich die Finiten-Elemente-Methoden anwenden!**

Im Folgenden gehen wir von einer verallgemeinerten Poisson-Gleichung (RWP) aus. Wir betrachten die partielle Differenzialgleichung

$$-\Delta u(x, y) + c \, u(x, y) = f(x, y) \quad \text{im Inneren eines Gebietes } \Omega$$
$$\text{mit dem Parameter } c \geq 0 \quad \text{(RWP)}$$
$$u(x, y) = 0 \quad \text{auf dem Rand von } \Omega.$$

© Springer-Verlag GmbH Deutschland, ein Teil von Springer Nature 2021
T. Westermann, *Modellbildung und Simulation*,
https://doi.org/10.1007/978-3-662-63045-7_5

Wie man mit der Eulerschen Differenzialgleichung nachprüft, lautet die zum Randwertproblem (RWP) gehörende Variationsaufgabe (VAR)

$$E(u) = \int_\Omega ((\operatorname{grad} u(x,y))(\operatorname{grad} u(x,y)) + c\, u(x,y)\, u(x,y))\, dxdy \qquad \text{(VAR)}$$

$$-2 \int_\Omega u(x,y)\, f(x,y)\, dxdy.$$

Definiert man das Standard-Skalarprodukt

$$< f, g >:= \int_\Omega f(x,y)g(x,y)\, dx\, dy$$

und die positiv definite, symmetrische Bilinearform

$$[u,v] = \int_\Omega ((\operatorname{grad} u(x,y))(\operatorname{grad} v(x,y)) + c\, u(x,y)\, v(x,y))\, dx\, dy,$$

so lautet das Energiefunktional

$$E(u) = [u,u] - 2 < u, f > .$$

D.h. E nimmt den kleinsten Wert genau für die Lösung des Randwertproblems (RWP) an! Also gilt:

$$\overline{u} \text{ Lösung von RWP} \;\Leftrightarrow\; E(u) \geq E(\overline{u}) \text{ für alle } u \in \mathbb{D}_L.$$

Minimierung des Energiefunktionals. Da man in der Regel das Minimum $\overline{u}$ von $E(u)$ nicht unter allen zweimal stetig partiell differenzierbaren Funktionen mit $u(x,y) = 0$ auf dem Rand von Ω bestimmen kann, wählt man sich eine kleinere Klasse von Funktionen und sucht das Minimum in dieser kleineren Klasse:

(1) Bei der Finiten-Elemente-Methode wählt man sich einen m-dimensionalen Unterraum $S \subset \mathbb{D}_L$. Sei $u_1, \ldots, u_m$ eine Basis von S. Dann gibt es zu jedem $u \in S$ Koeffizienten $\delta_1, \ldots, \delta_m$ mit

$$u(x,y) = \sum_{i=1}^m \delta_i\, u_i(x,y).$$

Das eingeschränkte Variationsproblem lautet dann: Bestimme in S ein Minimum $\overline{u}$ von E: $E(u) \geq E(\overline{u})$ für alle $u \in S$. Die spezielle Wahl des Unterraums setzt eine konkrete Unterteilung des Gebietes Ω in Teilgebiete Ω_i mit $\Omega = \bigcup \Omega_i$ voraus sowie die Spezifikation der Basisfunktionen auf den Teilgebieten.

(2) Setzt man die Funktion $u(x,y)$ in das Energiefunktional ein, hängt die Energie

$$F(\delta_1, \ldots, \delta_m) := E(\delta_1 u_1(x,y) + \cdots + \delta_m u_m(x,y))$$

nur noch von den unbekannten Koeffizienten $\delta_1, \ldots, \delta_m$ ab. Für das Minimum der Funktion $F(\delta_1, \delta_2, \ldots, \delta_m)$ müssen daher alle partiellen Ableitungen nach den Variablen verschwinden, d.h.

$$\frac{\partial F}{\partial \delta_i} = 0 \qquad \text{für alle } i = 1, \ldots, m.$$

⚠ **Achtung:** Im Gegensatz zum Funktional **E** ist **F** eine Funktion in den Variablen $\delta_1, \ldots, \delta_m$.

(3) Für lineare partielle Differenzialgleichungen erhält man durch diesen Ansatz ein lineares Gleichungssystem

$$A\delta = r$$

für die unbekannten Koeffizienten $\delta_1, \delta_2, \ldots, \delta_m$. Ist $\overline{\delta} = (\overline{\delta}_1, \ldots, \overline{\delta}_m)$ die Lösung des linearen Gleichungssystems, dann ist

$$\overline{u}(x,y) = \overline{\delta}_1 u_1(x,y) + \cdots + \overline{\delta}_m u_m(x,y)$$

das gesuchte Minimum von E auf S.

Die oben geführte Diskussion spezifiziert weder die Zerlegung des Gebietes Ω noch die spezielle Wahl der Basisfunktionen u_i. Im Folgenden diskutieren wir für die Poisson-Gleichung eine Zerlegung des Gebietes in gleichmäßige Dreiecke (Triangulierung) mit linearen Basisfunktionen. Dies geschieht einmal über die Interpretation der Basisfunktionen als Pyramidenfunktionen ($\rightarrow$ 5.1). Dann hat man eine Überlappung der Basisfunktionen analog dem eindimensionalen Fall. Wir interpretieren den Ansatz um, indem wir die Dreiecke separat betrachten und die Funktionen abschnittsweise nur auf den einzelnen Dreiecken (Elementen) definieren ($\rightarrow$ 5.3). In diesem Fall hat man keine Überlappung der Elementfunktionen, muss dafür aber alle an einen Punkt angrenzenden Dreiecke berücksichtigen (*Assemblierung*).

Zum Anderen diskutieren wir eine Zerlegung des Gebietes in gleichmäßige Rechtecke mit bilinearen Elementfunktionen ($\rightarrow$ 5.4). Anschließend behandeln wir die verallgemeinerte Poisson-Gleichung mit einer Zerlegung des Gebietes in beliebige Dreiecke und der Wahl von quadratischen Elementfunktionen ($\rightarrow$ 5.5).

5.1 Triangulierung mit linearen Basisfunktionen

In diesem Abschnitt diskutieren wir die Poisson-Gleichung im Inneren des Einheits-quadrates $I^2 = [0,1] \times [0,1]$

$$-\Delta u(x,y) = 8\pi^2 \sin(2\pi x) \sin(2\pi y) \quad \text{in } I^2$$
$$u(x,y) = 0 \qquad \text{auf dem Rand von } I^2.$$

Zum anschließenden Vergleich der Finiten-Elemente-Lösung mit dem exakten Ergebnis geben wir die analytische Lösung des Randwertproblems an:

$$u(x,y) = \sin(2\pi x) \sin(2\pi y).$$

Das zum Randwertproblem (RWP) gehörende Energiefunktional (VAR) vereinfacht sich für die Poisson-Gleichung zu

$$E(u) = [u,u] - 2 < u, f >$$

mit

$$[u,v] = \int_\Omega (\text{grad } u)(\text{grad } v) \, dx dy.$$

Gebietszerlegung. Für die Zerlegung des Gebietes wählen wir eine gleichmäßige Unterteilung in Dreiecke, wie es in Abbildung 5.1 zu sehen ist. Dabei ist $h = \Delta x = \Delta y = 1/N$, wenn N die Anzahl der Intervalle in x- und y-Richtung ist.

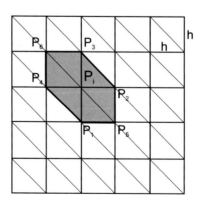

Abb. 5.1. Gleichförmige Gebietszerlegung in Dreiecke ($h = 1/N$).

Basisfunktionen. Durch die Triangulierung wird das Gebiet I^2 in Dreiecke zerlegt. Nun müssen zu dieser Unterteilung die Elementfunktionen angegeben werden. Zum Punkt P_i spezifizieren wir das in Abbildung 5.1 grau unterlegt Sechseck mit P_i als Zentrum mit den Eckpunkten P_k, $k = 1, \ldots, 6$. Die zum Punkte P_i gehörende Basisfunktion u_i legen wir durch die Eigenschaft fest, dass

$$u_i(P_j) = \begin{cases} 0 & \text{für } i \neq j \\ 1 & \text{für } i = j \end{cases};$$

der Verlauf zwischen den Punkten wird als linear angenommen. Durch diese Definition hat die Basisfunktion $u_i(x, y)$ die Form einer Pyramide mit sechseckiger Grundfläche, wie sie in Abbildung 5.2 dargestellt ist.

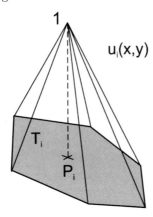

Abb. 5.2. Pyramide als Basisfunktion mit sechseckiger Grundfläche.

Im Folgenden bezeichnen wir mit dem Träger T_i der Basisfunktion den Abschluss des Bereichs, in dem die Funktion $u_i(x, y)$ von Null verschiedene Werte annimmt. Der Träger von u_i entspricht genau dem grau unterlegten Sechseck in Abbildung 5.2. Als Ansatzfunktion $u(x, y)$ wählen wir die Superposition aller Basisfunktionen $u_i(x, y)$, $i = 1, \ldots, m$:

$$u(x, y) = \sum_{i=1}^{m} \delta_i u_i(x, y).$$

Die Koeffizienten δ_i sind genau die Funktionswerte der gesuchten Lösung der Poisson-Gleichung in den Punkten P_i. Um die gesuchten Koeffizienten zu bestimmen, setzen wir die Ansatzfunktion in das zur Differenzialgleichung gehörende Energiefunktional $E(u)$ ein. Nach dem Variationsprinzip müssen sie so bestimmt werden, dass $u(x, y)$ das Minimum des Energiefunktionals in S ergibt.

Einsetzen in das Energiefunktional. Wir setzen daher $u(x, y) = \sum_{i=1}^{m} \delta_i u_i(x, y)$ in $E(u)$ ein und erhalten die Funktion F durch

$$F(\delta_1, \ldots, \delta_m) := E(\delta_1 u_1 + \cdots + \delta_m u_m) =$$

$$= [\sum_{i=1}^{m} \delta_i u_i, \sum_{j=1}^{m} \delta_j u_j] - 2 < \sum_{k=1}^{m} \delta_k u_k, f >$$

$$= \sum_{i=1}^{m} \sum_{j=1}^{m} \delta_i \delta_j [u_i, u_j] - 2 \sum_{k=1}^{m} \delta_k < u_k, f > .$$

Bei der Rechnung setzen wir die Bilinearität von $[\,,\,]$ und $<,>$ ein. F hängt nur noch von den unbekannten Koeffizienten $\delta_1, \ldots, \delta_m$ ab. Für das Minimum der Funktion $F(\delta_1, \delta_2, \ldots, \delta_m)$ müssen alle partiellen Ableitungen nach den Variablen verschwinden:

$$\frac{\partial F}{\partial \delta_i} = 0 \quad \text{für alle } i = 1, \ldots, m \qquad \text{bzw.} \qquad \text{grad}(F) = 0.$$

Führt man wie im eindimensionalen Fall die Vektoren δ und r sowie die Matrix A

$$\delta := \begin{bmatrix} \delta_1 \\ \cdots \\ \delta_m \end{bmatrix}, \quad r := \begin{bmatrix} < u_1, f > \\ \cdots \\ < u_m, f > \end{bmatrix}; \quad A := ([u_i, u_j])_{i,j}$$

ein, gilt

$$\text{grad}(F) = 0 \Leftrightarrow A\delta = r.$$

Zusammenfassung: Ist also $\overline{\delta} = (\overline{\delta}_1, \ldots, \overline{\delta}_m)^t$ die Lösung des linearen Gleichungssystems $A\delta = r$, dann ist

$$\overline{u}(x,y) = \overline{\delta}_1 u_1(x,y) + \cdots + \overline{\delta}_m u_m(x,y)$$

das gesuchte Minimum von E in S.

Aufstellen des LGS. Um die Matrix A und die rechte Seite r des LGS

$$\boxed{A\delta = r} \tag{LGS}$$

bzw. die i-te Gleichung

$$\delta_1 [u_i, u_1] + \delta_2 [u_i, u_2] + \ldots + \delta_m [u_i, u_m] = < u_i, f > \tag{5.1}$$

aufzustellen, müssen die Koeffizienten $[u_i, u_j]$ und $< u_i, f >$ für die Pyramidenfunktionen berechnet werden. Nur wenn sich die Träger der Pyramidenfunktionen u_i und u_j überlappen, sind die Koeffizienten ungleich Null: Dies ist dann der Fall, wenn die Punkte P_i und P_j benachbart oder identisch sind.

Bestimmung der i-ten Gleichung für den Punkt P_i. Bei der Berechnung gehen wir von einem allgemeinen Punkt P_i mit den benachbarten Punkten $P_1, \ldots, P_6$ aus (siehe Abbildung 5.3). Der Träger von u_i, $T_i = \bigcup_{k=1}^{6} \Delta_k$, setzt sich aus den sechs an den Punkt P_i angrenzenden Dreiecken Δ_k zusammen. Um

$$[u_i, u_j] = \int_{\Omega} (\text{grad } u_i)(\text{grad } u_j) \, dxdy$$

zu berechnen, benötigen wir nicht die Funktionsvorschrift von u_i bzw. u_j, sondern lediglich die Gradienten auf den Flächen Δ_k. Da die Basisfunktionen auf diesen Dreiecken lineare Funktionen darstellen, ist der Gradient dort konstant. In Tabelle 5.1 sind die Gradienten für alle an den Punkt P_i angrenzenden Elemente Δ_k angegeben.

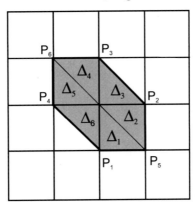

Abb. 5.3. Alle an den Punkt P_i angrenzenden Elemente Δ_k.

Tabelle 5.1: Gradienten für alle an den Punkt P_i angrenzenden Elemente Δ_k.

Element	*Gradient*	*Element*	*Gradient*
$\Delta_1:$	$\left.\operatorname{grad} u_i\right\|_{\Delta_1} = \begin{pmatrix} 0 \\ \frac{1}{h} \end{pmatrix}$	$\Delta_4:$	$\left.\operatorname{grad} u_i\right\|_{\Delta_4} = \begin{pmatrix} 0 \\ -\frac{1}{h} \end{pmatrix}$
$\Delta_2:$	$\left.\operatorname{grad} u_i\right\|_{\Delta_2} = \begin{pmatrix} -\frac{1}{h} \\ 0 \end{pmatrix}$	$\Delta_5:$	$\left.\operatorname{grad} u_i\right\|_{\Delta_5} = \begin{pmatrix} \frac{1}{h} \\ 0 \end{pmatrix}$
$\Delta_3:$	$\left.\operatorname{grad} u_i\right\|_{\Delta_3} = \begin{pmatrix} -\frac{1}{h} \\ -\frac{1}{h} \end{pmatrix}$	$\Delta_6:$	$\left.\operatorname{grad} u_i\right\|_{\Delta_6} = \begin{pmatrix} \frac{1}{h} \\ \frac{1}{h} \end{pmatrix}$

Mit diesen Gradienten lassen sich die Koeffizienten $[u_i, u_j]$ berechnen

$$[u_i, u_i] = \int_\Omega (\operatorname{grad} u_i)(\operatorname{grad} u_i)dxdy = \int_{T_i} (\operatorname{grad} u_i)(\operatorname{grad} u_i)dxdy$$

$$= \sum_{k=1}^{6} \int_{\Delta_k} (\operatorname{grad} u_i|_{\Delta_k})(\operatorname{grad} u_i|_{\Delta_k})dxdy = \int_{\Delta_k} dxdy \sum_{k=1}^{6}(\operatorname{grad} u_i|_{\Delta_k})(\operatorname{grad} u_i|_{\Delta_k})$$

$$= \frac{1}{2}h^2(\frac{1}{h^2} + \frac{1}{h^2} + \frac{2}{h^2} + \frac{1}{h^2} + \frac{1}{h^2} + \frac{2}{h^2}) = 4$$

und

$$[u_i, u_1] = \int_\Omega (\text{grad } u_i)(\text{grad } u_1) dx dy$$

$$= \int_{T_i \cap T_1} (\ldots) dx dy = \int_{\Delta_1} (\ldots) dx dy + \int_{\Delta_6} (\ldots) dx dy$$

$$= \int_{\Delta_1} \begin{pmatrix} 0 \\ \frac{1}{h} \end{pmatrix} \cdot \begin{pmatrix} -\frac{1}{h} \\ -\frac{1}{h} \end{pmatrix} dx dy + \int_{\Delta_6} \begin{pmatrix} \frac{1}{h} \\ \frac{1}{h} \end{pmatrix} \cdot \begin{pmatrix} 0 \\ -\frac{1}{h} \end{pmatrix} dx dy$$

$$= -\frac{2}{h^2} \frac{1}{2} h^2 = -1$$

bzw.

$$[u_i, u_5] = \int_\Omega (\text{grad } u_i)(\text{grad } u_5) dx dy$$

$$= \int_{T_i \cap T_5} (\ldots) dx dy = \int_{\Delta_1} (\ldots) dx dy + \int_{\Delta_2} (\ldots) dx dy$$

$$= \int_{\Delta_1} \begin{pmatrix} 0 \\ \frac{1}{h} \end{pmatrix} \cdot \begin{pmatrix} \frac{1}{h} \\ 0 \end{pmatrix} dx dy + \int_{\Delta_2} \begin{pmatrix} -\frac{1}{h} \\ 0 \end{pmatrix} \cdot \begin{pmatrix} 0 \\ -\frac{1}{h} \end{pmatrix} dx dy = 0.$$

Analog berechnet man $[u_i, u_2] = [u_i, u_3] = [u_i, u_4] = -1$ und $[u_i, u_6] = 0$.

Die rechten Seite $< u_i, f >$ des linearen Gleichungssystems (LGS) ergibt sich aus

$$< u_i, f > = \int_\Omega u_i(x, y)\, f(x, y)\, dx dy = \int_{T_i} u_i(x, y)\, f(x, y)\, dx dy$$

$$= \sum_{k=1}^6 \int_{\Delta_k} u_i(x, y)\, f(x, y)\, dx dy = \sum_{k=1}^6 \overline{f}|_{\Delta_k} \int_{\Delta_k} u_i(x, y)\, dx dy,$$

wenn $\overline{f}|_{\Delta_k}$ der Mittelwert der Funktion f auf dem Dreieck Δ_k ist. Das Volumen der Pyramide ist $1/3 \times$ Grundfläche $\times$ Höhe, d.h. $\int_{\Delta_k} u_i(x, y)\, dx dy = \frac{1}{3} \frac{1}{2} h^2 \cdot 1$. Folglich ist

$$< u_i, f > = h^2 \frac{1}{6} \sum_{k=1}^6 \overline{f}|_{\Delta_k} = h^2 \overline{f}_i.$$

Dabei ist der Wert $\overline{f}_i := \frac{1}{6} \sum_{k=1}^6 \overline{f}|_{\Delta_k}$ definiert über die Mittelwerte der Funktion f auf den Dreiecken Δ_k. Sind f_k die Funktionswerte in den Punkten P_k, so ist in linearer Näherung $\overline{f}|_{\Delta_1} = \frac{1}{3}(f_i + f_1 + f_5)$ usw., so dass

$$\overline{f}_i = \frac{1}{9}(\sum_{k=1}^6 f_k + 3 f_i).$$

Setzen wir nun alle Ergebnisse für $[u_i, u_j]$ und $< u_i, f >$ in Gleichung (5.1) ein, erhalten wir für den Punkt P_i die Gleichung

$$-\delta_1 - \delta_4 + 4\delta_i - \delta_2 - \delta_3 = h^2 \overline{f}_i$$

bzw.

$$\frac{1}{h^2}(\delta_1 + \delta_4 - 4\delta_i + \delta_2 + \delta_3) = -\overline{f}_i.$$

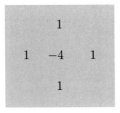

Dies ist genau der **5-Punkte-Stern** der diskreten Poisson-Gleichung, den wir bereits über die finite Differenzenmethode erhalten haben! Allerdings steht nun auf der rechten Seite nicht mehr $f_i = f(x_i, y_i)$, sondern ein gewichteter Mittelwert über alle benachbarten Funktionswerte.

Beispiel 5.1 (MAPLE-Beispiel). Im Worksheet **w1FEM2d** ist das lineare Gleichungssystem (LGS) für eine gleichmäßige Triangulierung des Einheitsquadrates mit den Pyramidenfunktionen als Basisfunktionen aufgestellt. Dabei werden sowohl in x- als auch in y-Richtung $N = 20$ Unterteilungen vorgenommen. Die Punkte und Koordinaten sind als zweidimensionales Feld gespeichert, $P_{i,j} = (x_{i,j}, y_{i,j})$, $x_{i,j} = (i-1)h$, $y_{i,j} = (j-1)h$, $i, j = 1, ..., N+1$ mit $h = \frac{1}{N}$. Der erste Index ist der Zeilenindex und der zweite der Spaltenindex. Die unbekannten Koeffizienten lauten dann $\delta_{i,j}$. Das lineare Gleichungssystem wird mit dem SOR-Verfahren gelöst, indem man zuerst die Gleichung für den Punkt $P_{i,j}$ nach $\delta_{i,j}$ auflöst

$$\delta_{i,j} = \frac{1}{4}(h^2 \overline{f}_{i,j} + \delta_{i-1,j} + \delta_{i+1,j} + \delta_{i,j-1} + \delta_{i,j+1})$$

und dann iteriert. Im Worksheet wird diese Lösung mit der exakten Lösung des Problems $u(x, y) = sin(2\pi x)\, sin(2\pi y)$ graphisch verglichen. Die dreidimensionale Darstellung der numerischen Lösung auf dem 21×21-Gitter ergibt sich aus Abb. 5.4. □

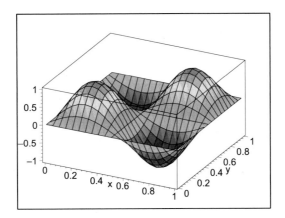

Abb. 5.4. Numerische Lösung der Poisson-Gleichung.

5.2 Visualisierung der Finiten-Elemente-Methode auf randangepassten Gittern

Ziel dieses Abschnitts ist es, die Finite-Elemente-Methode schrittweise zu visualisieren. Dazu gehen wir von der Poisson-Gleichung im Inneren eines Gebietes Ω aus:

$$-\Delta u(x,y) = f(x,y) \quad \text{in } \Omega$$
$$u(x,y) = 0 \qquad \text{auf dem Rand von } \Omega.$$

Verallgemeinernd zu Abschnitt 5.1 lassen wir ein *beliebiges* Gebiet Ω zu, das nicht notwendigerweise durch das Einheitsquadrat I^2 gegeben ist. Einzige Einschränkung ist, dass wir von einem randangepassten Gitter zur diskreten Beschreibung des Gebietes Ω ausgehen. Die *logische* Struktur des Berechnungsgebietes ist daher die gleiche wie die in Abbildung 5.1 angegebene.

Das zum Randwertproblem gehörende Energiefunktional ist nachwievor

$$E(u) = [u,u] - 2 < u, f >$$

mit $(c = 0)$

$$[u,v] = \int_\Omega (\text{grad } u(x,y))(\text{grad } v(x,y)) \, dxdy.$$

Als Basisfunktionen über den Knotenpunkten werden sechsseitige Pyramiden gewählt. Die Superposition der Pyramidenfunktionen, welche das Energiefunktional minimiert, ist dann eine Näherung für die Lösung des Randwertproblems: dem Potenzialverlauf im Berechnungsgebiet. Diese Lösung wird anschließend über Äquipotenziallinien oder über einen farblich gekennzeichneten Verlauf graphisch dargestellt.

In dem von Frau Plume im Rahmen einer Studienarbeit erstellten MAPLE-Worksheet **Visualisierung1** werden die einzelnen Schritte der Finiten-Elemente-Methode in MAPLE visualisiert:

- Einlesen und graphische Darstellung des Gitters.

- Darstellen der Einheitspyramiden.

- Vorgabe der Inhomogenität, Berechnung der Koeffizienten der Matrix und Lösen des linearen Gleichungssystems.

- Darstellung der Lösung (über Pyramiden, als Einhüllende über alle Pyramiden oder als Äquipotenziallinien).

In **Prozeduren** werden die einzelnen Aspekte in eigenständige Prozeduren gekapselt. Diese Prozeduren werden dann anschließend als Unterprogramme im Worksheet **Visualisierung2** zur Visualisierung der Finiten-Elemente-Methode verwendet. Die verwendeten Algorithmen sind in der zugehörigen **Dokumentation** beschrieben.

Beispiel 5.2 (MAPLE-**Beispiel).** Wir wählen als Beispiel ein L-förmiges Gebiet (siehe Abbildung 5.5 (a)) mit einem randangepassten Berechnungsgitter (siehe Abbildung 5.5 (b)) und als Inhomogenität $f(x,y) = 1$.

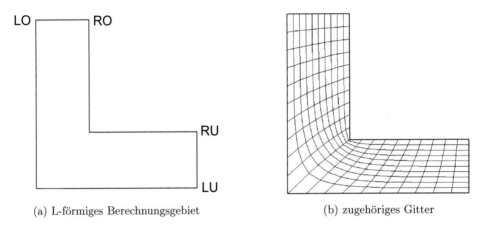

(a) L-förmiges Berechnungsgebiet   (b) zugehöriges Gitter

Abb. 5.5. Randangepasstes Gitter des L-förmigen Gebiets.

Definieren wir für jeden Gitterpunkt $P_{i,j}$ als Basisfunktionen Pyramiden (siehe Abbildung 5.6),

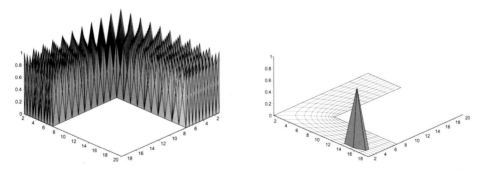

Abb. 5.6. Pyramiden als Basisfunktionen. Alle Pyramiden (links), Einzelpyramide (rechts).

erhalten wir als Ansatzfunktion die Superposition dieser Pyramidenfunktionen

$$u(x,y) = \sum_{i=1}^{m} \delta_i u_i(x,y).$$

Dies führt auf das lineare Gleichungssystem

$$\boxed{A\delta = r}$$

mit den Koeffizienten

$$a_{ij} = [u_i, u_j] = \int_\Omega (\operatorname{grad} u_i)(\operatorname{grad} u_j)\, dxdy$$

und der rechten Seite

$$r_i = <u_i, f> = \int_\Omega u_i(x,y)\, f(x,y)\, dxdy.$$

Löst man das lineare Gleichungssystem mit der rechten Seite r, die von der Inhomogenität f der Differenzialgleichung abhängt, und den Koeffizienten der Matrix a_{ij}, welche die Verzerrung des Gitters berücksichtigen, erhält man als Lösung die Amplituden der Basisfunktionen. Anschließend kann man die Lösung

- in Form der Basisfunktionen (siehe Abb. 5.7 (a)),

- in Form der Einhüllenden der Basisfunktionen (siehe Abb. 5.7 (b)) oder

- in Form von Äquipotenziallinien (siehe Abb. 5.7 (c))

graphisch darstellen.

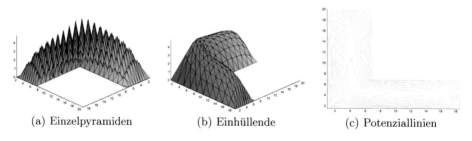

(a) Einzelpyramiden   (b) Einhüllende   (c) Potenziallinien

Abb. 5.7. Darstellung der Lösung.

In Abbildung 5.7 (a) erkennt man die Basisfunktionen, deren Amplituden mit δ_{ij} multipliziert wurden. Führt man die Superposition aller Basisfunktionen multipliziert mit den zugehörigen Amplituden durch, $u(x,y) = \sum \delta_{ij}\, u_{ij}$, erhält man graphisch die Einhüllende aller Pyramiden (vgl. 5.7 (b)). Alternativ zu dieser dreidimensionalen Darstellung können die Äquipotenziallinien zu einer zweidimensionalen Betrachtung herangezogen werden (vgl. 5.7 (c)).   □

5.3 Triangulierung mit linearen Elementfunktionen

Im Hinblick auf die Einführung von Funktionen höherer Ordnung (bilinear oder quadratisch) ist eine modifizierte Betrachtungsweise der Ansatzfunktionen geeigneter, indem sie nicht als Pyramidenfunktionen $u_i(x,y)$ mit Träger $T_i = \bigcup_{k=1}^{6} \Delta_k$ definiert werden, sondern als Elementfunktionen z_j jeweils nur auf einem Dreieck (Element) Δ_j. Im Gegensatz zu den Pyramidenfunktionen u_i, die sich über mehrere Dreiecke erstrecken, wählen wir zur Unterscheidung die Notation z_j für die Elementfunktion, die nur auf dem Dreieck Δ_j definiert ist.

Für die lineare Elementfunktion

$$z_j(x,y) = c_0 + c_1 x + c_2 y$$

eines Dreiecks Δ_j müssen drei Koeffizienten c_0, c_1, c_2 gefunden werden, so dass

$$z_j(P_0) = \delta_0, \; z_j(P_1) = \delta_1, \; z_j(P_2) = \delta_2.$$

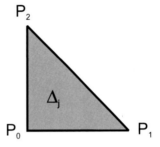

Damit hat man innerhalb des Dreiecks Δ_j einen linearen Verlauf und δ_0, δ_1, δ_2 sind wieder die Werte der gesuchten Funktion an den Knotenpunkten. Die Träger der Elementfunktionen überlappen sich zwar nicht,

Abb. 5.8. Dreieck Δ_j mit den Eckpunkten P_0, P_1 und P_2.

um aber die Bestimmungsgleichung für die Unbekannte δ_i im Punkt P_i zu erhalten, müssen die Beiträge aller zum Punkte P_i gehörenden Elemente (siehe Abbildung 5.3) berücksichtigt werden (Assemblierung).

Aufgabenstellung: Wir stellen die Bestimmungsgleichungen für δ_i auf, indem wir alle zum Punkte P_i gehörenden Dreiecke berücksichtigen. Dazu gehen wir davon aus, dass das Gebiet Ω mit insgesamt m Dreiecken Δ_k überdeckt wird. z_k sind dann die zum Dreieck Δ_k zugehörigen Elementfunktionen. Die Gesamtfunktion u ist die Einhüllende aller Elementfunktionen, d.h. $u|_{\Delta_k} = z_k$.

Das Integral der Variationsaufgabe (VAR) zerfällt dann in Teilintegrale über die Elemente Δ_j mit den Basisfunktionen z_j, $j = 1, ..., m$. Es gilt

$$[u,u] = \int_\Omega (\operatorname{grad} u)(\operatorname{grad} u)dxdy = \sum_{j=1}^{m} \int_{\Delta_j} (\operatorname{grad} z_j)(\operatorname{grad} z_j)dxdy$$

$$<u,f> = \int_\Omega u(x,y)\,f(x,y)\,dxdy = \sum_{j=1}^{m} \int_{\Delta_j} z_j\, f\, dxdy.$$

Konkret gilt am Punkt P_i: Bei einer gleichmäßigen Triangulierung des Einheitsquadrates I^2 ist der Beitrag von δ_i zum Energiefunktional gegeben durch die sechs angrenzenden Basisfunktionen (siehe Abbildung 5.9):

$$F(\delta_i) = \sum_{k=1}^{6} \left(\int_{\Delta_k} (\text{grad } z_k)(\text{grad } z_k)dxdy - 2 \int_{\Delta_k} z_k f \, dxdy \right).$$

Für das Minimum des Energiefunktionals muss die Ableitung nach δ_i Null ergeben:

$$\frac{\partial F}{\partial \delta_i}(\delta_i) = \sum_{k=1}^{6} \frac{\partial}{\partial \delta_i} \left(\int_{\Delta_k} (\text{grad } z_k)(\text{grad } z_k)dxdy - 2 \int_{\Delta_k} z_k f \, dxdy \right) = 0.$$

Vorgehen:

(1.) Man stellt für jedes der sechs an den Punkt P_i angrenzenden Dreieck Δ_k die Elementfunktion z_k auf,

(2.) berechnet die Integrale $\int_{\Delta_k} (\text{grad } z_k)(\text{grad } z_k)dxdy$ und $\int_{\Delta_k} z_k f \, dxdy$,

(3.) differenziert nach δ_i und

(4.) summiert anschließend die Beiträge aller Dreiecke zu Null auf.

(1.) In Abbildung 5.9 sind alle an den Punkt P_i angrenzenden Dreiecke Δ_k angegeben. Die Funktionswerte der Elementfunktionen in den Ecken des Trägers lauten $\delta_1, ..., \delta_6$; der Funktionswert im Punkte P_i (in der Mitte) ist δ_i.

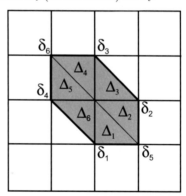

Abb. 5.9. Funktionswerte aller an den Punkt P_i angrenzenden Dreiecke.

Wir führen exemplarisch die Rechnung für das Dreieck Δ_2 mit der Elementfunktion z_2 vor: Der Einfachheit halber gehen wir davon aus, dass der Punkt P_i die Koordinaten $(0,0)$ besitzt. Dann gilt für die Ebene:

$$\Delta_2 : \begin{pmatrix} x \\ y \\ z \end{pmatrix} = \begin{pmatrix} 0 \\ 0 \\ \delta_i \end{pmatrix} + \lambda \begin{pmatrix} h \\ -h \\ \delta_5 - \delta_i \end{pmatrix} + \mu \begin{pmatrix} h \\ 0 \\ \delta_2 - \delta_i \end{pmatrix}.$$

Schreibt man diese Ebenengleichung in Komponenten und ersetzt in der dritten Komponente λ und μ, erhält man

$$z_2(x,y) = \delta_i + \frac{1}{h}(\delta_2 - \delta_i)x + \frac{1}{h}(\delta_2 - \delta_5)y \quad \Rightarrow \quad \text{grad } z_2 = \frac{1}{h} \begin{pmatrix} \delta_2 - \delta_i \\ \delta_2 - \delta_5 \end{pmatrix}.$$

(2.) Für das Dreieck Δ_2 ergibt sich weiterhin

$$\int_{\Delta_2} (\mathrm{grad}\, z_2)(\mathrm{grad}\, z_2)dxdy = \frac{1}{h^2}\left((\delta_2 - \delta_i)^2 + (\delta_2 - \delta_5)^2\right)\frac{1}{2}h^2$$

$$\int_{\Delta_2} z_2 f\, dxdy = \overline{f}|_{\Delta_2}\int_{\Delta_2} z_2\, dxdy = \overline{f}|_{\Delta_2}\frac{1}{6}h^2(\delta_i + \delta_2 + \delta_5)$$

(3.) bzw.

$$\frac{\partial}{\partial\delta_i}\left(\int_{\Delta_2}(\mathrm{grad}\, z_2)(\mathrm{grad}\, z_2)dxdy - 2\int_{\Delta_2} z_2 f\, dxdy\right) = (\delta_i - \delta_2) - 2\overline{f}|_{\Delta_2}\frac{1}{6}h^2.$$

Analog zum Dreieck Δ_2 mit der Elementfunktion z_2 werden die Funktionsgleichungen für z_1, z_3, z_4, z_5, z_6 aufgestellt und die zugehörigen Gradienten bestimmt. In Tabelle 5.2 sind alle zum Punkte P_i angrenzenden Dreiecke (vgl. Abbildung 5.9) mit den Gradienten der Elementfunktionen angegeben.

Tabelle 5.2: Gradienten der Elementfunktionen zum Punkte P_i.

Gradient auf dem Element	Gradient auf dem Element
$\Delta_1:\quad \mathrm{grad}(z_1) = \frac{1}{h}\begin{pmatrix}\delta_5 - \delta_1\\\delta_i - \delta_1\end{pmatrix}$	$\Delta_4:\quad \mathrm{grad}(z_4) = \frac{1}{h}\begin{pmatrix}\delta_3 - \delta_6\\\delta_3 - \delta_i\end{pmatrix}$
$\Delta_2:\quad \mathrm{grad}(z_2) = \frac{1}{h}\begin{pmatrix}\delta_2 - \delta_i\\\delta_2 - \delta_5\end{pmatrix}$	$\Delta_5:\quad \mathrm{grad}(z_5) = \frac{1}{h}\begin{pmatrix}\delta_i - \delta_4\\\delta_6 - \delta_4\end{pmatrix}$
$\Delta_3:\quad \mathrm{grad}(z_3) = \frac{1}{h}\begin{pmatrix}\delta_2 - \delta_i\\\delta_3 - \delta_1\end{pmatrix}$	$\Delta_6:\quad \mathrm{grad}(z_6) = \frac{1}{h}\begin{pmatrix}\delta_i - \delta_4\\\delta_i - \delta_1\end{pmatrix}$

Für den Spezialfall $\delta_i = 1$ und $\delta_1 = \ldots = \delta_6 = 0$ kommen genau die Gradienten der Pyramidenfunktion in Tabelle 5.1 heraus. Mit diesen Gradienten erhalten wir für die Integrale auf den Elementen

$$\Delta_1:\quad \frac{\partial}{\partial\delta_i}(\int_{\Delta_1}(...)dxdy - 2\int_{\Delta_1} z_1 f\, dxdy) = (\delta_i - \delta_1) - 2\overline{f}|_{\Delta_1}\frac{1}{6}h^2$$

$$\Delta_3:\quad \frac{\partial}{\partial\delta_i}(\int_{\Delta_3}(...)\, dxdy - 2\int_{\Delta_3} z_3 f\, dxdy) = (2\delta_i - \delta_2 - \delta_3) - 2\overline{f}|_{\Delta_3}\frac{1}{6}h^2$$

$$\Delta_4:\quad \frac{\partial}{\partial\delta_i}(\int_{\Delta_4}(...)\, dxdy - 2\int_{\Delta_4} z_4 f\, dxdy) = (\delta_i - \delta_3) - 2\overline{f}|_{\Delta_4}\frac{1}{6}h^2$$

$$\Delta_5:\quad \frac{\partial}{\partial\delta_i}(\int_{\Delta_5}(...)\, dxdy - 2\int_{\Delta_5} z_5 f\, dxdy) = (\delta_i - \delta_4) - 2\overline{f}|_{\Delta_5}\frac{1}{6}h^2$$

$$\Delta_6:\quad \frac{\partial}{\partial\delta_i}(\int_{\Delta_6}(...)\, dxdy - 2\int_{\Delta_6} z_6 f\, dxdy) = (2\delta_i - \delta_4 - \delta_1) - 2\overline{f}|_{\Delta_6}\frac{1}{6}h^2.$$

(4.) Berücksichtigt man alle zum Punkte P_i angrenzenden Dreiecke, so folgt aus

$$\frac{\partial}{\partial \delta_i} F(\delta_i) = 0 : \qquad -2\delta_1 - 2\delta_4 + 8\delta_i - 2\delta_2 - 2\delta_3 - 2h^2 \frac{1}{6} \sum_{i=1}^{6} \overline{f}|_{\Delta_i} = 0$$

bzw.

$$\boxed{\frac{1}{h^2} \left(\delta_1 + \delta_4 - 4\delta_i + \delta_2 + \delta_3 \right) = -\overline{f},}$$

wenn $\boxed{\overline{f} = \frac{1}{6} \sum_{i=1}^{6} \overline{f}|_{\Delta_i}}$ ein mittlerer Funktionswert von f. Dies führt für den Punkt P_i bzw. der Unbekannten δ_i wieder genau auf den 5-Punkte-Stern, den wir auch mit dem Ansatz über die Basisfunktionen (=Pyramidenfunktionen) im Abschnitt 5.1 erhalten haben.

Hinweis: Im Worksheet **w2FEM2d** ist das Erstellen der Ebenengleichungen für die Dreiecke, das Aufstellen der Elementfunktionen, die Berechnung der Gradienten und der zugehörigen Integrale durchgeführt.   □

5.4 Rechteckzerlegung mit bilinearen Elementfunktionen

Wir lösen nochmals die Poisson-Gleichung im Einheitsquadrat

$$
\begin{aligned}
-\Delta u(x,y) &= 8\pi^2 \, \sin(2\pi x) \, \sin(2\pi y) \quad &\text{in } I^2 \\
u(x,y) &= 0 \qquad &\text{auf dem Rand von } I^2.
\end{aligned}
$$

In diesem Abschnitt zerlegen wir aber das Einheitsquadrat I^2 in **Quadrate** der Seitenlänge $h = 1/N$.

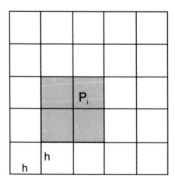

Abb. 5.10. Gleichmäßige Gebietszerlegung in Rechtecke.

Wir betrachten jetzt den Fall, bei dem die Elementfunktionen auf jeden Quadrat bilinear sind:

$$z(x, y) = c_0 + c_1 x + c_2 y + c_3 xy.$$

Durch die Vorgabe der Funktionswerte in den vier Eckpunkten ist $z(x, y)$ in jedem Quadrat eindeutig bestimmt.

(a) Punkte   (b) Funktionswerte

Abb. 5.11. Punkt P_i mit den angrenzenden Elementen $\square_1$, ..., $\square_4$.

Bei der gleichmäßigen Zerlegung des Einheitsquadrates I^2 in quadratische Elemente ist der Beitrag von δ_i zum Energiefunktional

$$F(\delta_i) = \sum_{k=1}^{4} \left(\int_{\square_k} \operatorname{grad}(z_k) \operatorname{grad}(z_k) dx dy - 2 \int_{\square_k} z_k f \, dx dy \right). \quad (5.2)$$

Damit lautet die Bestimmungsgleichung für die Unbekannte δ_i

$$\frac{\partial F}{\partial \delta_i}(\delta_i) = \sum_{k=1}^{4} \frac{\partial}{\partial \delta_i} \left(\int_{\square_k} \operatorname{grad}(z_k) \operatorname{grad}(z_k) dx dy - 2 \int_{\square_k} z_k f \, dx dy \right) = 0. \quad (5.3)$$

In Abbildung 5.11 (b) sind alle an den Punkt P_i angrenzenden Quadrate $\square_k$ angegeben. Die Funktionswerte der Elementfunktionen in den Ecken der Quadrate lauten δ_1, ..., δ_8; der Funktionswert im Punkte P_i ist δ_i.

Beispiel 5.3. Wir stellen exemplarisch die Rechnung für das Quadrat $\square_1$ mit der Elementfunktion z_1 auf. Der Einfachheit halber gehen wir davon aus, dass der Punkt P_i die Koordinaten $(0,0)$ besitzt. Die Details der Rechnung sind im Worksheet **w3FEM2d** zu finden. Wir geben hier nur die Ergebnisse an: Für die Elementfunktion

$$z_1(x, y) = c_0 + c_1 x + c_2 y + c_3 xy$$

des Quadrats $\square_1$ müssen vier Koeffizienten c_1, ..., c_4 gefunden werden, so dass

$$z_1(P_1) = \delta_1, \ z_1(P_5) = \delta_5, \ z_1(P_2) = \delta_2, \ z_1(P_i) = \delta_i.$$

Wie man direkt nachprüft, erfüllt

$$z_1(x,y) = \delta_i + \frac{1}{h}(\delta_2 - \delta_i)x + \frac{1}{h}(\delta_i - \delta_1)y + \frac{1}{h^2}(\delta_2 - \delta_5 + \delta_1 - \delta_i)xy$$

diese Forderungen. Folglich ist

$$\operatorname{grad}(z_1) = \begin{pmatrix} \frac{1}{h}(\delta_2 - \delta_i) + \frac{1}{h^2}(\delta_2 - \delta_5 + \delta_1 - \delta_i)y \\ \frac{1}{h}(\delta_i - \delta_1) + \frac{1}{h^2}(\delta_2 - \delta_5 + \delta_1 - \delta_i)x \end{pmatrix}.$$

Für das erste Integral von Gleichung (5.3) ergibt sich

$$\int_{\square_1} \operatorname{grad}(z_1)\operatorname{grad}(z_1)\,dxdy = \int_{y=-h}^{0}\int_{x=0}^{h} \operatorname{grad}(z_1)\operatorname{grad}(z_1)\,dxdy =$$

$$= \frac{2}{3}\delta_i^2 + \frac{2}{3}\delta_1^2 + \frac{2}{3}\delta_2^2 + \frac{2}{3}\delta_5^2 - \frac{2}{3}\delta_i\delta_5 - \frac{2}{3}\delta_2\delta_1$$

$$- \frac{1}{3}\delta_5\delta_1 - \frac{1}{3}\delta_2\delta_i - \frac{1}{3}\delta_2\delta_5 - \frac{1}{3}\delta_i\delta_1.$$

$$\Rightarrow \frac{\partial}{\partial\delta_i}\int_{\square_1} \operatorname{grad}(z_1)\operatorname{grad}(z_1)\,dxdy = \frac{4}{3}\delta_i - \frac{2}{3}\delta_5 - \frac{1}{3}\delta_2 - \frac{1}{3}\delta_1.$$

Für das zweite Integral von Gleichung (5.3) ergibt sich

$$-2\int_{\square_1} z_1 f\,dxdy = -2\,\overline{f}|_{\square_1}\int_{\square_1} z_1\,dxdy = -\frac{1}{2}h^2\,\overline{f}|_{\square_1}(\delta_i + \delta_1 + \delta_2 + \delta_5).$$

$$\Rightarrow \frac{\partial}{\partial\delta_i}(-2\int_{\square_1} z_1 f\,dxdy) = -\frac{1}{2}h^2\,\overline{f}|_{\square_1}. \qquad \square$$

Setzen wir in Gleichung (5.3) alle Beiträge der zum Punkte P_i gehörenden Elementfunktionen zusammen (Assemblieren), gilt

$$\frac{\partial F}{\partial\delta_i}(\delta_i) = 0 \curvearrowright \sum_{k=1}^{4} \frac{\partial}{\partial\delta_i}\left(\int_{\square_k}\operatorname{grad}(z_k)\operatorname{grad}(z_k)dxdy - 2\int_{\square_k} z_k f\,dxdy\right) = 0$$

$$\curvearrowright \frac{4}{3}\delta_i - \frac{2}{3}\delta_5 - \frac{1}{3}\delta_2 - \frac{1}{3}\delta_1 + \frac{4}{3}\delta_i - \frac{2}{3}\delta_6 - \frac{1}{3}\delta_2 - \frac{1}{3}\delta_3 +$$

$$\frac{4}{3}\delta_i - \frac{2}{3}\delta_7 - \frac{1}{3}\delta_3 - \frac{1}{3}\delta_4 + \frac{4}{3}\delta_i - \frac{2}{3}\delta_8 - \frac{1}{3}\delta_4 - \frac{1}{3}\delta_1 - \frac{1}{2}h^2\sum_{k=1}^{4}\overline{f}|_{\square_k} = 0.$$

Dies ist offenbar gerade ein lineares Gleichungssystem, welches durch das Anwenden eines Differenzenverfahrens mit einem **9-Punkte-Stern**

$$
\begin{array}{ccc}
\frac{1}{3} & \frac{1}{3} & \frac{1}{3} \\[2mm]
\frac{1}{3} & -\frac{8}{3} & \frac{1}{3} \\[2mm]
\frac{1}{3} & \frac{1}{3} & \frac{1}{3}
\end{array}
$$

und der rechten Seite

$$
-h^2 \, \frac{1}{4} \sum_{k=1}^{4} \overline{f}|_{\square_k} = -h^2 \, \overline{f}
$$

entsteht. Damit können wir festhalten:

> Solange die Gitterstruktur eine Regelmäßigkeit aufweist, die logisch durch ein zweidimensionales Array repräsentiert werden kann, entspricht die Methode der finiten Elemente einem Differenzenverfahren.

Bei allgemeinen Zerlegungen ist eine solche Zuordnung jedoch nicht mehr möglich.

Beispiel 5.4 (MAPLE-Beispiel). Die Lösung des Randwertproblems wird im Worksheet **w4FEM2d** mit Hilfe des oben diskutierten 9-Punkte-Sterns numerisch bestimmt, graphisch dargestellt sowie mit der exakten Lösung verglichen. Die numerische Lösung verhält sich bei der Verwendung von bilinearen Elementen wie in Abbildung 5.4 angegeben. Graphisch lässt sich kein Unterschied feststellen. Die besseren Eigenschaften der bilinearen Elementen gegenüber den linearen erkennt man erst bei großen Problemen mit vielen tausend Elementen.   □

5.5 Triangulierung mit quadratischen Elementfunktionen

In diesem Abschnitt geben wir einen Ausblick, wie die Finite-Elemente-Methode auf **unstrukturierten** Gittern bei einer Triangulierung des Berechnungsgebietes eingesetzt werden kann. Wir gehen bei der Betrachtung von quadratischen Elementen aus und betrachten die verallgemeinerte Poisson-Gleichung

$$
\begin{aligned}
-\Delta u(x,y) + c\,u(x,y) &= f(x,y) && \text{im Inneren eines Gebietes } \Omega \\
&&& \text{mit dem Parameter } c \geq 0 \\
u(x,y) &= 0 && \text{auf dem Rand von } \Omega.
\end{aligned}
$$

Wir gehen davon aus, dass das Berechnungsgebiet Ω trianguliert ist (vgl. Abbildung 5.12).

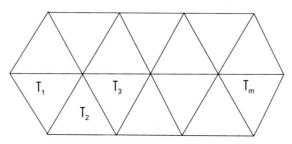

Abb. 5.12. Triangulierung des Berechnungsgebietes.

Analog dem Vorgehen aus Abschnitt 5.3 bzw. 5.4 müssen wir nun quadratische Elementfunktionen definieren und diese Elementfunktionen in das Energieintegral einsetzen. Wir kümmern uns zunächst um die Definition der Elementfunktionen, setzen diese dann in das Energiefunktional

$$E(u) = \int_\Omega ((\operatorname{grad} u(x,y))(\operatorname{grad} u(x,y)) + c\, u(x,y)\, u(x,y))\, dx dy$$

$$-2 \int_\Omega u(x,y)\, f(x,y)\, dx dy.$$

ein, um die Ableitung des Energiefunktionals nach den Koeffizienten der Ansatzfunktion bilden zu können.

1. Elementfunktionen: Im Folgenden betrachten wir ein beliebiges Dreieck T_i. Zu diesem Dreieck bestimmen wir eine quadratische Elementfunktion

$$u_i(x,y) = c_1 + c_2 x + c_3 y + c_4 x^2 + c_5 xy + c_6 y^2.$$

Da wir uns zunächst auf *ein* Dreieck beschränken, unterdrücken wir der Übersichtlichkeit den Index i bei T_i und z_i. Die Koeffizienten $c_i, i = 1, ..., 6$, müssen so spezifiziert werden, dass die Elementfunktion in den Knoten die Werte $\delta_1, ..., \delta_6$ annimmt.

Es zeigt sich, dass man die Basisfunktionen für das Dreieck T am geeignetsten so konstruiert, dass man sie als Linearkombination von 6 *quadratischen* Einzelfunktionen $N_1, ..., N_6$ zusammensetzt, welche die Eigenschaft besitzen, dass N_i auf dem Punkt P_i den Wert eins und auf allen anderen fünf Punkten Null liefert:

$$N_i(P_j) = \begin{cases} 0 & \text{für } i \neq j \\ 1 & \text{für } i = j \end{cases} \qquad \text{für} \qquad i, j = 1, ..., 6.$$

Es ist aber nicht offensichtlich, wie man in einem beliebigen Dreieck solche Funktionen $N_1, ..., N_6$ explizit angeben kann. Daher transformiert man das gegebene Dreieck auf ein rechtwinkliges mit Katheten der Länge 1:

Transformation des Dreiecks ins (ξ, η)-Gebiet: Um die Funktionsausdrücke der Elementfunktionen aufzustellen, transformieren wir das Dreieck T auf ein *Normaldreieck* $\widetilde{T}$

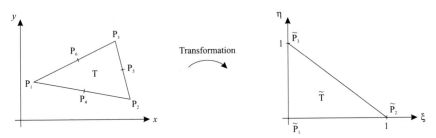

Abb. 5.13. Transformation des Dreiecks T auf das *Normaldreieck* $\widetilde{T}$.

Jeder Punkt (x, y) des Dreiecks T lässt sich darstellen durch die Vorschrift

$$\begin{cases} x = x_1 + (x_2 - x_1)\xi + (x_3 - x_1)\eta \\ y = y_1 + (y_2 - y_1)\xi + (y_3 - y_1)\eta \end{cases} \quad 0 \leq \xi + \eta \leq 1$$

bzw. in Matrizenschreibweise

$$\begin{pmatrix} x - x_1 \\ y - y_1 \end{pmatrix} = \begin{pmatrix} x_2 - x_1 & x_3 - x_1 \\ y_2 - y_1 & y_3 - y_1 \end{pmatrix} \begin{pmatrix} \xi \\ \eta \end{pmatrix}.$$

Durch Inversion der Matrix gilt

$$\begin{pmatrix} \xi \\ \eta \end{pmatrix} = \frac{1}{J} \begin{pmatrix} y_3 - y_1 & -(x_3 - x_1) \\ -(y_2 - y_1) & x_2 - x_1 \end{pmatrix} \begin{pmatrix} x - x_1 \\ y - y_1 \end{pmatrix}$$

mit

$$J = det \begin{pmatrix} x_2 - x_1 & x_3 - x_1 \\ y_2 - y_1 & y_3 - y_1 \end{pmatrix}.$$

Definition der Elementfunktionen im (ξ, η)-Gebiet: Mit obigen Formeln hat man die Transformation von einem beliebigen Dreieck T mit den Ecken $(P_1(x_1, y_1)$, $P_2(x_2, y_2)$, $P_3(x_3, y_3))$ ins Normaldreieck $\widetilde{T}$. Im Dreieck $\widetilde{T}$ können die *Formfunktionen* $N_1, \ldots, N_6$ explizit angegeben werden durch

$$N_1(\xi, \eta) = (1 - \xi - \eta)(1 - 2\xi - 2\eta)$$
$$N_2(\xi, \eta) = \xi(2\xi - 1)$$
$$N_3(\xi, \eta) = \eta(2\eta - 1)$$
$$N_4(\xi, \eta) = 4\xi(1 - \xi - \eta)$$
$$N_5(\xi, \eta) = 4\xi\eta$$
$$N_6(\xi, \eta) = 4\eta(1 - \xi - \eta).$$

Diese Funktionen sind in Abbildung 5.14 dreidimensional dargestellt. Sie können im Worksheet **w5FEM2d** unter verschiedenen Blickwinkel betrachtet werden.

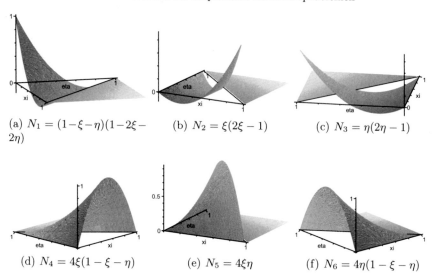

(a) $N_1 = (1-\xi-\eta)(1-2\xi-2\eta)$

(b) $N_2 = \xi(2\xi - 1)$

(c) $N_3 = \eta(2\eta - 1)$

(d) $N_4 = 4\xi(1 - \xi - \eta)$

(e) $N_5 = 4\xi\eta$

(f) $N_6 = 4\eta(1 - \xi - \eta)$

Abb. 5.14. *Formfunktionen $N_1, \ldots, N_6$ auf dem Element $\widetilde{T}$.*

Die zum Dreieck $\widetilde{T}$ gehörende Elementfunktion $\widetilde{u}$ ist nun über diese Formfunktionen definiert

$$\widetilde{u}(\xi, \eta) := \sum_{i=1}^{6} \delta_i \, N_i(\xi, \eta).$$

Um die Elementfunktion $u(x, y)$ für das ursprüngliche Dreieck T zu erhalten, könnten wir die Elementfunktion zurück transformieren. Im Anschluss daran könnten dann die Integrale berechnet, die Assemblierung vorgenommen und $F(\delta_i)$ nach δ_i differenziert werden, um das lineare Gleichungssystem $A\delta = r$ aufzustellen. Es zeigt sich jedoch, dass es für die Rechnung günstiger ist, im transformierten Gebiet zu bleiben und stattdessen die Integrale ins (ξ, η)-Gebiet zu transformieren. Denn im (ξ, η)-Gebiet sind die Integrationsgrenzen über dem Dreieck $\widetilde{T}$ einfach zu beschreiben.

2. Transformation und Berechnung der Integrale: Um das lineare Gleichungssystem $A\delta = r$ zu erhalten, stellen wir für jede Elementfunktion u die Energiebilanz auf

$$E(u) = \int_{\Omega} ((\mathrm{grad}\, u)(\mathrm{grad}\, u) + c\, u\, u)\, dxdy - 2 \int_{\Omega} u\, f\, dxdy$$

$$= \int_{T} (u_x^2 + u_y^2)\, dxdy + c \int_{T} u^2\, dxdy - 2 \int_{T} u\, f\, dxdy.$$

Somit sind für jedes Dreieck T drei Integrale zu bestimmen:

$$I_1 = \int_T (u_x^2 + u_y^2)\, dx\, dy$$

$$I_2 = \int_T u^2\, dx\, dy$$

$$I_3 = \int_T u\, f\, dx\, dy.$$

Um die Integrationen statt über T nun im (ξ, η)-Gebiet über $\widetilde{T}$ durchzuführen, ersetzen wir die Ableitungen nach x und y durch Ableitungen nach ξ und η sowie $\int_T \ldots dx\, dy$ durch $\int_{\widetilde{T}} \ldots J\, d\xi\, d\eta$: Durch die Transformation wird jede Funktion $u(x, y)$ zu einer Funktion in ξ und η

$$\widetilde{u} = u(x(\xi, \eta), y(\xi, \eta)).$$

Mit den selben Transformationsformeln wie bei den finiten Differenzen (vgl. Abschnitt 3.3) erhalten wir

$$u_x = \frac{1}{J}(y_\eta \widetilde{u}_\xi - y_\xi \widetilde{u}_\eta)$$

$$u_y = \frac{1}{J}(-x_\eta \widetilde{u}_\xi + x_\xi \widetilde{u}_\eta)$$

mit $y_\eta = y_3 - y_1$; $y_\xi = y_2 - y_1$; $x_\eta = x_3 - x_1$; $x_\xi = x_2 - x_1$.

Transformation von I_1 ins (ξ, η)-Gebiet: Wir wenden uns dem ersten Integral zu. Mit den Transformationsformeln für die partiellen Ableitungen erhalten wir

$$I_1 = \int_T (u_x^2 + u_y^2)\, dx\, dy = \int_{\widetilde{T}} \frac{1}{J^2}[(y_\eta \widetilde{u}_\xi - y_\xi \widetilde{u}_\eta)^2 + (-x_\eta \widetilde{u}_\xi + x_\xi \widetilde{u}_\eta)^2]\, J\, d\xi\, d\eta$$

$$= \ldots = \int_{\widetilde{T}} (\alpha \widetilde{u}_\xi^2 + 2\beta \widetilde{u}_\xi \widetilde{u}_\eta + \gamma \widetilde{u}_\eta^2)\, d\xi\, d\eta$$

mit den Koeffizienten

$$\alpha = \frac{1}{J}(x_\eta^2 + y_\eta^2); \quad \beta = -\frac{1}{J}(x_\eta x_\xi + y_\eta y_\xi); \quad \gamma = \frac{1}{J}(x_\xi^2 + y_\xi^2).$$

Man beachte, dass die Beschreibung der Integrationsgrenzen des Dreiecks $\widetilde{T}$ im (ξ, η)-Gebiet einfach zu spezifizieren sind durch

$$\int_{\widetilde{T}} \ldots d\xi\, d\eta = \int_{\eta=0}^{1} \int_{\xi=0}^{\xi=1-\eta} \ldots d\xi\, d\eta.$$

Da die Elementfunktion

$$\widetilde{u}(\xi, \eta) = \sum_{i=1}^{6} \delta_i\, N_i(\xi, \eta)$$

sich zusammensetzt aus den Formfunktionen N_i und den unbekannten Funktionswerten δ_i an den Punkten $\widetilde{P}_i, i = 1, ..., 6$, des Dreiecks $\widetilde{T}$, ist

$$\widetilde{u}_\xi(\xi, \eta) = \sum_{i=1}^{6} \delta_i \frac{\partial}{\partial \xi} N_i(\xi, \eta) = \vec{u}_e^{\,t} \cdot \vec{N_\xi},$$

$$\widetilde{u}_\eta(\xi, \eta) = \sum_{i=1}^{6} \delta_i \frac{\partial}{\partial \eta} N_i(\xi, \eta) = \vec{u}_e^{\,t} \cdot \vec{N_\eta},$$

wenn wir zur Abkürzung der Summen die folgenden Vektoren einführen

$$\vec{u}_e^{\,t} := (\delta_1, \delta_2, \ldots, \delta_6),$$

und

$$\vec{N_\xi} := (\frac{\partial}{\partial \xi} N_1(\xi, \eta), \frac{\partial}{\partial \xi} N_2(\xi, \eta), \ldots, \frac{\partial}{\partial \xi} N_6(\xi, \eta))^t$$

$$\vec{N_\eta} := (\frac{\partial}{\partial \eta} N_1(\xi, \eta), \frac{\partial}{\partial \eta} N_2(\xi, \eta), \ldots, \frac{\partial}{\partial \eta} N_6(\xi, \eta))^t.$$

Setzt man $\widetilde{u}_\xi$ und $\widetilde{u}_\eta$ in I_1 ein, erhält man Integrale nur über die Ableitungen $\frac{\partial}{\partial \xi} N_i(\xi, \eta)$ bzw. $\frac{\partial}{\partial \eta} N_i(\xi, \eta)$:

$$I_1 = \int_T (u_x^2 + u_y^2) \, dx \, dy = \vec{u}_e^{\,t} \, S_e \, \vec{u}_e$$

mit der **Steifigkeitsmatrix** $S_e := \alpha \, S_1 + \beta \, S_2 + \gamma S_3$ und den Teil-Matrizen

$$S_1 := \int_{\widetilde{T}} \vec{N_\xi} \cdot \vec{N_\xi}^{\,t} \, d\xi \, d\eta$$

$$S_2 := \int_{\widetilde{T}} (\vec{N_\xi} \cdot \vec{N_\eta}^{\,t} + \vec{N_\eta} \cdot \vec{N_\xi}^{\,t}) d\xi \, d\eta$$

$$S_3 := \int_{\widetilde{T}} \vec{N_\eta} \cdot \vec{N_\eta}^{\,t} \, d\xi \, d\eta.$$

Bei dieser kompakten Schreibweise ist zu beachten, dass z.B. $\vec{N}_\xi \cdot \vec{N_\eta}^{\,t}$ nicht das Skalarprodukt der Vektoren $\vec{N_\xi}$ und $\vec{N_\eta}$, sondern die 6×6-Matrix

$$\vec{N_\xi} \cdot \vec{N_\eta}^{\,t} = \begin{pmatrix} \partial_\xi N_1 \\ \partial_\xi N_2 \\ \vdots \\ \partial_\xi N_6 \end{pmatrix} \cdot (\partial_\eta N_1, \ldots, \partial_\eta N_6) = \begin{pmatrix} \partial_\xi N_1 \, \partial_\eta N_1 & \ldots & \partial_\xi N_1 \, \partial_\eta N_6 \\ \partial_\xi N_2 \, \partial_\eta N_1 & & \partial_\xi N_2 \, \partial_\eta N_6 \\ \vdots & & \vdots \\ \partial_\xi N_6 \, \partial_\eta N_1 & \ldots & \partial_\xi N_6 \, \partial_\eta N_6 \end{pmatrix}.$$

D.h. S_1, S_2, S_3 bzw. S_e sind jeweils 6×6-Matrizen und die entsprechenden Integrale sind komponentenweise zu bilden. Führt man die Integrationen über dem Dreieck $\widetilde{T}$ durch, erhält man für die Steifigkeitsmatrix zusammenfassend

$$S_e = \frac{1}{6} \begin{pmatrix} 3(\alpha+2\beta+\gamma) & \alpha+\beta & \beta+\gamma & -4(\alpha+\beta) & 0 & -4(\beta+\gamma) \\ \alpha+\beta & 3\alpha & -\beta & -4(\alpha+\beta) & 4\beta & 0 \\ \beta+\gamma & -\beta & 3\gamma & 0 & 4\beta & -4(\beta+\gamma) \\ -4(\alpha+\beta) & -4(\alpha+\beta) & 0 & 8(\alpha+\beta+\gamma) & -8(\beta+\gamma) & 8\beta \\ 0 & 4\beta & 4\beta & -8(\beta+\gamma) & 8(\alpha+\beta+\gamma) & -8(\alpha+\beta) \\ -4(\beta+\gamma) & 0 & -4(\beta+\gamma) & 8\beta & -8(\alpha+\beta) & 8(\alpha+\beta+\gamma) \end{pmatrix}.$$

Transformation von I_2 ins (ξ,η)-Gebiet: Für I_2 ergibt sich

$$I_2 = \int_T u^2(x,y)\,dx\,dy = J \int_{\widetilde{T}} \widetilde{u}^2(\xi,\eta)\,d\xi\,d\eta$$

$$= J \int_{\widetilde{T}} \left(\sum_{i=1}^{6} \delta_i\, N_i(\xi,\eta)\right) \left(\sum_{j=1}^{6} \delta_j\, N_j(\xi,\eta)\right) d\xi\,d\eta$$

$$= J \int_{\widetilde{T}} \vec{u_e}^t\, \vec{N} \cdot \vec{N}^t\, \vec{u_e}\,d\xi\,d\eta = \vec{u_e}^t\, J \int_{\widetilde{T}} \vec{N} \cdot \vec{N}^t\,d\xi\,d\eta\,\vec{u_e}.$$

Insgesamt ist

$$I_2 = \vec{u_e}^t\, M_e\, \vec{u_e}$$

mit der **Massenelementmatrix** M_e:

$$M_e = J \int_{\widetilde{T}} \vec{N}\,\vec{N}^t\,d\xi\,d\eta = \frac{J}{360} \begin{pmatrix} 6 & -1 & -1 & 0 & -4 & 0 \\ -1 & 6 & -1 & 0 & 0 & -4 \\ -1 & -1 & 6 & -4 & 0 & 0 \\ 0 & 0 & -4 & 32 & 16 & 16 \\ -4 & 0 & 0 & 16 & 32 & 16 \\ 0 & -4 & 0 & 16 & 16 & 32 \end{pmatrix}.$$

Transformation von I_3 ins (ξ,η)-Gebiet: Auf die gleiche Art wird das Integral I_3 berechnet:

$$I_3 = \int_T u\,f\,dx\,dy = J \int_{\widetilde{T}} \widetilde{u}(\xi,\eta)\,f(\xi,\eta)\,d\xi\,d\eta = J\,\overline{f} \int_{\widetilde{T}} \sum_{i=1}^{6} \delta_i\, N_i(\xi,\eta)\,d\xi\,d\eta$$

$$= \overline{f}\,J \sum_{i=1}^{6} \delta_i \int_{\widetilde{T}} N_i(\xi,\eta)\,d\xi\,d\eta = \overline{f}\,\vec{u_e}^t\, J \int_{\widetilde{T}} \vec{N_e}(\xi,\eta)\,d\xi\,d\eta$$

$$= \overline{f}\,\vec{u_e}^t\, J \int_{\widetilde{T}} \vec{N_e}(\xi,\eta)\,d\xi\,d\eta.$$

$$\Rightarrow \qquad I_3 = \overline{f}\,\vec{u_e}^t\, \vec{b_e}.$$

Dabei ist $\overline{f}$ der Mittelwert der Funktion über $\widetilde{T}$ und $\vec{b_e}$ der **Elementvektor**

$$\boxed{\vec{b_e} = J \int_{\widetilde{T}} \vec{N_e}(\xi, \eta)\, d\xi\, d\eta = \frac{J}{6}\left(0,0,0,1,1,1\right)^t.}$$

Die Details des Rechnung sind im MAPLE-Worksheet **w6FEM2d** zu finden.

Zusammenfassung: FEM bei quadratischen Elementfunktionen.

Setzen wir im transformierten (ξ, η)-Gebiet die Elementfunktion

$$\widetilde{u}(\xi, \eta) := \sum_{i=1}^{6} \delta_i\, N_i(\xi, \eta)$$

in das Energiefunktional $E(u)$ ein und führen die Integrationen aus, erhalten wir

$$\begin{aligned}
E(\widetilde{u}) &= I_1 + c\,I_2 - 2\,I_3\\
&= \vec{u_e}^t\, S_e\, \vec{u_e} + c\, \vec{u_e}^t\, M_e\, \vec{u_e} - 2\, \overline{f}\, \vec{u_e}^t\, \vec{b_e}\\
&= \vec{u_e}^t\, (S_e + c\, M_e)\, \vec{u_e} - 2\, \overline{f}\, \vec{u_e}^t\, \vec{b_e}\\
&= F(\delta_1, ..., \delta_6).
\end{aligned}$$

Es müssen nun die Ableitungen von F nach den Unbekannten δ_i gebildet werden. Alle zum Punkt gehörenden Ableitungen werden zu Null aufsummiert. Auf diese Weise erhält man zu jedem Punkt eine lineare Gleichung.

---

3. Aufbau des gesamten linearen Gleichungssystems: Verwendet man quadratische Ansatzfunktionen $u(x, y)$ für die Dreiecke T, so erhält man als unbekannte Größen die Funktionswerte $\delta_1, ..., \delta_6$ an den 6 Punkten P_i des Dreiecks: $u_i = u(P_i)$ (siehe Abbildung 5.15).

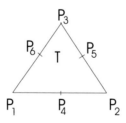

Abb. 5.15. Finites Element.

Die unbekannten Größen werden zum Vektor $\vec{u_e}$ zusammengefasst. Für jedes Element (Dreieck T_j) $j = 1, \ldots, m$ erhält man die Steifigkeitsmatrix $S_e(j)$, die Massenelementmatrix $M_e(j)$ und den Elementvektor $\vec{b_e}(j)$. Die Gesamtsteifigkeitsmatrix A ergibt sich dann aus allen $S_e(j) + c\,M_e(j)$ und r aus den Werten $\overline{f}_j\, \vec{b_e}(j)$, wenn $\overline{f}_j = \overline{f}|_{T_j}$ der Mittelwert der Funktion über das Element T_j.

Der Aufbau von A und r heißt Kompilationsprozess. Die prinzipielle Vorgehensweise ist, dass man alle inneren Elemente nummeriert $T_1, \ldots, T_m$. Alle inneren Punkte von T_j werden nummeriert gemäß Abbildung 5.15 mit $P_{j_1}, P_{j_2}, \ldots, P_{j_6}$.

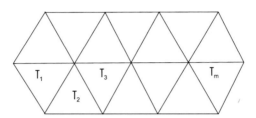

Abb. 5.16. Finites-Elemente-Gitter.

Die Kunst bei der Nummerierung besteht darin, die Differenz der Indizes zweier Punkte, die zum gleichen Dreieck gehören, möglichst klein zu halten (kleine Bandbreite!).

Bemerkungen:

(1) Im Gegensatz zu der Integration über ein beliebiges Dreieck T können die Integrationen über das transformierte Dreieck $\widetilde{T}$ im (ξ, η)-Gebiet einfach ausgeführt werden (vgl. Abbildung 5.13). Denn

$$\int_{\widetilde{T}} \ldots d\xi \, d\eta = \int_{\xi=0}^{1} \int_{\eta=0}^{\eta=\xi} \ldots d\eta \, d\xi$$
$$= \int_{\eta=0}^{1} \int_{\xi=0}^{\xi=1-\eta} \ldots d\xi \, d\eta,$$

je nachdem ob man bei der Gebietszerlegung zunächst entlang Linien parallel zur η-Achse oder wie im zweiten Fall entlang der ξ-Richtung integriert.

(2) Bei der Berechnung der Matrizen benötigt man Integrale der Form $\int_{\widetilde{T}} \xi^p \eta^q d\xi d\eta = \frac{p! q!}{(p+q+2)!}$ für $p, q \in \mathbb{N}_0$.

(3) Bei der Überdeckung mit Parallelogrammen benötigt man analog $\int_Q \xi^p \eta^q d\xi d\eta = \int_0^1 \int_0^1 \xi^p \eta^q d\xi d\eta = \frac{1}{(p+1)(q+1)}$.

(4) Die Geometrie des Dreiecks erscheint nur in den Faktoren α, β, γ und J.

(5) **Konvergenzsatz**: Ist u die exakte Lösung des Randwertproblems, u_s die Lösung auf den finiten Elementen, h_{max} die maximale Seitenlänge der Elemente, so gilt

$$u_s(x, y) \to u(x, y) \quad \text{für} \quad h_{max} \to 0.$$

(6) Hinsichtlich der Interpolations- und Fehlerabschätzungen sei auf die weiterführende, theoretische Literatur zur Methode der finiten Elemente (z.B. D. Braess, Finite Elemente, Springer-Verlag 3. Auflage 2003) verwiesen.

5.6 Aufgaben zur Finiten-Elemente-Methode (2D)

5.1 Zeigen Sie über die Eulersche Differenzialgleichung

$$\frac{\partial f}{\partial u} - \frac{\partial}{\partial x} f_{u_x} - \frac{\partial}{\partial y} f_{u_y} - \frac{\partial}{\partial z} f_{u_z} = 0,$$

dass die Variationsaufgabe

$$I(u) = \int_\Omega f(x,y,z,u,u_x,u_y,u_z) \, dx \, dy \, dz$$

$$= \int_\Omega ((\text{grad } u(x,y))(\text{grad } u(x,y)) + c \, u(x,y) \, u(x,y)) \, dxdy$$

$$-2 \int_\Omega u(x,y) \, f(x,y) \, dxdy \quad \overset{!}{=} \quad \min.$$

zur verallgemeinerten Poisson-Gleichung

$$-\Delta u(x,y) + cu(x,y) = f(x,y)$$

führt.

5.2 Prüfen Sie durch Einsetzen in die Poisson-Gleichung, dass

$$u(x,y) = \sin(2\pi x) \, \sin(2\pi y)$$

die Lösung von

$$-\Delta u(x,y) = 8\pi^2 \, \sin(2\pi x) \, \sin(2\pi y) \quad \text{in } I^2$$

$$u(x,y) = 0 \qquad \text{auf dem Rand von } I^2$$

ist, wenn $I = [0,1]$ das Einheitsintervall darstellt.

5.3 **(a)** Gegeben ist die Pyramidenfunktion aus Abbildung 5.3. Stellen Sie für das Dreieck Δ_6 die zugehörige Ebenengleichung auf, welche durch die Punkte $P_1 = (0,-h,0)$, $P_0 = (0,0,1)$ und $P_4 = (-h,0,0)$ definiert wird. Zeigen Sie, dass der Gradient für dieses Element durch $\begin{pmatrix} \frac{1}{h} \\ \frac{1}{h} \end{pmatrix}$ gegeben ist.

(b) Gehen Sie gemäß Aufgabe (a) vor und bestimmen Sie den Gradienten für Δ_2.

5.4 Verwenden Sie das MAPLE-Worksheet **Visualisierung2**, um die Finite-Elemente-Methode am Beispiel des Gebietes dp_bsp2_rb zu visualisieren.

5.5 Stellen Sie für das in Abbildung 5.9 angegebene Dreieck Δ_1, welches durch die Punkte $(0,-h,\delta_1)$, $(h,-h,\delta_5)$, $(0,0,\delta_i)$ festgelegt ist, die Ebenengleichung z_1 in Parameterform auf und zeigen Sie, dass der Gradient $\text{grad}(z_1) = \frac{1}{h} \begin{pmatrix} \delta_5 - \delta_1 \\ \delta_i - \delta_1 \end{pmatrix}$ beträgt.

5.6 Bestimmen Sie die Koeffizienten der bilinearen Elementfunktion (siehe Abschnitt 5.4)

$$z_1(x,y) = c_0 + c_1 x + c_2 y + c_3 xy$$

so, dass

$$z_1(0,-h) = \delta_1, \; z_1(h,-h) = \delta_5, \; z_1(h,0) = \delta_2, \; z_1(0,0) = \delta_i.$$

5.7 Gegeben ist das Potenzialproblem aus Aufgabe 2.4 (siehe Abbildung 2.14). Stellen Sie für dieses Problem das lineare Gleichungssystem auf, indem Sie von bilinearen Elementen ausgehen und den 9-Punkte-Operator aus Abschnitt 5.4 anwenden. Lösen Sie (z.B. unter Verwendung von MAPLE) das lineare Gleichungssystem numerisch.

5.8 Gegeben ist das vereinfachte Potenzialproblem aus Abschnitt 2.4 (siehe Abbildung 2.10). Zerlegen Sie die Quadrate gemäß Abbildung 5.1 in Dreiecke und wählen quadratische Ansatzfunktionen. Stellen Sie für eines der zum Punkt P_8 angrenzenden Elemente die Steifigkeitsmatrix, die Massenelementmatrix und den Elementvektor auf. Stellen Sie die zum Punkt P_8 gehörende Gleichung des resultierenden linearen Gleichungssystems auf.

5.9 Gegeben ist die Poisson-Gleichung im Inneren des Einheitsquadrates I^2

$$-u_{xx} - u_{yy} = -x^2 - y^2 + x + y$$
$$u(x,y) = 0 \qquad \text{auf dem Rand von } I^2.$$

Die exakte Lösung ist gegeben durch

$$u(x,y) = \frac{1}{2}\, x(x-1)y(y-1).$$

Lösen Sie die partielle Differenzialgleichung mit der Finiten-Elemente-Methode für die Gitterwerte $\Delta x = \Delta y = \frac{1}{10}$,

(a) indem Sie lineare Elemente verwenden;
(b) indem Sie bilineare Elemente verwenden.
(c) Vergleichen Sie die numerischen Lösungen mit der exakten Lösung des Problems.

Welche Aussagen kann man über die Genauigkeit der linearen im Vergleich zur bilinearen Approximation treffen?

5.10 Gegeben ist die Poisson-Gleichung im Inneren des Einheitsquadrates I^2

$$-u_{xx} - u_{yy} = 2\pi^2\, sin(\pi x)\, sin(\pi y)$$
$$u(x,y) = 0 \qquad \text{auf dem Rand von } I^2.$$

Die exakte Lösung ist gegeben durch

$$u(x,y) = sin(\pi x)\, sin(\pi y).$$

Lösen Sie die partielle Differenzialgleichung mit der Finiten-Elemente-Methode für die Gitterwerte $\Delta x = \Delta y = \frac{1}{10}$,

(a) indem Sie lineare Elemente verwenden;
(b) indem Sie quadratische Elemente verwenden.
(c) Vergleichen Sie die numerischen Lösungen mit der exakten Lösung des Problems.

Welche Aussagen kann man über die Genauigkeit der linearen im Vergleich zur quadratischen Approximation treffen?

6. Einführung in ANSYS

In diesem Kapitel werden grundlegende Simulationen beschrieben, die mit dem kommerziell erhältlichen Finiten-Elemente-Programm ANSYS durchgeführt wurden. Nicht nur die hier beschriebenen Beispiele können mit ANSYS simuliert werden, sondern darüber hinaus eine Vielzahl anderer, unterschiedlicher physikalisch-technischer Probleme:

In ANSYS besteht die Möglichkeit sowohl ein-, zwei- als auch dreidimensionale Simulationen durchzuführen. Dabei sind *stationäre* Rechnungen möglich, bei denen es nur auf den Endzustand des Systems ankommt, alle zeitabhängigen Effekte in den Modellgleichungen werden dann vernachlässigt. Demgegenüber gibt es die *transiente* Berechnung, die Analyse im Zeitbereich. Hierbei wird die dynamische Antwort eines Systems unter Einwirkung einer zeitlich veränderlichen Last bestimmt bzw. zeitdynamische Effekte berücksichtigt. Bei einer Frequenzganganalyse (*harmonic*-Analyse) hingegen werden die Systeme harmonisch mit einer vorgegebenen Frequenz angeregt und die Amplituden der Systemgrößen zu dieser Frequenz bestimmt. Bei der Modalanalyse (*modal*-Analyse) werden zu vorgegebenen Frequenzen oder einem bestimmten Frequenzband die Eigenschwingungsformen des Systems berechnet.

Mit ANSYS können unter anderem Strukturanalysen (Strukturmechanik), Temperaturberechnungen (thermische Probleme) einschließlich von Wärmestrahlung, Magnetfeldberechnungen, elektrische Felder auch gekoppelt elektrisch/thermisch, Elastizitätsprobleme, Viskosität, Kontaktrechnungen, Fluidanalysen und vieles mehr durchgeführt werden.

In diesem Kapitel werden wir grundlegende Simulationen mit ANSYS beschreiben. Das Ziel dieser elementaren Simulationen ist, die Vorgehensweise bei der Verwendung von ANSYS kennen zu lernen. Dabei werden auch elementare ANSYS-Befehle eingeführt. Wir beschreiben sowohl die Methodik als auch die konkrete Umsetzung der Befehle mit ANSYS, indem wir die Menüführung im Detail angeben.

Das Ziel dieser Beschreibung ist, dass man ohne Vorkenntnisse von ANSYS nicht nur die angegebenen Mustersimulationen eigenständig durchführen kann, sondern dabei auch die Philosophie des Programms kennen lernt. Damit soll der Leser in die Lage versetzt werden, die vorgegebenen Simulationen auf eigene Problemstellungen adaptieren zu können. Wir gehen in der kompakten Beschreibung zwar nicht auf die Fenster ein, die sich beim Ansteuern der Befehle automatisch öffnen, zeigen aber dennoch jeden einzelnen Schritt einer Simulation mit ANSYS in übersichtlicher Form auf.

© Springer-Verlag GmbH Deutschland, ein Teil von Springer Nature 2021
T. Westermann, *Modellbildung und Simulation*,
https://doi.org/10.1007/978-3-662-63045-7_6

Um erste Erfahrungen mit ANSYS zu sammeln, ist es hilfreich, der Menüführung von ANSYS zu folgen. Es müssen dabei in der Regel mehrere Klicks und Interaktionen durchgeführt werden, um schlussendlich die Spezifikation zu realisieren. Alternativ stellt ANSYS aber auch eine Input-Zeile zur Verfügung. In dieser Input-Zeile werden ANSYS-spezifische Befehle direkt abgesetzt. Diese Vorgehensweise wird ein Nutzer nach einigen Simulationen oftmals wählen. Um beiden Nutzern in dieser Beschreibung gerecht zu werden, werden in den folgenden Simulationen immer die kompletten Menüführungen angegeben und auch die zugehörigen ANSYS-Befehle am Rand angezeigt.

In diesem Kapitel werden grundlegende Simulationen (elektrostatisch, thermisch, mechanisch und magnetisch) mit ANSYS eingeführt. Wir beschränken uns hauptsächlich auf statische, zweidimensionale Probleme, deren Berechnungsgebiet zweidimensional beschrieben werden kann. Wir geben aber auch Ausblicke und Ergänzungen an, wie dreidimensionale Gebiete erzeugt werden bzw. wie man zu einer transienten Simulation übergeht.

Die grundlegende Struktur jeder Simulation mit ANSYS besteht unabhängig von der konkreten physikalisch-technischen Problemstellung im Wesentlichen aus drei Bereichen:

Preprocessor: Die Aufgabe des Preprocessors ist das Berechnungsgebiet zu erfassen, die Gitterstruktur zu definieren und anschließend das Gitter zu erzeugen, welches für die Berechnung herangezogen wird. Dabei ist zu beachten, dass schon bei der Vernetzung bekannt sein muss, welche Effekte bei der Simulation berücksichtigt werden sollen. Denn jeder physikalische Effekt besitzt einen eigenen *Element Type*, der im Preprocessor definiert wird. Sind gekoppelte Rechnungen durchzuführen, so muss z.B. bei einer thermischen Simulation ein Flächenelement im Innern mit einem Strahlungselement an der Oberfläche gekoppelt werden.

Solution: Im Solution-Teil werden die Randbedingungen an den inneren und äußeren Rändern festgelegt. Nach der Spezifikation der Randbedingungen erfolgt die Berechnung der Lösung an den Gitterpunkten.

Postprocessor: Die Ergebnisse der Rechnung werden im Postprocessor in Form von Tabellen oder Graphiken dargestellt. Hier können Systemgrößen wie z.B. das elektrische Feld aus den Potenzialwerten berechnet und graphisch dargestellt werden.

6.1 Die Benutzeroberfläche von ANSYS

Nach dem Start von ANSYS erhält man die graphische Benutzeroberfläche, wie sie in Abbildung 6.1 zu sehen ist. Sie besteht im Wesentlichen aus sechs Bereichen:

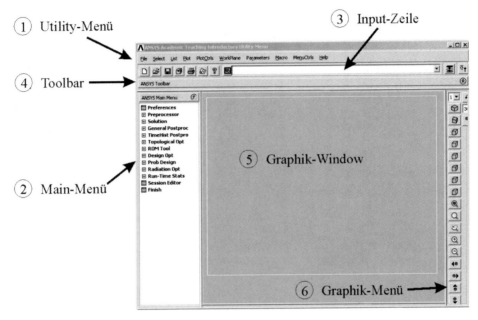

Abb. 6.1. Benutzeroberfläche von ANSYS.

① **Utility-Menü**: enthält Funktionen, die während der gesamten Laufzeit von AN-SYS zu Verfügung stehen, wie z.B. Dateikommandos, graphische Operationen, Auswahl von Elementen, Linien, Flächen usw.

② **Main-Menü**: enthält die ANSYS-Befehle, die interaktiv angesteuert werden (Pre-processor, Solution-Teil, Postprocessor, ...).

③ **Input-Zeile**: In der Input-Zeile können ANSYS-Befehle direkt eingegeben werden.

④ **Toolbar**: enthält häufig verwendete ANSYS-Befehle.

⑤ **Graphik-Window**: Graphikausgabe von ANSYS.

⑥ **Graphik-Menü**: Interaktive Manipulation der Graphik wie z.B. Rotation, Zoom oder Verschieben.

Output-Window: Separates Ausgabefenster von ANSYS. Hier erfolgt eine Ausgabe in Form von Text sowie die Dokumentation der ausgeführten Befehle.

Wir verwenden bei den folgenden Simulationen hauptsächlich das Main-Menü. Alle Unterpunkte im Main-Menü lassen sich durch einen Mausklick mit der linken Taste auf den Namen oder auf $\boxed{+}$ öffnen. Durch erneuten Mausklick auf $\boxed{-}$ wird der Menüpunkt wieder geschlossen.

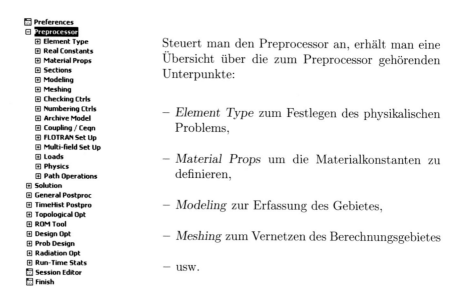

Steuert man den Preprocessor an, erhält man eine Übersicht über die zum Preprocessor gehörenden Unterpunkte:

- *Element Type* zum Festlegen des physikalischen Problems,

- *Material Props* um die Materialkonstanten zu definieren,

- *Modeling* zur Erfassung des Gebietes,

- *Meshing* zum Vernetzen des Berechnungsgebietes

- usw.

Konventionen der Darstellung: In der folgenden Darstellung steht ↓ für das Anklicken der jeweiligen Option bzw. ↓↓ für ein Doppelklicken. Mit ↪ wird symbolisiert, dass sich ein neues Fenster öffnet, in dem weitere Spezifikationen vorgenommen werden können. ... bedeutet, dass sich auf der aktuellen Ebene weitere Befehle anschließen. Die Fenster, die sich gegebenenfalls öffnen, werden nicht explizit hier im Text abgebildet. Die Abfolge der Menüführung sollte jedoch für jede der grundlegenden Simulationen klar hervorgehen. Die geöffneten Fenster werden in der Regel durch Klicken von OK oder $\boxed{x}$ im Fenster rechts oben wieder geschlossen.

Am Seitenrand sind die ANSYS-Befehle angegeben, die durch die Menüführung angesteuert werden. Diese Befehle können direkt in die Input-Zeile eingegeben und ausgeführt werden. Die ANSYS-Hilfe gibt Auskunft über die Argumente der Befehle.

6.2 Elektrostatische Simulation

Problemstellung: Gegeben ist das in Abbildung 6.2 dargestellte Gebiet mit Kante. Gesucht ist die Potenzialverteilung im Innern des Gebietes, die elektrische Feldstärke $\vec{E}$ sowie deren Maximalwert.

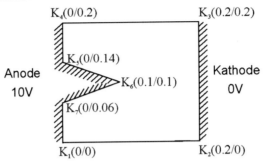

Abb. 6.2. Zwei-Elektroden-System mit Kante.

Preprocessor: Wir wählen für die Simulation den *Element Type* **Plane121**, welcher eine zweidimensionale, elektrostatische Berechnung ermöglicht. Das Berechnungsgebiet erzeugen wir, indem wir die in Abbildung 6.2 angegebenen charakteristischen Eckpunkte (*Keypoints*) spezifizieren. Aus den Keypoints 1, 2, 3 und 4 erzeugen wir ein Quadrat (Fläche A1), aus 5, 6, und 7 ein Dreieck (Fläche A2). Das Berechnungsgebiet ergibt sich dann aus der Subtraktion von Fläche A1 mit Fläche A2.

Wir öffnen den Preprocessor, legen zunächst den Element Type fest

Preprocessor↓	/PREP7

Element Type↓ Add↓	ET
$\hookrightarrow$ Add↓ $\hookrightarrow$ Electrostatic↓ 2D Quad 121 ok↓ close↓	

und definieren als Materialkonstante die relative Dielektrizitätskonstante $\epsilon_r = 1$.

Material Props↓ Material Models↓	MP
$\hookrightarrow$ Electromagnetics↓ Relat.Permittivity↓ Constant↓	
$\hookrightarrow$ PERX = 1 eingegeben. ok↓ ☒↓	

Nun legen wir die Keypoints fest, um darüber die Flächen A1 und A2 zu definieren:

Modeling↓ Create↓ Keypoints↓ In Active CS↓	K
$\hookrightarrow$ Koordinaten eingeben: (jeweils mit Apply↓ bestätigen, zum Schluss ok↓)	

N	1	2	3	4	5	6	7
X	0	0.2	0.2	0	0	0.1	0
Y	0	0	0.2	0.2	0.14	0.1	0.06

Durch die Eingabe von KLIST in der Input-Zeile erhält man eine Liste aller definierten Keypoints mit den eingegebenen Koordinaten. Gegebenenfalls ruft man obigen Menüpunkt nochmals auf und überschreibt fälschlicherweise eingegebene Daten. Mit $\boxed{\text{x}}\downarrow$ wird die Liste wieder geschlossen und wir definieren die Flächen:

A | Modeling↓ Create↓ Areas↓ Arbitrary↓ Through KPs↓
...   ↪ Für Fläche A1 die Keypoints 1, 2, 3, 4 anwählen Apply↓
...   ↪ Für Fläche A2 die Keypoints 5, 6, 7 anwählen Apply↓   ok↓

Das Anwählen der Keypoints bedeutet entweder das Anklicken der Punkte über das ⇑-Symbol im Graphik-Fenster (die angeklickten Keypoints werden eingekreist und die zugehörigen Verbindungslinien sichtbar gemacht) oder durch Spezifikation der Nummern der Keypoints 1, 2, 3, 4 bzw. 5, 6, 7 in der vorgegebenen Eingabezeile des Untermenüs. Alternativ hierzu kann man die Input-Zeile verwenden, um direkt den A-Befehl einzugeben:

A, 1,2,3,4   <return>
A, 5,6,7   <return>

Die zeilenweise Eingabe des A-Befehls muss durch das Drücken der Return-Taste bestätigt werden.

Um Flächen, Linien usw. farblich zu unterscheiden, aktivieren wir optional über das Utility-Menü $\boxed{\text{PlotCtrls}}$ die Nummerierung inklusive der unterschiedlichen Färbung der Objekte:

PlotCtrls ↓ Numbering   ↪
              Line (von *off* auf *on* setzen)
              Area (von *off* auf *on* setzen)   ok↓

Durch die Eingabe des **ANSYS**-Befehls APLOT in der Input-Zeile und Drücken der Return-Taste werden dann die Flächen nummeriert dargestellt.

Wir subtrahieren nun die Fläche A2 von der Fläche A1 und erhalten als Ergebnis die Fläche A3.

ASBA | Modeling↓ Operate↓ Booleans↓ Subtract↓ Areas↓
        ↪ Fläche A1 anwählen Apply↓
        ↪ Fläche A2 anwählen Apply↓   ok↓

Bevor wir zur Vernetzung kommen, legen wir die Auflösung des Gitters in der Umgebung der Keypoints fest. Im Beispiel des Gebietes mit Kante erwarten wir, dass die Lösung nahe der Kante einen großen Gradienten besitzt, so dass wir hier eine höhere Auflösung wählen. Daher setzen wir die Maschenweite des Gitters so, dass sie bei allen Keypoints etwa $0.01\,m$ beträgt; nur im Keypoint K6 wählen wir die Länge $0.002\,m$.

KESIZE | Meshing↓ Size Cntrls↓ ManualSize↓ Keypoints↓
         ... All KPs↓   ↪ 0.01 ok↓
         ... Picked KPs↓   ↪ Keypoint 6 anwählen Apply↓   ↪ Wert 0.002 eingeben ok↓

Mit

Meshing↓ Mesh↓ Areas↓ Free↓	AMESH
↪ Fläche 3 anwählen oder 3 spezifizieren ok↓	

wird das Gitter generiert, wie es in Abbildung 6.3 angegeben ist. Für die Spezifikation
der Randbedingungen sind in der Abbildung auch die Liniennummern mit aufgenommen.

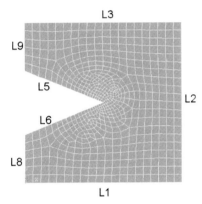

Abb. 6.3. Gitter für das Zwei-Elektroden-System.

Man erkennt an der Darstellung der Elemente in Abbildung 6.3, dass durch die Spezifikation 0.002 am Keypoint 6 sich die Elemente wie gewünscht um die Kante herum verdichten (hohe Auflösung), während an den anderen Keypoints eine eher grobe Auflösung herrscht.

Solution: Wir öffnen *Solution*, um zum Solution-Teil zu kommen. Hier legen wir als erstes die Randbedingungen fest: Am linken Rand setzen wir Dirichlet-Werte (10 Volt), am rechten Rand (0 Volt). Die obere und untere Begrenzungslinien stellen Isolatoren dar; hier werden wir Neumann-Randbedingungen (Symmetrie) festlegen.

Solution↓	/SOL

Define Loads↓ Apply↓ Electric↓ Boundary↓ Voltage↓ On Lines↓	DL
... ↪ die Linien 8, 6, 5, 9 (links) anwählen Apply↓	
... ↪ VOLT = 10 eingeben Apply↓	
... ↪ die Linie 2 (rechts) anwählen Apply↓	
... ↪ VOLT = 0 eingeben ok↓	

Symmetrielinien müssen nicht explizit spezifiziert werden, denn bei einer elektrostatischen Simulation werden Linien ohne explizite Angabe von Randbedingungen standardmäßig auf Symmetrie gesetzt. Der Vollständigkeit wegen legen wir die Symmetrie für den oberen und unteren Rand dennoch fest. Dazu ist es bequem, den Befehl DL direkt in die Input-Zeile einzugeben:

```
DL, 1 , 3 , symm   <return>
DL, 3 , 3 , symm   <return>
```

Die zunächst etwas verwirrende Angabe der Parameter beim DL-Befehl setzt sich wie folgt zusammen: Zunächst wird die Liniennummer gewählt, auf der man die Randbedingung setzt, dann die Flächennummer von der die Äquipotentiallinien senkrecht stehen und schließlich der Typ der Randbedingung *symm*.

Nachdem alle Randbedingungen spezifiziert sind, wird die Lösung berechnet. Es erfolgt zunächst keine automatische Darstellung der Lösung; diese wird erst anschließend im Postprocessor veranlasst.

SOLVE | Solve↓   Current LS↓
       ↪   ok↓   ↪   close↓   x ↓

Postprocessor: Wir öffnen den *General Postprocessor*, um die auf den Knoten berechnete Lösung in Form von Äquipotenziallinien und das elektrische Feld in Form von Vektoren darzustellen. Man beachte, dass Äquipotenziallinien im Postprocessor durch *Contour Plot* angegeben werden, während das elektrische Feld als Vektorfeld durch *Vector Plot* aktiviert wird. Die Ergebnisse der Rechnung sind in Abb. 6.4 zu sehen.

/POST1 | General Postproc↓

PLNSOL | Plot Results↓   Contour Plot↓   Nodal Solu↓
      ↪   DOF Solution↓   Electric potential↓   ok↓
... Nodal Solu↓   ↪   Electric Field↓   Electric field vector sum↓   ok↓

PLVECT | Plot Results↓   Vector Plot↓   Predefined↓
      ↪   Flux & gradient: Elec field EF↓   ok↓

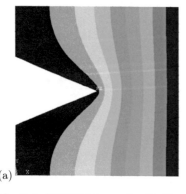
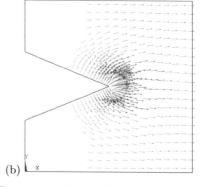

(a)   (b)

Abb. 6.4. ANSYS-Lösung des Problems: (a) Äquipotenziallinien, (b) elektrisches Feld.

Aus den Legenden der Darstellungen entnimmt man bei Abbildung 6.4 (a) die Werte der Äquipotenziallinien und aus (b) die Farbwerte für die Vektoren, die das elektrische Feld darstellen. Angegeben sind auch jeweils die Maximal- und Minimalwerte. Das maximale elektrische Feld beträgt 344 V/m.

⚠ **Achtung**: Hierbei muss beachtet werden, dass je nach gewählter Option des *Vector Plot* das elektrische Feld im Element (*Element Centroid*) oder auf den Knoten (*Element Nodes*) angegeben wird. Das maximale elektrische Feld beträgt auf den Knoten 416 V/m. Der Unterschied zwischen *Element Centroid* und *Element Nodes* wird gut sichtbar, wenn man im Menü *Vector Plot* statt der Voreinstellung *Vector Mode* nun den *Raster Mode* aktiviert, *Edge Element edges* auf *Displayed* setzt und nun zwischen den Optionen *Elem Centroid / Elem Nodes* variiert. Im ersten Fall wird das elektrische Feld im Innern der Elemente berechnet und dargestellt, während es sich im zweiten Fall direkt auf den Knoten (Node) bezieht.

Hinweis: Durch die oben beschriebene Befehlsfolge hat man einen vollständigen Lauf von ANSYS realisiert. Möchte man nun weitere Simulationen mit geänderten Parametern durchführen, wie z.B. anderen Potenzialwerten am Rand oder einer Kante, die weniger ins Berechnungsgebiet hineinragt, oder mit einem anderen Dielektrikum ϵ_r, so muss man nicht mehr den gesamten Weg in ANSYS nochmals durchführen, sondern es genügt das Logfile (*file.log*) zu manipulieren. Denn ANSYS dokumentiert jeden Befehl im Logfile, das automatisch beim Start von ANSYS angelegt wird. Die Logfiles zu allen grundlegenden ANSYS-Simulationen sind im Anhang C angegeben.

⚠ **Wichtig**: Je nach ANSYS-Version muss man gegebenenfalls die beiden letzten Zeilen (*finish* und *exit*) im Logfile löschen. Auf jeden Fall aber muss man das Logfile unter einem anderen Namen abspeichern. Dann lässt es sich bei einem Neustart über das Utility-Menü ⎡File⎤ einlesen. Bei einem gewünschten Neustart können bereits durchgeführte Spezifikationen gelöscht werden.

| File↓   Clear& Start new ...↓   >> Do not read file ok↓   ↪ Yes↓ | /CLEAR |

| File↓   Read Input from ...↓   (Datei Auswählen) ok↓ | /INPUT |

6.3 Thermische Simulation

Problemstellung: Gegeben ist das in Abschnitt 1.2.2 diskutierte thermische Problem, dessen geometrische Anordnung in Abbildung 6.5 (a) mit den physikalischen Umgebungsbedingungen dargestellt ist.

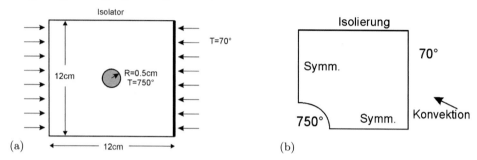

Abb. 6.5. Thermisches Problem.

Gesucht ist die Temperaturverteilung im Innern des Gebietes sowie das Temperaturprofil auf der sensitiven Schicht (rechte Randlinie), das sich nach dem Erwärmungsprozess stationär ausgebildet hat (siehe Abschnitt 6.3.1). Gesucht ist weiterhin der zeitliche Verlauf der Erwärmung und die Zeit, die benötigt wird, bis sich das stationäre Profil einstellt (siehe Abschnitt 6.3.2).

Aufgrund der Symmetrien, die das Problem aufweist, wird nur ein Viertel des Gebietes als Berechnungsgebiet gewählt (siehe Abbildung 6.5 (b)) und mit ANSYS modelliert. Im Gegensatz zum Vorgehen beim elektrostatischen Problem werden wir im thermischen Fall das Berechnungsgebiet nicht über Keypoints definieren, sondern über vordefinierte Flächenelemente. Dabei ist zu beachten, dass durch die vordefinierten Flächen automatisch die zugehörigen Linien und Keypoints durch ANSYS festgelegt werden.

Da insbesondere bei der transienten Simulation die berechneten Daten auf mehrere Dateien verteilt abgespeichert werden, ist es übersichtlicher, wenn man den erzeugten Dateien einen gemeinsamen Namen gibt. Dies geschieht über das Utility-Menü | File |

/FILNAM   File↓   Change Jobname...↓   Name eingeben (z.B. tempTR)   ok↓

Um aus der Vielzahl von ANSYS-Optionen in der folgenden Simulation nur die für eine thermische Simulation relevanten eingeblendet zu bekommen, schränken wir die Menüführung ein:

KEYW   Preferences   ↪   Thermal   ok↓

6.3.1 Stationäre Simulation

Preprocessor: Durch die Wahl des Element Types **Plane77** wird eine zweidimensionale thermische Simulation festgelegt.

Preprocessor↓	/PREP7

Element Typ↓ Add↓ ↪ Add↓ ↪ Thermal Mass↓ Solid↓ 8node 77 ok↓ close↓	ET

Als Materialkonstante geben wir die Wärmeleitfähigkeit $KXX = 46 \ \frac{W}{m\,K}$ ein. Dies ist die Wärmeleitfähigkeit in x-Richtung. Möglich ist auch die Vorgabe von verschiedenen Materialkonstanten für die unterschiedlichen Raumrichtungen. Wenn wir nur KXX spezifizieren, wird von einem isotropen Material ausgegangen.

Bei den Materialparametern könnten auch temperaturabhängige Werte definiert werden. Dann ist λ_i der Materialwert bei der vorgegebenen Temperatur T_i. Dazwischen wird ein linearer Verlauf angenommen. Gegebenenfalls muss dann das Feld *Add Temperature* im Folgenden aktiviert werden, wenn man eine solche temperaturabhängige Leitfähigkeit spezifizieren möchte.

Material Props↓ Material Models↓ ↪ Thermal↓ Conductivity↓ Isotropic↓ ↪ KXX = 46 eingeben ok↓ ⎵x⎵ ↓	MP

Durch

Modeling↓ Create↓ Areas↓ Rectangle↓ By Dimensions↓ ↪ Eingabe der Koordinaten $x1 = 0$, $x2 = 0.06$ und $y1 = 0$, $y2 = 0.06$ ok↓	RECTNG

öffnet sich ein Fenster, in das die Werte des Rechtecks eingegeben werden. Analog öffnet sich zur Erstellung des Kreises im Ursprung ein entsprechendes Fenster, in dem innerer und äußerer Radius sowie zwei Winkel spezifiziert werden, um einen Kreisausschnitt zu definieren.

... Circle↓ By Dimensions↓ ↪ RAD1=0.005 ok↓	PCIRC

Hinweis: Ist der Kreismittelpunkt nicht im Ursprung, dann verschiebt man zuerst das aktive Koordinatensystem (*WorkPlane*) zum Kreismittelpunkt, definiert nun einen Kreis und verschiebt anschließend das Koordinatensystem wieder zurück. Hierzu verwendet man die Befehle aus dem Utility-Menü WorkPlane .

Um Flächen, Linien usw. zu unterscheiden aktivieren wir über das Utility-Menü PlotCtrls die Nummerierung inklusive der unterschiedlichen Färbung der Objekte:

PlotCtrls ↓ Numbering   ↪   Line (von *off* auf *on* setzen)   Area (von *off* auf *on* setzen) ok↓

Wir subtrahieren von der Fläche A1 die Fläche A2.

ASBA | Modeling↓ Operate↓ Booleans↓ Subtract↓ Areas↓
↪ Fläche A1 anwählen Apply↓
↪ Fläche A2 anwählen ok↓

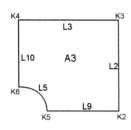

Das Ergebnis der Subtraktion ist in der nebenstehenden Abbildung gezeigt. Für die weiteren Spezifikationen benötigen wir die Nummern der Keypoints und der Linien, die in der Abbildung angegeben sind. Wir legen manuell die Gitterfeinheit fest, indem wir alle Keypoints mit dem Wert 0.006 belegen. Nur in den Keypoints 5 und 6, die den Anfang und das Ende des inneren Segments definieren, wählen wir ein feineres Gitter. Um diese beiden Keypoints anzuwählen, nehmen wir den interaktiven Pick-Modus, bei dem wir die Punkte über das Symbol ⇑ auf der Benutzeroberfläche anklicken.

KESIZE | Meshing↓ Size Cntrls↓ Manuel Size↓ Keypoints↓
... All KP↓   ↪ 0.006 ok↓
... Picked KP↓ Keypoint 5 anwählen Apply↓ Wert 0.001 eingeben ok↓
... Picked KP↓ Keypoint 6 anwählen Apply↓ Wert 0.0005 eingeben ok↓

AMESH | Meshing↓ Mesh↓ Areas↓ Free↓ Fläche 3 anwählen ok↓

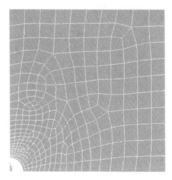

Abb. 6.6. Gitter für das thermische Problem.

Wir erhalten ein Berechnungsgitter, das in Abbildung 6.6 graphisch dargestellt ist. Man erkennt, dass in der Umgebung der inneren Linie gemäß unserer Spezifikation eine höhere Auflösung herrscht als an den restlichen vier äußeren Linien. Alternativ zur Vorgabe der Gitterfeinheit z.B. durch KESIZE kann man auch ausgehend von einem Gitter eine automatisierte Gitterverfeinerung durch ANSYS vornehmen lassen

KREFINE | Meshing↓ Modify Mesh↓ Refine At↓ Keypoints↓
↪ Level zwischen 1 (grob) bis 5 (sehr fein) auswählen ok↓

Hierbei sollte zuvor keine manuelle Spezifikation von KESIZE vorgenommen werden!

Solution: Wir öffnen *Solution* und spezifizieren die Randbedingungen. Die linke, untere und obere Randlinien stellen Symmetrielinien dar: links und unten, da wir bei der Modellierung des Gebiets schon die Eigenschaft der Symmetrie der Lösung ausgenutzt haben; oben, da hier der Körper isoliert ist. Wird bei einer thermischen Simulation auf einem Rand keine Randbedingung explizit festgelegt, dann wird automatisch in der Rechnung Symmetrie angenommen.

⚠ **Achtung:** Wir haben zwei unterschiedliche, physikalische Bedeutungen dieser Randbedingung *symm*: Auf den Linien L9 und L10 erfolgt der Temperaturverlauf symmetrisch zum Rand, da kein Wärmefluss senkrecht zu den Begrenzungslinien erfolgt. Auf Linie L3 stellt der Rand einen Isolator dar. Auch in diesem Fall erfolgt kein Wärmetransport senkrecht zum Rand statt. Etwas neutraler haben wir die Bezeichnung Neumann Randbedingung in der theoretischen Beschreibung eingeführt: $\frac{\partial T}{\partial n} = 0$.

Am rechten Rand wird der Körper gekühlt. Daher muss an dieser Linie die Konvektion spezifiziert werden, indem der Wert der Außentemperatur (*Bulk Temp*) sowie der Wärmeübergangskoeffizient (*Film Coef*) angegeben werden. Wir wählen für einen stark umströmten Körper den Wärmeübergangskoeffizienten $\alpha = 290 \frac{W}{m^2 K}$.

Solution↓	/SOL

Define Loads↓ Apply↓ Thermal↓ ... Convection↓ On Lines↓ ↪ L2 anwählen Apply↓ ↪ VALI (Übergangskoeff.) = 290 und VAL2I (Umgebungstemp.) = 70 eingeben ok↓	SFL

Auf der Kreislinie wird die konstante Temperatur $750°C$ angenommen. Da die Endpunkte ebenfalls diesen Wert erhalten, wird die Option (*KEXPND*) auf *yes* gesetzt.

... Temperature↓ On Lines↓ L5 anwählen Apply↓ ↪ TEMP = 750 eingeben und KEXPND auf *yes* setzen ok↓	DL

Damit sind die relevanten Randbedingungen gesetzt und die Lösung wird auf den Knoten berechnet

Solve↓ Current LS↓ ↪ ok↓ ↪ close↓ x ↓	SOLVE

Postprocessor: Wir öffnen den General Postprocessor, um die auf den Knoten berechnete Lösung in Form von Isothermen (= Linien gleicher Temperatur) darzustellen. Die Ergebnisse der Rechnung sind in Abbildung 6.9 zu sehen.

General Postproc↓	/POST1

Plot Results↓ Contour Plot↓ Nodal Solu↓ ↪ DOF Solution↓ Nodal Temperature ok↓	PLNSOL

Nodal Solu↓ ↪ DOF Solution↓ Thermal Gradient↓ Thermal gradient vector sum ok↓

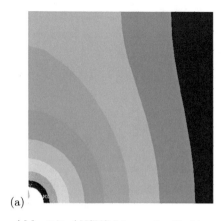
(a)

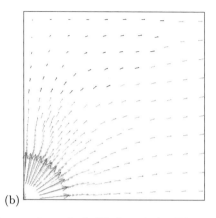
(b)

Abb. 6.7. ANSYS-Lösung des Problems: (a) Temperaturverlauf, (b) thermischer Fluss.

PLVECT	Plot Results↓ Vector Plot↓ Predefined↓
	... ↪ Thermal flux TF ok↓

Um den Temperaturverlauf auf der sensitiven Schicht (rechter Rand) zu erhalten, legen wir einen Pfad entlang dieser Linie fest, indem wir den Anfangs- und Endpunkt anwählen (PATH) sowie einen Pfadnamen angeben. Wir legen die zu interpolierende Größe fest (PDEF) und zeichnen anschließend den Temperaturverlauf entlang des Pfads (PLPATH):

PATH	Path Operations↓
PPATH	... Define Path↓ By Nodes↓
	↪ Anfangs- und Endpunkt von Linie L2 anwählen Apply↓
	↪ Name des Pfads festlegen (z.B. Weg1) ok↓ ⊠ ↓
PDEF	... Map onto Path↓
	↪ Pfadname eingeben, gewünschte Größe (z.B. Temperatur) wählen ok↓
PLPATH	... Plot Path Item↓ On Graph↓ ↪ Weg1 angeben ok↓

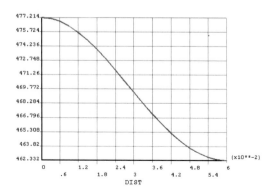

Abb. 6.8. Temperaturverlauf auf der sensitiven Schicht.

6.3.2 Zeitabhängige Simulation

Preprocessor: Bei der zeitabhängigen (transienten) Simulation ist das Vorgehen im Preprocessor wie im stationären Fall, mit der Ausnahme, dass nun neben der Wärmeleitfähigkeit des Materials $KXX = 46 \; \frac{W}{m\,K}$ auch die spezifische Wärmekapazität $C = 420 \; \frac{J}{kg\,K}$ und die Dichte $C = 7850 \; \frac{kg}{m^3}$ als Materialkonstanten angegeben werden müssen.

Proprocessor↓ Material Props↓ Material Models↓ ↪ Thermal↓	MP
... Conductivity↓ Isotropic↓ ↪ KXX = 46 eingeben ok↓	
... Specific Heat↓ ↪ C = 420 eingeben ok↓	
... Density↓ ↪ DENS = 7850 eingeben ok↓ ☒ ↓	

Solution: Wir beschreiben im Folgenden nur die Änderungen, die sich gegenüber der statischen Simulation ergeben. Die Diskussion und die Spezifikation der Randbedingungen werden wie im stationären Fall vorgenommen. Bei der transienten Simulation gehen wir davon aus, dass sich der Körper auf 20°C befindet und er sich unter dem Einfluss des auf 750°C befindlichen Heizungsdrahtes mit der Zeit erwärmt.

Wir starten eine transiente Simulation durch

Solution↓	/SOL

Analysis Type↓ New Analysis >> Transient ok↓ ok↓	ANTYPE

Da die Temperaturangaben in Grad Celsius erfolgen, wird für die Rechnung, die in Kelvin durchgeführt wird, ein Temperaturoffset von 273° hinzugefügt. Die Ausgabe der Ergebnisse ist weiterhin in °C.

Analysis Type↓ Analysis Options TOFFST = 273 ok↓	TOFFST

Wir legen eine Anfangstemperaturverteilung von 20°C fest

Define Loads↓ Apply↓ Thermal↓ Temperature↓ Uniform Temp↓ ↪ 20 ok↓	TUNIF

und wie im statischen Teil die Randbedingungen: Konvektion auf der rechten Linie L2 und Dirichlet-Bedingungen auf der Kreislinie L5

Define Loads↓ Apply↓ Thermal↓	SFL
... Convection↓ On Lines↓	
↪ L2 anwählen Apply↓	
↪ VALI (Übergangskoeff.) = 290 und VAL2I (Umgebungstemp.) = 70 eingeben ok↓	

... Temperature↓ On Lines↓ L5 anwählen Apply↓	DL
↪ TEMP = 750 eingeben und KEXPND auf *yes* setzen ok↓	

Nun kommen die eigentlichen Angaben über den dynamischen Teil der Lösung. In der Regel setzt sich in ANSYS eine transiente Gesamtsimulation zusammen aus einzelnen Lastschritten. In jedem Lastschritt hat man die Möglichkeit, die Endzeit (TIME) zu spezifizieren und wie die Lasten (einschließlich der gegebenenfalls sich ändernden Randbedingungen) in diesem Zwischenschritt angebracht werden sollen: KBC=0 bedeutet, dass die Laständerung gleichmäßig über die Lastzeit verteilt wird (ramped); KBC=1 bedeutet sprungartig (stepped). Pro Lastfall kann die Anzahl der Zwischenschritte (NSUBST) oder direkt der Zeitschritt (DELTIM) angegeben werden. Bei AUTOTS=on wird die Auswahl und die Anpassung der Zeitschrittweite von ANSYS übernommen. Standardmäßig wird über einen Lastschritt hinweg *keine* Informationen gespeichert, so dass anschließend nur das Endergebnis zur Verfügung steht. Mit OUTRES wird veranlasst, dass auch Zwischeninformationen gespeichert werden.

Minimallösung:
Eine Minimallösung des Problems mit **einem** Lastschritt und der Ausgabe von Zwischenergebnissen erhält man durch die folgende Menüführung:

OUTRES
```
Load Step Opts↓   Output Ctrls↓   DB/Results File↓
   ↪   FREQ >> every substep   ok↓
```

TIME
```
Load Step Opts↓   Time/Frequenc↓   Time and Substps↓   ↪
... TIME=400    (Zeit am Ende des Lastschritts)
... DELTIM=20    (Zwischenschrittweite)
... KBC >> stepped    (Last wird komplett zu Beginn aufgeprägt)
... AUTOTS >> off    (keine automatische Schrittweitensteuerung)        ok↓
```

SOLVE
```
Solve↓   Current LS↓
   ↪   ok↓   ↪   close↓   x ↓
```

Postprocessor: Der General Postprocessor ermöglicht die Auswertung der Ergebnisse im gesamten Modell zu spezifischen Zeitpunkten; der Time-History Postprocessor ermöglicht die Auswertung der Ergebnisse an spezifizierten Punkten über den gesamten Zeitraum. Wir stellen zunächst zu vorgegebenen Zeiten die Temperatur im gesamten Berechnungsgebiet dar und erstellen eine Animation der Einzelbilder.

/POST1
```
General Postproc↓
```

SET
```
Read Results↓   ByPic↓   ↪
... Auswahl des Sets (z.B. Set 10)   Read↓   close↓
```

PLNSOL
```
Plot Results↓   Contour Plot↓   Nodal Solu↓
...   ↪   DOF Solution↓   Nodal Temperature   ok↓
```

Am Text der graphischen Ausgabe entnimmt man die Nummer des Zwischenschritts sowie den zugehörigen Zeitpunkt. Über das Utility-Menü PlotCtrls baut man eine

Bildsequenz auf, bei der alle berechneten Zwischenwerte des Gesamtmodells zu einer Animation zusammengefügt werden. Die Animation startet automatisch.

> PlotCtrls↓ Animate↓ Over Time ...↓   ↪   **ANTIME**
> ... Number of frames =20
> ... Auto contour scaling: On (einheitliche Skalierung der Farben aller Bilder)   ok↓

Mit dem Animation Controller kann die Animation beeinflusst werden. Soll eine bereits berechnete Animation neu gestartet werden, erfolgt dies über die Befehlsfolge

> PlotCtrls↓ Animate↓ Replay Animation ...↓   **ANIM**

Nachdem wir die Animation gestoppt haben, öffnen wir den Time-History Postprocessor, um für ausgewählte Knoten den Temperaturverlauf über der Zeit zu bestimmen.

> TimeHist Postpro↓   **/POST26**

Es öffnet sich ein Fenster, in dem man mit dem ersten Button $\boxed{+}$ Daten hinzufügt: Wir wählen die Temperatur als die Größe aus, die wir über der Zeit auftragen möchten

> Nodal Solution↓ DOF Solution↓ Nodal Temperature↓   ok↓

Wir führen nun den Cursor auf das Graphik-Fenster, in dem die Temperaturverteilung im Berechnungsgebiet zu sehen ist, klicken mit ⇑ auf einen Punkt der sensitiven Schicht (gegenüber der Heizung auf dem rechten Rand) und bestätigen mit OK. Durch die Anwahl des dritten Buttons wird die Temperatur dem selektierten Knoten über der Zeit aufgetragen.

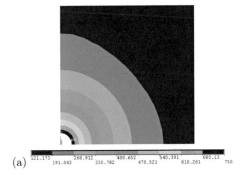
(a)

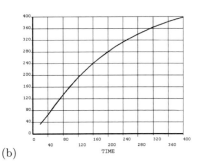
(b)

Abb. 6.9. Transiente Lösung: (a) Temperaturverlauf im Modell bei t=100 s, (b) Temperatur am Knoten gegenüber der Heizung als Funktion der Zeit.

Aus Abbildung 6.9 (b) entnehmen wir, dass nach 400 Sekunden der Endzustand noch nicht erreicht wurde. Um den stationären Zustand zu erhalten, muss also die maximale Zeit (TIME=400) bei der Spezifikation der *Load Step Options* vergrößert werden.

Drei-Lasten-Simulation:

Möchte man eine komfortablere Modellierung initiieren, dann kann man in einem ersten Schritt die Temperatur von 750°C auf dem Heizungsdraht innerhalb der ersten 40 Sekunden aufbringen (TIME=40). In dieser ersten Lastrechnung wird die Randbedingung rampenförmig (KBC=0) eingeführt. Anschließend rechnen wir mit diesem Zwischenergebnis (KBC=1) einen weiteren Lastfall bis 400 Sekunden weiter. Bei dieser Rechnung werden alle 40 Sekunden Zwischenergebnisse herausgeschrieben. Zum Abschluss erfolgt eine letzte Lastberechnung, bei der bis 1000 Sekunden mit automatischer Schrittweitensteuerung gerechnet wird.

Auch bei der Drei-Lasten-Simulation starten wir den Solution-Teil mit /SOL und führen die Befehle ANTYPE, TOFFST, TUNIF, SFL, DL auf Seite 117 aus.

Die wesentliche Änderung gegenüber der Ein-Last-Simulation ist, dass wir nun die drei Einzellasten mit den entsprechenden Spezifikationen auf Dateien schreiben (LS-WRITE): Die Lastdateien erhalten die Bezeichnung tempTR.s01, tempTR.s02, tempTR.s03. Mit LSSOLVE veranlassen wir, dass alle Lasten nacheinander eingelesen werden und die Lösung fortfahrend berechnet wird.

Wir modifizieren bei der Drei-Lasten-Simulation im Wesentlichen die Punkte TIME und SOLVE durch die folgende Befehlsfolge:

OUTRES

> Load Step Opts↓   Output Ctrls↓   DB/Results File↓
>   ↪   FREQ >> every substep   ok↓

Erster Lastschritt definieren und mit LSNUM=1 auf das erste File herausschreiben:

TIME

> Load Step Opts↓   Time/Frequenc↓   Time and Substps↓   ↪
> ... TIME=40   (Zeit am Ende des Lastschritts)
> ... KBC >> ramped   (Last wird rampenartig aufgeprägt)
> ... AUTOTS >> on   (automatische Schrittweitensteuerung)   ok↓

LSWRITE

> Load Step Opts↓   Write LS File↓   ↪   LSNUM=1   ok↓

Zweiter Lastschritt definieren und mit LSNUM=2 auf das zweite File herausschreiben:

TIME

> Load Step Opts↓   Time/Frequenc↓   Time and Substps↓   ↪
> ... TIME=400   (Zeit am Ende des Lastschritts)
> ... DELTIM=20   (Zwischenschrittweite)
> ... KBC >> stepped   (Last wird nicht geändert)
> ... AUTOTS >> off   (keine automatische Schrittweitensteuerung)   ok↓

LSWRITE

> Load Step Opts↓   Write LS File↓   ↪   LSNUM=2   ok↓

Dritter Lastschritt definieren und mit LSNUM=3 auf das dritte File herausschreiben:

> Load Step Opts↓ Time/Frequenc↓ Time and Substps↓   ↪
> ... TIME=1000   (Zeit am Ende des Lastschritts)
> ... KBC >> stepped   (Last wird nicht geändert)
> ... AUTOTS >> on   (automatische Schrittweitensteuerung) ok↓

TIME

> Load Step Opts↓ Write LS File↓   ↪ LSNUM=3 ok↓

LSWRITE

Alle Lastfälle einlesen (minimale Filenummer LSMIN=1; maximale Filenummer LS-MAX=3) und alle drei Lastfälle nacheinander lösen, indem das Ende des ersten Lastfalls die Anfangsbedingung für den zweiten Lastfall darstellt usw.

> Solve↓ From LS Files↓   ↪ LSMIN=1 & LSMAX=3 ok↓
> ↪ close↓   x ↓

SOLVE

Die Lösung kann wie bei der Ein-Last-Simulation sowohl im General Postprocessor oder auch im Time-History Postprocessor bearbeitet und graphisch dargestellt werden.

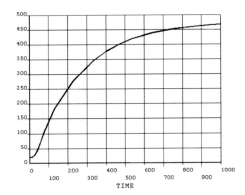

Abb. 6.10. Temperatur am Knoten gegenüber der Heizung als Funktion der Zeit.

6.4 Mechanische Simulation

6.4.1 Statische Analyse

Problemstellung: Gegeben ist die in Abschnitt 1.2.3 beschriebene Druckmembran (siehe Abbildung 1.7), deren geometrischen Abmessungen in Tabelle 6.2 angegeben sind. Gesucht ist Verformung der Membran unter dem Einfluss des Drucks, der von unten an die Membran angreift, sowie die Dehnung der Membranoberfläche. An der Oberseite ist die Stelle der größten Dehnung gesucht, denn dort soll der Dehnungsmessstreifen positioniert werden.

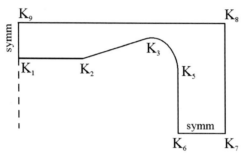

Abb. 6.11. Druckmembran.

Aufgrund der Rotationssymmetrie des Problems müssen wir die Druckmembran nicht dreidimensional modellieren, sondern es genügt der in Abbildung 6.11 dargestellte, zweidimensionale Ausschnitt.

Durch die Rotationssymmetrie ändern sich die das System beschreibenden Gleichungen (vgl. Abschnitt 3.3) so, dass es bei der Simulation mit ANSYS nicht genügt, der linken Begrenzungslinie symmetrische Randbedingungen zuzuweisen, sondern man muss darüber hinaus bei der Auswahl des **Element Types** als Option Rotationssymmetrie (*Axisymmetric*) wählen. Die *y*-Achse wird dann von ANSYS standardmäßig als Rotationsachse festgelegt. Wie beim Vorgehen im elektrostatischen Problem werden wir im mechanischen Fall das Berechnungsgebiet über Keypoints definieren, darüber die zugehörigen Linien festlegen und anschließend das Berechnungsgebiet über alle Linien erzeugen.

Preprocessor: Durch die Wahl des Element Types **Plane183** wird eine zweidimensionale mechanische Simulation festgelegt.

/PREP7 | Preprocessor↓

ET | Element Typ↓ Add↓
    ↪ Add↓   ↪ Structural Mass: Solid↓ 8node 183 ok↓

... Options↓ Element behavior K3: statt *Plane stress* >> *Axisymmetric* ok↓ close↓

Als Materialkonstanten werden der Elastizitätsmodul des Materials $Ex = 2.1 \cdot 10^{11} \frac{N}{m^2}$ eingegeben sowie die Poisson-Zahl 0.33, die das Verhältnis von Quer- zu Längsdehnung des Materials angibt.

Material Props↓ Material Models↓   MP
  ↪ Structural↓ Linear↓ Elastic↓ Isotropic↓
  ↪ EX = 2.1e11 und PRXY = 0.33 eingeben ok↓   ⬚ x ↓

Die Koordinaten der Keypoints werden gemäß Tabelle 6.2 eingegeben:

Modeling↓ Create↓ Keypoints↓ In Active CS↓   K
  ↪ Koordinaten eingeben: (jeweils mit Apply↓ bestätigen, zum Schluss ok↓)

Tabelle 6.2: Koordinaten der Keypoints

N	1	2	3	4	5	6	7	8	9
X	0	0.03	0.075	0.095	0.1	0.1	0.15	0.15	0
Y	0.05	0.05	0.075	0.0625	0.05	0	0	0.09	0.09

K4 ist ein Keypoint auf dem Kreisbogen, der für dessen Konstruktion benötigt wird. Um zu prüfen, ob die Eingabe der Koordinaten korrekt erfolgte, kann man z.B. den ANSYS-Befehl KLIST in die Input-Zeile eingeben und mit <return> bestätigen. Nach der Definition der Keypoints verbinden wir sie durch Linien; nur von Keypoint K3 nach Keypoint K5 wählen wir einen Kreisbogen, auf dem der Zwischenpunkt K4 liegt. Die Reihenfolge der Keypoints ist bei der Definition der Linien zu beachten, da bei der späteren Spezifikation des Drucks angenommen wird, dass der Druck von rechts einwirkt. Das Berechnungsgebiet wird durch alle Linien begrenzt.

Modeling↓ Create↓ Lines↓ Lines↓ Straight Line↓   ↪   LSTR
... Keypoint 1 und 2 anwählen
... Keypoint 2 und 3 anwählen ok↓

Modeling↓ Create↓ Lines↓ Arcs↓ Through 3 KPs↓   LARC
  ↪ Anfangs-KP 3, dann End-KP 5 und zuletzt mittleren KP 4 anwählen Apply↓ ok↓

Modeling↓ Create↓ Lines↓ Lines↓ Straight Line↓   ↪   LSTR
... Keypoint 5 und 6 anwählen
... Keypoint 6 und 7 anwählen
... Keypoint 7 und 8 anwählen
... Keypoint 8 und 9 anwählen
... Keypoint 9 und 1 anwählen ok↓

Modeling↓ Create↓ Areas↓ Arbitrary↓ By Lines↓   AL
  ↪ L1 - L8 anwählen oder in Eingabezeile von *Create Area by Lines* ALL eingeben ok↓

Wir legen wieder manuell die Gitterfeinheit fest, indem wir alle Keypoints mit dem Wert 0.005 belegen. Nur in Keypoint K3 (siehe Abbildung 6.11) setzen wir einen kleineren Wert. Um diesen Keypoint anzuwählen, nehmen wir den interaktiven Pick-Modus, bei dem wir den Punkt über die Benutzeroberfläche mit ⇑ anklicken.

KESIZE | Meshing↓ Size Cntrls↓ ManuelSize↓ Keypoints↓   ↪
        | ... All KP↓ 0.005 ok↓
        | ... Picked KPs↓ Keypoint 3 anwählen ok↓ Wert 0.002 eingeben ok↓

Anschließend generieren wir das Berechnungsgitter, wie es in Abbildung 6.12 (a) angegeben ist.

AMESH | Meshing↓ Mesh↓ Areas↓ Free↓ A1 anwählen ok↓

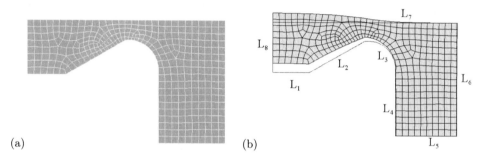

(a)   (b)

Abb. 6.12. (a) Berechnungsgitter, (b) Deformation unter Druckeinwirkung.

Solution: Wir spezifizieren die Randbedingungen auf den Linien. Über ⃞PlotCtrls⃞ Numbering↓ aktivieren wir die Nummerierung der Linien. Mit der Eingabe des AN-SYS-Befehls LPLOT werden alle Linien nummeriert dargestellt. Auf den Linien L1 - L4 legen wir den Druck von $100\ bar = 100 \cdot 10^5\ Pa$ an. Die untere und linke Begrenzungslinie L5 und L8 sind Symmetrielinien. Da wir von $100\ bar$ Differenzdruck ausgehen, werden an den Linien L6 und L7 als Druckwerte $0\ Pa$ angegeben.

/SOL | Solution↓

SFL | Define Loads↓ Apply↓ Structural↓ Pressure↓ On Lines↓
     | ↪ ... Linien 1, 2, 3, 4 anwählen ok↓   ↪ Load PRES = 1e7 eingegeben Apply↓

     | ↪ ... Linien 6, 7 anwählen ok↓   ↪ Load PRES = 0 eingegeben ok↓

Um die Symmetrie für den linken und unteren Rand festzulegen, ist es einfach, den Befehl DL direkt in die Input-Zeile einzutragen:

DL | DL, 8 , 1 , symm   <return>
   | DL, 5 , 1 , symm   <return>

Alternativ erfolgt die Festlegung der Symmetrie durch

SFL | Define Loads↓ Apply↓ Structural↓ Displacement↓ Symmetrie B.C.↓ On Lines↓
     | ... ↪ Linie L5 anwählen
     | ... ↪ Linie L8 anwählen ok↓

Anschließend wird die Lösung berechnet.

Solve↓ Current LS↓ ↪ ok↓ ↪ close↓ ☒ ↓	SOLVE

Postprocessor: Wir öffnen den General Postprocessor, um die auf den Knoten berechneten Verschiebungen (ux, uy) bzw. die Vergleichsspannungen (*Stress*) darzustellen. Die Ergebnisse der Rechnung sind in Abbildung 6.13 zu sehen.

General Postproc↓	/POST1

Plot Results↓ Contour Plot↓ Nodal Solution↓ ↪ DOF Solution↓ Displacement vector sum ok↓	PLNSOL

... Nodal Solution↓ ↪ Stress↓ x-Component of stress↓ ok↓	PLNSOL

Plot Results↓ Vector Plot↓ Predefined↓ ↪ DOF solution: Translation U ok↓	PLVECT

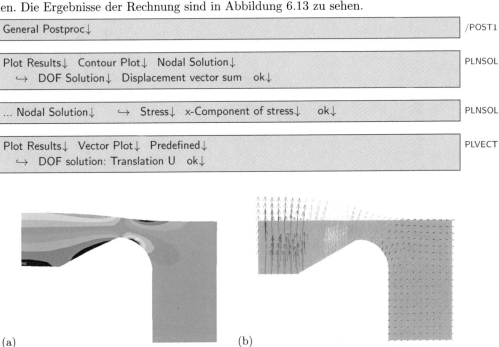

(a)   (b)

Abb. 6.13. ANSYS-Lösung: (a) Stress in x-Richtung, (b) Verschiebungsvektoren.

Als Option der graphischen Darstellung (Undisplaced shape key) kann man in die Lösung auch den Umriss der nicht-deformierten Membran mit einzeichnen lassen.

Um nun die Dehnung des Materials an der Oberfläche der Membran beurteilen zu können, wählen wir einen Pfad vom linken oberen bis zum rechten oberen Eckpunkt und interpolieren entlang des Pfads den Betrag der Verschiebung (siehe Abb. 6.14).

Path Operations↓	PATH
... Define Path↓ By Nodes↓	PPATH
↪ Anfangs- und Endpunkt des Pfads anwählen (linke und rechte obere Ecke) Apply↓	
↪ Name des Pfads festlegen (z.B. Weg1) ok↓ ☒ ↓	
... Map onto Path↓	PDEF
↪ Pfadname eingeben: Weg1	
gewünschte Größe (DOFsolution >> Translation USUM) wählen ok↓	
... Plot Path Item↓ On Graph↓ ↪ Weg1 angeben ok↓	PLPATH

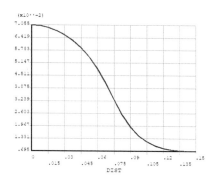

Abb. 6.14. Betrag der Verschiebung auf der Oberfläche.

In Abbildung 6.14 ist die Verschiebung der Knoten des Berechnungsgebietes dargestellt. Dies entspricht aber noch nicht der Dehnung der Materials, welches wir für eine
geeignete Plazierung des Dehnungsmessstreifens benötigen. Die Dehnung des Materials ist in dem Bereich am Größten, an dem sich die Verschiebung am stärksten ändert:
zwischen 0.05 und 0.09. In diesem Bereich wird man den Dehnungsmessstreifen anbringen, da man dort den größten Effekt erzielt.

6.4.2 Modalanalyse

Problemstellung: Wir werden in diesem Abschnitt eine Modalanalyse der Druckmembran durchführen. Diese Analyseart liefert wichtige Parameter für die Auslegung
eines Systems bezüglich seiner dynamischen Eigenschaften. Gesuch sind zu der Druckmembran aus Abbildung 1.7 die Eigenfrequenzen und die zugehörigen Schwingungsformen (Moden). Damit wir auch Querschwingungen der Membran in der Simulation
berücksichtigen, gehen wir von einem dreidimensionalen Modell des mechanischen
Systems aus.

Hierzu nehmen wir die in Abbildung 6.11 definierte Fläche und drehen diese um 90°
um die Rotationsachse. Die Drehachse wird durch die Keypoints K1 und K9 definiert.
Zur dreidimensionalen Modalanalyse mit ANSYS verwenden wir den Element Type
Solid187.

Im Gegensatz zur statischen Analyse (vgl. Abschnitt 6.4.1) müssen wir neben dem
E-Modul $Ex = 2.1 \cdot 10^{11} \frac{N}{m^2}$ und der Poisson-Zahl $PRXY = 0.33$ nun auch die Dichte
des Materials $DENS = 7850 \frac{kg}{m^3}$ spezifizieren. Ein Druck von der Unterseite kann zwar
angegeben werden, hat auf die Modalanalyse aber keinen Einfluss.

Preprocessor:

/PREP7	Preprocessor↓

ET	Element Typ↓ Add↓
	↪ Add↓ ↪ Structural Mass: Solid↓ Tet 10node 187 ok↓ close↓

Material Props↓ Material Models↓ ↪ Structural↓ ... Linear↓ Elastic↓ Isotropic↓ ↪ EX = 2.1e11 und PRXY = 0.33 eingeben ok↓	MP

... Density↓ ↪ DENS = 7850 eingeben ok↓ ☒ ↓	

Die Erzeugung der Fläche A1 erfolgt wie in Abschnitt 6.4.1, so dass wir bei der Beschreibung der Simulation davon ausgehen, dass A1 schon definiert in **ANSYS** vorliegt. Wir drehen die Fläche A1 um 90° um die Rotationsachse und erzeugen so ein dreidimensionales Segment.

Modeling↓ Operate↓ Extrude↓ Areas↓ About Axis↓
    ↪ Fläche A1 anwählen Apply↓
        unteren (K1) und oberen Punkt (K9) anwählen Apply↓
    ↪ ARC = 90° und NSEG = 1 setzen   ok↓
	VROTAT

Zur besseren, perspektivischen Darstellung drehen wir den Körper über das Graphik-Menü um +30° um die y-Achse und um -90° um die x-Achse. Wir erhalten das dreidimensionale Modell unseres Berechnungsgebietes (Abbildung 6.15). Für die weitere Spezifikation der Flächen aktivieren wir die Nummerierung der Flächen. Dazu geben wir die beiden folgenden Befehle in die Input-Zeile ein. Alternativ kann man auch über das Utility-Menü $\boxed{\text{PlotCtrls}}$ gehen.

/PNUM,AREA,1 <return> APLOT <return>	/PNUM

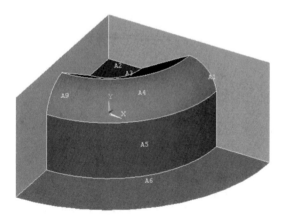

Abb. 6.15. Volumen mit Flächennummern.

Um eine nicht zu hohe Anzahl an Gitterpunkten zu erhalten, setzen wir die Gitterfeinheit an allen Keypoints auf 0.01, unterteilen die Linie L17 in 30 Teile, aktivieren

SmartSize mit dem Wert 3 und vernetzen das Volumen mit Free-Mesh (Abbildung 6.16):

KESIZE | Meshing↓   Size Cntrls↓   ManuelSize↓   Keypoints↓   ↪ All KPs↓   0.01   ok↓

LESIZE | ... Lines↓   Picked Lines↓
       | ↪ L17 anwählen (besser: 17 eingeben)   Apply↓   NDIV=30 setzen   ok↓

SMRT | MeshTool↓   Smart Size aktivieren: Schieber auf 3 schieben   close↓

VMESH | Mesh↓   Volumes↓   Free↓   V1 anwählen   ok↓

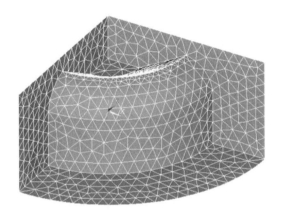

Abb. 6.16. Volumen mit Berechnungsgitter.

Solution: Bei der Modalanalyse kann man mehrere Berechnungsverfahren zur Ermittlung der Eigenschwingungsmoden wählen (Householder Methode (reduced), Unterraum Methode (subspace), Verfahren für unsymmetrische Matrizen (unsymmetric), gedämpfte Systeme (damped)). In unserem Fall verwenden wir die Householder Methode, da die Genauigkeit dieser Methode hier ausreicht.

Zur Spezifikation der Rechnung werden die Anzahl der zu berechnenden Eigenfrequenzen sowie die Anzahl der Frequenzen, die ausgegeben werden sollen, definiert. Außerdem muss der Frequenzbereich festgelegt werden und die Anzahl der Master Degrees of Freedom, die doppelt so groß gewählt werden sollte, wie die Anzahl der zu berechnenden Moden.

/SOL | Solution↓

ANTYPE | Analysis Type↓   New Analysis↓   ↪ Modal wählen   ok↓

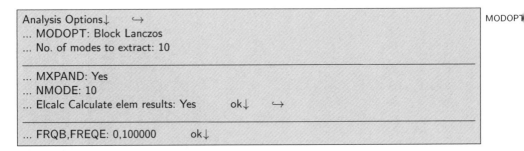

Soll bei der Analyse nicht nur die Verschiebung der Knoten, sondern auch das Spannungsverhalten im Material berechnet werden, dann muss die Option *Elcalc Calculate elem results* auf *Yes* gesetzt werden. Diese Option führt zu deutlich höherem Speicherbedarf!

Für eine stationäre Rechnung müsste der Druck auf den Flächen A2, A3, A4, A5 über SFA gesetzt werden; für eine Modalanalyse müssen nur die Symmetriebedingungen auf den Stirnflächen A1 und A9 sowie auf Fläche A6 und auf der Rotationsachse L8 spezifiziert werden

Define Loads↓ Apply↓ Structural↓ Displacement↓ Symmetry B.C.↓	DA
... On Areas↓ ↪ A1, A6, A9 anwählen ok↓	
... On Lines↓ ↪ L8 anwählen ok↓	

Solve↓ Current LS↓ ↪ ok↓	/SOL

Nachdem die Lösung berechnet wurde, wird sie in die Datei mit der Endung *.rst gespeichert.

Postprocessor: Die Lösung wird auf zwei unterschiedlichen Weisen dargestellt: Zum Einen werden die ersten zehn gefundenen Eigenfrequenzen im angegebenen Bereich durch eine Liste aufgezeigt (Result Summary, siehe Abbildung 6.17 (a)).

General Postproc↓	/POST1

Results Summary	SET

Optisch werden die Ergebnisse (z.B. die Summe der Verschiebungen, USUM) zu jeder Eigenfrequenz dargestellt

Read Results↓ ByPic↓ ↪	SET
... Auswahl des Sets (z.B. Set 3) Read↓ close↓	

Plot Results↓ Contour Plot↓ Nodal Solu↓	PLNSOL
... ↪ DOF Solution↓ Displacement vector sum ok↓	

Am Text der graphischen Ausgabe entnimmt man die Nummer des Sets sowie die zugehörige Frequenz.

***** INDEX OF DATA SETS ON RESULTS FILE *****

SET	TIME/FREQ	LOAD STEP	SUBSTEP	CUMULATIVE
1	4238.8	1	1	1
2	4408.9	1	2	2
3	7442.8	1	3	3
4	10554.	1	4	4
5	11114.	1	5	5
6	11863.	1	6	6
7	12404.	1	7	7
8	14669.	1	8	8
9	15183.	1	9	9
10	15413.	1	10	10

(a)

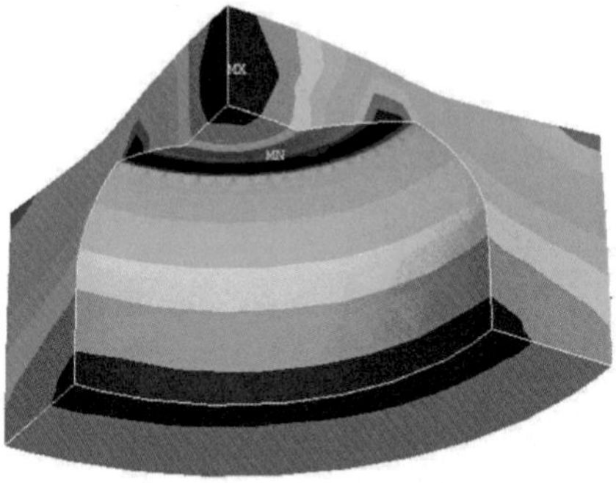

(b)

Abb. 6.17. (a) Eigenfrequenzen, (b) dritte Schwingungsmode.

Über das Utility-Menü PlotCtrls baut man eine Bildsequenz auf, bei der die zur Frequenz gehörende Schwingung zu einer Animation zusammengefügt wird. Als Darstellungsform sind u.a. möglich (mode shape, deformed shape, deformed results). Die Animation startet automatisch.

ANTIME PlotCtrls↓ Animate↓ Deformed Results ...↓ ↪
... No. of frames to create =20
... DOF solution: Translation: USUM ok↓

Mit dem Animation Controller kann die Animation beeinflusst werden. Soll eine bereits berechnete Animation neu gestartet werden, erfolgt dies über die Befehlsfolge

ANIM PlotCtrls↓ Animate↓ Replay Animation ...↓

Nachdem wir die Animation gestoppt haben, öffnen wir den Time-History Postprocessor, um für ausgewählte Knoten berechnete Größen über den Frequenzen zu bestimmen.

/POST26 TimeHist Postpro↓

Es öffnet sich automatisch ein Fenster, unter dem man mit dem ersten Button + Daten hinzufügen kann: Wir wählen die Vergleichsspannung als die Größe aus, die wir über der Frequenz auftragen

Nodal Solution↓ Stress↓ von Mises stress↓ ok↓

Wir klicken im Graphik-Fenster mit ⇑ auf einen Punkt bzw. wählen uns einen Knoten über seine Knotennummer aus und bestätigen mit OK. Durch die Anwahl des dritten Buttons wird die Vergleichsspannung, die auf dem selektierten Knoten berechnet wurde, über der Frequenz aufgetragen.

6.5 Magnetische Simulation: Stromdurchflossener Leiter

Problemstellung: Gegeben ist ein stromdurchflossener Kupferleiter, dessen Querschnitt den Durchmesser von $2\,mm$ hat. Ein Strom von $1\,A$ fließt in z-Richtung. Gesucht ist für einen Gleichstrom die magnetische Induktion $\vec{B}$ in der (x,y)-Ebene (im Folgenden kurz das Magnetfeld genannt) sowohl im Leiterinneren als auch im Außenbereich. Anschließend soll der Gleichstrom durch einen Wechselstrom mit der Frequenz $f = 50000\,Hz$ ersetzt werden. Ziel ist es dann, den Skineffekt (Stromverdrängung im Inneren) im Leiter mit ANSYS zu simulieren.

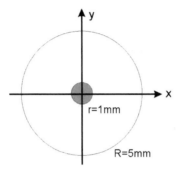

Abb. 6.18. Querschnitt des stromdurchflossenen Leiters.

Aufgrund des kreisförmigen Leiterquerschnitts wählen wir auch ein kreisförmiges Berechnungsgebiet für den Luftbereich zwischen $r = 1\,mm$ und $R = 5\,mm$. Wegen der Symmetrie des Problems simulieren wir nur ein Viertel des Bereichs: den rechten oberen Quadranten (siehe Abbildung 6.19).

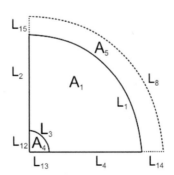

Abb. 6.19. Simulationsgebiet.

Da das vom Leiter induzierte Magnetfeld sich ungehindert ausbreitet, wir aber nur ein endliches Berechnungsgebiet modellieren können, haben wir für die äußere Begrenzungslinie L1 zunächst keine Randbedingung. Hier bietet ANSYS den speziellen

Element Type **infin110** an, der den unendlichen Raum repräsentiert. infin110 modelliert eine offene Grenze eines 2-D-unbegrenzten Feldproblems. Eine **einzelne** Schicht von Elementen wird verwendet, um ein äußeres Gebiet mit halb-unendlicher Ausdehnung darzustellen. Diese Schicht modelliert den Effekt des Fernverhaltens. Hierzu müssen wir eine zusätzliche Außenfläche A5 festlegen (siehe Abbildung 6.19).

Diese äußere (unendliche) Oberfläche sollte nur mit einer Schicht von infin110-Elementen vernetzt werden. Die dem Finite-Elemente-Modell gegenüberliegende Linie (welche die äußere Linie repräsentiert) muss dann als Randbedingung unendlich (Infinite Surf) zugewiesen werden.

6.5.1 Gleichstrom

Preprocessor: Wir wählen für die Simulation des Leiters und der Luft den *Element Type* **Plane13**, welcher das magnetische Vektorpotenzial Az senkrecht zur Elementebene berechnet. Dieses Element erlaubt auch die Spezifikation von Stromdichten auf den stromdurchflossenen Flächen. Die magnetische Induktion $\vec{B} = rot(\vec{A})$ und die magnetische Feldstärke $\vec{H} = \frac{1}{\mu_0 \mu_r} \vec{B}$ werden nach dem Solution-Teil über Az im Postprocessor berechnet. Das Berechnungsgebiet erzeugen wir, indem wir zwei Viertelkreiselemente ($0 \leq r \leq 1\,mm$) und ($1\,mm \leq r \leq 5\,mm$) miteinander verkleben.

Wir starten den Preprocessor

/PREP7	Preprocessor↓

und legen zunächst den Element Type für den Leiter und für die Luft fest.

ET	Element Type↓ Add↓
	... ↪ Add↓ ↪ Magnetic Vector: Quad 4node13 ok↓

Anschließend definieren wir das infin110-Element

	... ↪ Add↓ ↪ InfiniteBoundary: 2D Inf Quad 110 ok↓ close↓

und setzen die relative Permeabilität $\mu_r = 1$ sowohl für den Leiter (Material 1) als auch für die Luft und den infin-Bereich (Material 2) fest. Für die weitere Simulation des Skineffektes setzen wir den spezifischen elektrischen Widerstand (= Kehrwert der Leitfähigkeit) von Kupfer auf RSVX= $1.7 \cdot 10^{-8}\,\Omega m$.

MP	Material Props↓ Material Models↓ ↪ Electromagnetics↓
	... Relative Permeability↓ Constant↓ ↪ MURX = 1 eingeben ok↓
	... Resistivity↓ Constant↓ ↪ RSVX = 1.7e-8 eingeben ok↓

Für das zweite Material muss nur $\mu_r = 1$ innerhalb des geöffneten Fensters festgelegt werden. Hierzu erstellen wir ein neues Material-Model mit der Nummer 2:

```
...
Material >> New Model ...    ↪  Define Material ID = 2  ok↓
... Relative Permeability↓  Constant↓    ↪  MURX = 1 eingeben  ok↓    x ↓
```

Wir spezifizieren zwei Viertelkreiselemente jeweils über den inneren und äußeren Radius sowie über die beiden Winkel $\theta_1 = 0$ und $\theta_2 = 90°$. Diese beiden Flächen stellen das Finite-Elemente-Modell dar. Zusätzlich benötigen wir einen weiteren Viertelkreis ($5\,mm \leq r \leq 6\,mm$) für den infin-Bereich.

```
Modeling↓  Create↓  Areas↓  Circle↓                                           PCIRC
... By Dimensions↓    ↪  RAD1=0.005 RAD2=0.001 THETA1=0 THETA2=90  ok↓
... By Dimensions↓    ↪  RAD1=0.001 RAD2=0 THETA1=0 THETA2=90  ok↓
... By Dimensions↓    ↪  RAD1=0.006 RAD2=0.005 THETA1=0 THETA2=90  ok↓
```

Hinweis: Ist der Kreismittelpunkt nicht im Ursprung, dann verschiebt man zuerst das aktive Koordinatensystem (*WorkPlane*) zum Kreismittelpunkt, definiert nun einen Kreis und verschiebt anschließend das Koordinatensystem wieder zurück. Hierzu verwendet man die Befehle aus dem Utility-Menü WorkPlane .

Um Flächen und Linien besser unterscheiden zu können, schalten wir über das Utility-Menü PlotCtrls die Nummerierung der Objekte ein:

```
PlotCtrls↓  Numbering   ↪       ... Line (von off auf on setzen)               /PNUM
                                ... Area (von off auf on setzen)  Apply↓  ok↓
```

Wir verkleben alle Flächen

```
Modeling↓  Operate↓  Booleans↓  Glue↓  Areas↓                                 AGLUE
    ↪  Fläche A2, A1, A3 anwählen  Apply↓  ok↓
```

und erhalten dadurch neue Flächennummern: A4 (Innen), A1 (Mitte) und A5 (infin), siehe Abbildung 6.19. Anschließend legen wir manuell die Gitterfeinheit fest, indem wir alle Linien in 10 Teile unterteilen. Die Kreislinien L3, L1 und L8 unterteilen wir 20-mal. Um diese Linien anzuwählen, nehmen wir den interaktiven Pick-Modus, bei dem wir sie über ⇑ auf der Benutzeroberfläche anklicken.

```
Meshing↓  Size Cntrls↓  ManuelSize↓  Lines↓                                   LESIZE
... All Lines↓    ↪  NDIV=10  ok↓
... Picked Lines↓    ↪  Linie L3 anwählen  Apply↓  NDIV=20 eingeben  Apply↓
... Picked Lines↓    ↪  Linie L1 anwählen  Apply↓  NDIV=20 eingeben  Apply↓
... Picked Lines↓    ↪  Linie L8 anwählen  Apply↓  NDIV=20 eingeben  ok↓
```

Da für die äußere (den äußeren Halbraum repräsentierende) Fläche A5 nur eine Schicht von infin110-Elementen verwendet werden soll, setzen wir die Anzahl der Unterteilungen auf den Linien L14 und L15 auf NDIV=1.

LESIZE | Meshing↓ Size Cntrls↓ ManuelSize↓ Lines↓
... Picked Lines↓   ↪ Linie L14 anwählen Apply↓ NDIV=1 eingeben ok↓
... Picked Lines↓   ↪ Linie L15 anwählen Apply↓ NDIV=1 eingeben ok↓

Vor dem Vernetzen führen wir die Material- und Elementzuweisung aus: Die innerste Fläche (Stromführung) erhält Materialnummer 1, Elementnummer 1 und mittlere Fläche (Luft) die Materialnummer 2, Elementnummer 1 und schließlich der Außenbereich (infin) Materialnummer 1, Elementnummer 2 zugewiesen. Durch den Befehl AATT können alle Attribute gleichzeitig gesetzt werden.

AATT | Meshing↓ Mesh Attributes↓
...Picked Areas   ↪ innere Fläche A4 anwählen Apply↓   ↪ MAT=1 TYPE=1 ok↓
...Picked Areas   ↪ mittlere Fläche A1 anwählen Apply↓   ↪ MAT=2 TYPE=1 ok↓
...Picked Areas   ↪ äußere Fläche A5 anwählen Apply↓   ↪ MAT=2 TYPE=2 ok↓

AMESH | Meshing↓ Mesh↓ Areas↓ Free↓ Fläche A4, A1, A5 anwählen ok↓

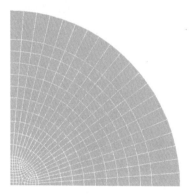

Abb. 6.20. Gitter für das magnetische Problem.

Solution: Wir öffnen *Solution* und spezifizieren die Randbedingungen. Die linken und unteren Randlinien (L13, L4, L14; L12, L2, L15) stellen Symmetrielinien dar: Das magnetische Vektorpotenzial Az steht auf diesen Linien senkrecht. Sofern nichts spezifiziert wird, nimmt ANSYS bei der Magnetfeldanalyse symmetrische Randbedingungen an. Somit bleibt für das Berechnungsgebiet als einzige zu spezifizierenden Größe die Stromdichte im Leiter $js_z = \frac{1A}{\pi r^2} = 3.2 \cdot 10^5 A/m^2$.

/SOL | Solution↓

BFA | Define Loads↓ Apply↓ Magnetic↓ Excitation↓ Curr Density↓ On Areas↓
...   ↪ Stromführende Fläche A4 anwählen Apply↓
...   ↪ Val3 Curr density value (JSZ) = 3.2e5 ok↓

Zusätzlich muss die Außenlinie des infin-Elements mit der InfiniteSurf-Option des SLF-Befehls gekennzeichnet werden.

Define Loads↓ Apply↓ Magnetic↓ Flag↓ Infinite Surf↓ On Lines↓ ... ↪ Linie L8 anwählen ok↓	SLF

Mit

Solve↓ Current LS↓ ↪ ok↓ ↪ Yes↓ ↪ Close↓ ☒ ↓	SOLVE

wird die Lösung auf den Knoten berechnet.

Postprocessor: Wir öffnen den General Postprocessor, um die auf den Knoten berechnete Lösung (Vektorpotenzial Az) bzw. den Betrag des Magnetfeldes $|\vec{B}|$ im Rechengebiet darzustellen (siehe Abbildung 6.21 (a)).

General Postproc↓	/POST1

Plot Results↓ Contour Plot↓ Nodal Solu↓ ... ↪ DOF Solution↓ z-Component of magnetic vector potential↓ ok↓	PLNSOL

... ↪ Magnetic Flux Density↓ Magnetic flux density vector sum↓ ok↓	

Da uns der Verlauf des Magnetfeldes im Berechnungsgebiet interessiert und nicht im infin-Bereich, wählen wir für die Erstellung des Pfads zuerst die Darstellung der Lösung über die Elemente

Plot Results↓ Contour Plot↓ Elemental Solu↓ ... ↪ Magnetic Flux Density↓ Magnetic flux density vector sum↓ ok↓	PLESOL

und wählen den Pfad nur im Berechnungsgebiet, d.h. vom Nullpunkt zu einem Punkt auf der Linie L1, um darüber das Vektorpotenzial Az bzw. den Betrag des Magnetfeldes $|\vec{B}|$ zu erhalten (siehe Abbildung 6.21 (b)).

Path Operations↓ ... Define Path↓ By Nodes↓ ↪ Anfangs- (Ursprung) und Endpunkt (auf mittleren Linie) des Pfads anwählen Apply↓ ↪ Name des Pfads festlegen (z.B. Weg1) ok↓ ☒ ↓	PATH PPATH
... Map onto Path↓ ↪ Pfadname (z.B. Weg1) eingeben >> Flux&gradient↓ >> Bsum wählen ok↓	PDEF
... Plot Path Item↓ On Graph↓ ↪ Weg1 angeben ok↓	PLPATH

Im Leiter erfolgt ein linearer Anstieg bis zum Maximalwert $1.799 \cdot 10^{-4}\,T$ (theoretisch $1.9 \cdot 10^{-4}\,T$), im Außenbereich fällt die Lösung wie $\frac{1}{r}$ ab. Bei diesen Werten muss man beachten, dass die Information entlang des Pfads interpoliert wird, d.h. es kommt zu einer Verschmierung der Werte insbesondere im Übergangsbereich von zwei Materialien. Genauer wird es, wenn man z.B. nur den Innenbereich auswählt und den Pfad in diesem Innenbereich ausgibt. Dann ergibt sich der Maximalwert zu $1.908 \cdot 10^{-4}\,T$.

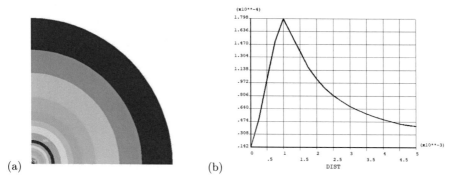

Abb. 6.21. ANSYS-Lösung: Betrag von B: (a) im Berechnungsgebiet, (b) entlang des Pfads.

6.5.2 Wechselstrom

Der Skineffekt bewirkt, dass bei hohen Frequenzen der Strom nicht mehr gleichmäßig über den gesamten Leiterquerschnitt verteilt fließt, sondern fast nur noch in der Nähe der Leiteroberfläche. Der Grund dafür sind Wirbelströme, die im Innern des Leiters erzeugt werden. Sie nehmen mit größer werdenden Frequenzen immer mehr zu. Bei der Vernetzung müssen wir daher beachten, dass im Vergleich zur Gleichstromsimulation nun die Maschenweite des Gitters im Innenbereich eine höhere Auflösung besitzt.

Für die Simulation gehen wir davon aus, dass im Leiter ein sinusförmiger Strom mit Amplitude 1 A bei einer Frequenz von $f = 50000 Hz$ fließt. Durch die Annahme eines sinusförmigen Wechselstroms sind auch die zeitlichen Änderungen des Magnetfeldes sinusförmig. Daher führen wir mit ANSYS eine harmonische Analyse durch; die berechnete Größe ist wieder das Vektorpotenzial Az. Das Berechnungsgebiet ist dasselbe wie in Abbildung 6.19 angegeben. Wir wählen in ANSYS einen Neustart

/CLEAR | File↓ Clear& Start new ...↓ >> Do not read file ok↓   ↪ Yes↓

und beginnen mit dem Preprocessor. Im Folgenden kommentieren wir hauptsächlich die Änderungen, die sich gegenüber dem Gleichstomfall ergeben.

Preprocessor: Wir wählen für die Simulation des Leiters und der Luft wieder den *Element Type* **Plane13**, welcher das Vektorpotenzial Az senkrecht zur Elementebene berechnet. Da wir nun aber auch die Stromänderung berechnen werden, die sich aufgrund des Skineffektes einstellt, müssen wir die Elemente des Leiters koppeln und beim Element Type Plane13 den zusätzlichen Freiheitsgrad VOLT aktivieren.

Wir starten den Preprocessor und legen die Element Types für den Leiter, die Luft und für die infin-Bedingung fest:

Preprocessor↓	/PREP7

Element Type↓ Add↓	ET
... ↪ Add↓ ↪ Magnetic Vector: Quad 4node13 ok↓	
... ↪ Options...↓ Element degrees of freedom: AZ >> VOLT AZ ok↓	

... ↪ Add↓   ↪ InfiniteBoundary: 2D Inf Quad 110 ok↓ close↓

Wir setzen die relative Permeabilität $\mu_r = 1$ sowohl für Material 1 (Kupfer) als auch Material 2 (Luft, infin-Bereich) und den spez. elektrischen Widerstand des Leiters RSVX$= 1.7 \cdot 10^{-8} \, \Omega m$.

Material Props↓ Material Models↓ ↪ Electromagnetics↓	MP
... ↪ Relat. Permeability↓ Constant↓ ↪ MURX = 1 eingeben ok↓	
... ↪ Resistivity↓ Constant↓ ↪ RSVX = 1.7e-8 eingeben ok↓	

...
Material | >> | New Model ... | ↪ ID = 2 eingeben ok↓
... ↪ Relat. Permeability↓ Constant↓   ↪ MURX = 1 eingeben ok↓ | x |↓

Wir definieren drei Viertelkreiselemente

Modeling↓ Create↓ Areas↓ Circle↓	PCIRC
... By Dimensions↓ ↪ RAD1=0.005 RAD2=0.001 THETA1=0 THETA2=90 ok↓	
... By Dimensions↓ ↪ RAD1=0.001 RAD2=0 THETA1=0 THETA2=90 ok↓	
... By Dimensions↓ ↪ RAD1=0.006 RAD2=0.005 THETA1=0 THETA2=90 ok↓	

PlotCtrls↓ Numbering ↪ ... Line (von *off* auf *on* setzen)	/PNUM
... Area (von *off* auf *on* setzen) Apply↓ ok↓	

Plot↓ Areas	APLOT

verkleben alle Flächen und legen manuell die Gitterfeinheit neu fest:

Alle Linien sollen in 20 Teilstücke gleichmäßig unterteilt werden; nur für die Linien L4 (unten Mitte) und L2 (links Mitte) fordern wir, dass das Unterteilungsverhältnis von fein nach grob variiert. Wir erhalten dann einen glatten Übergang der Gitter von der inneren stromführenden Fläche A4 zur Fläche A1. Dazu setzen wir die Option SPACE=0.3.

Modeling↓ Operate↓ Booleans↓ Glue↓ Areas↓	AGLUE
↪ Fläche A2 anwählen	
↪ Fläche A1 anwählen	
↪ Fläche A3 anwählen ok↓	

LESIZE | Meshing↓ Size Cntrls↓ ManuelSize↓ Lines↓
... All Lines↓   ↪ NDIV=20   ok↓
... Picked Lines↓ L4 anwählen   Apply↓ NDIV=20 eingeben & SPACE=0.3 setzen   ok↓
... Picked Lines↓ L2 anwählen   Apply↓ NDIV=20 eingeben & SPACE=0.3 setzen   ok↓
... Picked Lines↓ L14 anwählen Apply↓ NDIV=1 eingeben   ok↓
... Picked Lines↓ L15 anwählen Apply↓ NDIV=1 eingeben   ok↓

Vor dem Vernetzen führen wir wieder die Material- und Elementzuweisung mit AATT aus: Die innerste Fläche (Stromführung) erhält Materialnummer 1, Elementnummer 1 und mittlere Fläche (Luft) die Materialnummer 2, Elementnummer 1 und schließlich der Außenbereich (infin) Materialnummer 1, Elementnummer 2 zugewiesen.

AATT | Meshing↓ Mesh Attributes↓
...Picked Areas   ↪   innere Fläche A4 anwählen   Apply↓   ↪ MAT=1 TYPE=1 ok↓
...Picked Areas   ↪   mittlere Fläche A1 anwählen   Apply↓   ↪ MAT=2 TYPE=1 ok↓
...Picked Areas   ↪   äußere Fläche A5 anwählen   Apply↓   ↪ MAT=2 TYPE=2 ok↓

AMESH | Meshing↓ Mesh↓ Areas↓ Free↓ Fläche 4, 1 und 2 anwählen Apply↓   ok↓

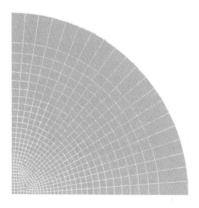

Abb. 6.22. Gitter für die harmonische Analyse.

Solution: Zunächst spezifizieren wir ein harmonische Analyse:

/SOL | Solution↓

ANTYPE | Analysis Type↓ New Analysis↓   ↪ Type of analysis: harmonic ok↓

Bei einer harmonischen Analyse wird angenommen, dass alle Lasten über der Zeit harmonisch (d.h. sinusförmig) variieren. Somit muss für den Strom neben der Amplitude und Phase insbesondere die Frequenz in Hertz $f = 50000\,Hz$ angegeben werden:

HARFQR | Load Step Opts↓ Time/Frequenc↓ Freq and Substps   ↪ 0   50000   ok↓

Möglich ist auch in einer Simulation mehrere Frequenzen berechnen zu lassen, dann wird die untere und obere Frequenz festgelegt (HARFQR) sowie die Anzahl der Zwischenfrequenzen (NSUBST).

Für eine Simulation von Wirbelströmen im leitenden Material wurde bei der Festlegung des Element Types das über die Zeit integrierte elektrische Skalarpotenzial VOLT aktiviert. Auf den Knoten dieses Leiters wird der aufgeprägte **Strom** festgelegt. Für die Stromberechnung müssen die VOLT-Freiheitsgrade miteinander gekoppelt werden. Wir selektieren über das Utility-Menü ⎢Select⎢ alle Knoten des Leiters

⎢Select⎢↓ Entities...↓ ↪ >> Areas↓ ok↓ ↪ Fläche A4 anwählen ok↓	ASEL

⎢Select⎢↓ Everything Below↓ Selected Areas↓	NSEL

und koppeln deren Freiheitsgrad VOLT im Preprocessor:

Preprocessor↓ Coupling/Ceqn↓ Couple DOFs↓ ↪ ALL eingeben Apply↓ ↪ NSET=1 & LAB=VOLT setzen ok↓	CP

Man erkennt graphisch die Kopplung aller Knoten der Fläche A4, da alle Knoten dieser Fläche mit dem linken oberen Knoten verbunden werden. Anschließen bringen wir auf *einem* dieser Knoten den Strom an, der dann durch die Kopplung auf die Gesamtfläche verteilt wird. Man beachte, dass wir nur ein Viertel des Leiters modellieren und daher auch nur ein Viertel des Stromes aufprägen.

Preprocessor↓ Loads↓ Define Loads↓ Apply↓ Electric↓ Excitation↓ Impressed Curr↓	F
On Nodes↓ ↪ beliebigen Knoten des Stromleiters auswählen ok↓	
↪ VALUE=0.25 ok↓	

Mit der Ausführung des Befehls ALLSEL (in der Input-Zeile) werden wieder alle Knoten aktiviert

ALLSEL \<return\>	ALLSEL

Anschließend wird identisch zum statischen Fall die infinit Randbedingung festgelegt und dann die Lösung auf den Knoten berechnet.

Define Loads↓ Apply↓ Magnetic↓ Flag↓ Infinite Surf↓ On Lines↓	SLF
... ↪ Linie L8 anwählen ok↓	

Solve↓ Current LS↓ ↪ ok↓ ↪ yes↓ ↪ close↓ ⎢x⎢↓	SOLVE

Postprocessor: Wir öffnen den General Postprocessor, um die auf den Knoten berechnete Lösung (Vektorpotenzial Az) bzw. den Betrag des Magnetfeldes $|\vec{B}|$ sowie $\vec{B}$ im Rechengebiet darzustellen. Die Ergebnisse einer harmonischen Analyse sind *kom-*

plex. Daher können entweder Real- oder Imaginärteil dargestellt werden aber nicht beide gleichzeitig. Mit

/POST1 | General Postproc↓

SET | Read Results↓ First Set↓

wird der erste Datensatz geladen, wenn z.B. mehrere Frequenzen gerechnet wurden, bzw. über *By Time/Freq* können gezielt einzelne Berechnungen geladen werden. In diesem Menü könnte auch der Imaginärteil der Lösung (KING >> Imaginary part) ausgewählt werden.

PLNSOL | Plot Results↓ Contour Plot↓ Nodal Solu↓
... ↪ Magnetic Flux Density↓ Magnetic flux density vector sum↓ ok↓

PLVECT | Plot Results↓ Vector Plot↓ Predefined↓
... ↪ Flux& Gradient >> Mag flux dens B ok↓

Die Ergebnisse der Rechnung sind in Abbildung 6.23 zu sehen.

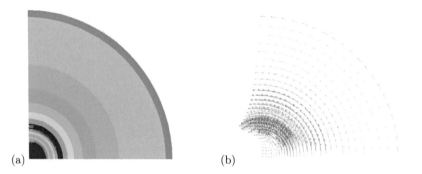

(a)   (b)

Abb. 6.23. Realteil der Lösung für $f = 50000\,Hz$: (a) Betrag von B, (b) B-Feld .

6.6 Aufgaben zu ANSYS

Simulation elektrostatischer Probleme

6.1 (1) Reproduzieren Sie die Simulation des Zwei-Elektroden-Systems (siehe Abb. 6.24) mit Kante mit den Abmessungen aus Abschnitt 6.2.

   (2) Bestimmen Sie die maximale elektrische Feldstärke E_{max} für dieses System.

   (3) Modifizieren Sie die angelegte Spannung so, dass $E_{max} < 100\frac{V}{m}$.

   (4) Modifizieren Sie bei $10V$ Spannungsdifferenz das Gebiet so, dass $E_{max} < 100\frac{V}{m}$.

   (5) Simulieren Sie ein kleineres Berechnungsgebiet, indem Sie die Symmetrie berücksichtigen.

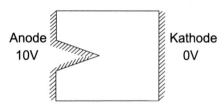

Abb. 6.24. Zwei-Elektroden-System.

6.2 Modellieren und simulieren Sie einen rechteckigen Hohlleiter (siehe Abb. 6.25 (a)). Bestimmen Sie die Potenzialverteilung sowie die maximale elektrische Feldstärke E_{max}. Wählen Sie dabei das kleinstmögliche Simulationsgebiet.

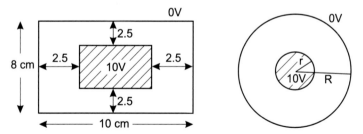

Abb. 6.25. Rechteckiger (a) und zylindrischer (b) Hohlleiter.

6.3 Modellieren und simulieren Sie einen zylindrischen Hohlleiter (siehe Abb. 6.25 (b) mit $r = 4\,cm$ und $R = 10\,cm$). Wählen Sie ein geeignetes Simulationsgebiet. Bestimmen Sie die Potenzialverteilung sowie die maximale elektrische Feldstärke E_{max}.

   (1) Bestimmen Sie die Potenzialverteilung und die maximale elektr. Feldstärke E_{max}.

   (2) Variieren Sie $r = 8, 7, 6, 5, 4\,cm$ und bestimmen Sie hierzu jeweils E_{max}. Welche Gesetzmäßigkeit lässt sich erkennen?

6.4 Modellieren und simulieren Sie einen Plattenkondensator, dessen Platten einen Durchmesser von $r = 5\,cm$ und einen Plattenabstand $d = 1\,cm$ haben.

(1) Führen Sie eine Simulation des Plattenkondensators durch, indem Sie Randeffekte vernachlässigen und nur den Innenbereich des Kondensators betrachten. Bestimmen Sie die Potenzialverteilung und die maximale elektrische Feldstärke E_{max} sowie die Kapazität.

(2) Führen Sie eine Simulation des Plattenkondensators durch, wenn Sie annehmen, dass die Hälfte des Kondensators mit einem Dielektrikum $\epsilon_r = 2$ gefüllt ist. Vernachlässigen Sie hierbei Randeffekte. Bestimmen Sie die maximale elektrische Feldstärke E_{max}, die maximale elektrische Verschiebungsdichte D_{max} sowie die Kapazität des Kondensators. Wählen Sie dabei die Konfiguration aus Abbildung 6.26 (b) bzw. alternativ 6.26 (c)

(3) Führen Sie eine Simulation der Grundkonfiguration (Abb. 6.26 (a)) durch, in der Sie den Potenzialverlauf auch im Außenbereich des Kondensators berücksichtigen und Feldverzerrungen im Randbereich des Kondensators bestimmen.

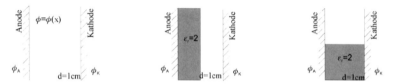

Abb. 6.26. (a) Grundkonfiguration bzw. mit Dielektrikum (b) vertikal, (c) horizontal.

Simulation thermischer Probleme

6.5 Reproduzieren Sie die Simulation des thermischen Systems aus Abschnitt 6.3 (siehe Abb. 6.27) für eine Wärmeleitfähigkeit von $\lambda = 46\,\frac{W}{m\,K}$.

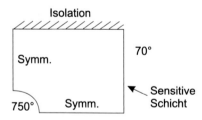

Abb. 6.27. Thermisches Problem.

6.6 Bestimmen Sie das Temperaturprofil auf der sensitiven Schicht. Wie groß ist Temperaturdifferenz auf der sensitiven Schicht?

6.7 a) Modifizieren Sie das Logfile *file.log*, indem Sie die Wärmeleitfähigkeit $\lambda = 1.25\,\frac{W}{m\,K}$ setzen. Löschen Sie gegebenenfalls nicht benötigte Befehle aus dem Logfile. Löschen Sie die beiden letzten Befehle des Logfiles und speichern Sie es unter einem anderen Namen ab.

b) Lesen Sie das neue Logfile nach einem Neustart von ANSYS ein:

```
Utility-Menue: File  --> Clear & Start New  --> Do not reaf file
```

... --> Read Input from --> Datei auswaehlen

Vergleichen Sie qualitativ den Temperaturverlauf im Innern des Gebietes. Wie groß ist die minimale Temperatur? Welches ist die Temperaturdifferenz auf der sensitiven Schicht?

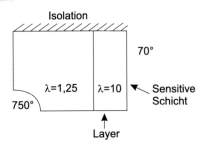

Abb. 6.28. Thermisches Problem mit Layer.

6.8 Starten Sie eine neue Simulation, in der Sie einen Layer an der rechten Seite des thermischen Elements anbringen (siehe Abb. 6.28). Die Schichtdicke sei $0.01\,m$ und $\lambda = 10\,\frac{W}{m\,K}$. Wie ändert sich das Temperaturprofil auf der sensitiven Schicht qualitativ und quantitativ? Beachten Sie hierbei die folgenden **Hinweise:**

(1) Nachdem die beiden Flächen A_1 und A_2 definiert sind, müssen Sie vor dem Vernetzen verklebt werden:

   Modeling --> Operate --> Booleans --> Glue --> Areas

(2) Die Materialzuweisung erfolgt vor der Vernetzung der zugehörigen Flächen

   Meshing --> Mesh Attributes --> Picked Areas

6.9 Führen Sie Parameterstudien durch, indem Sie das Temperaturprofil auf der sensitiven Schicht bestimmen für die Fälle

(1) $\lambda_1 = 1.25\,W/(m\,K),\ \lambda_2 = 1.25\,W/(m\,K).$
     $\lambda_1 = 1.25\,W/(m\,K),\ \lambda_2 = 10\,W/(m\,K).$
     $\lambda_1 = 46\,W/(m\,K),\quad \lambda_1 = 10\,W/(m\,K).$

(2) $\lambda_1 = 1.25\,\frac{W}{m\,K},\ \lambda_2 = 10\,\frac{W}{m\,K}$; die Dicke des Layers variiert: 1, 0.75, 0.5, 0.25 cm.

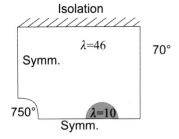

Abb. 6.29. Thermisches Problem mit Fehlstelle.

6.10 Starten Sie eine neue Simulation, in der Sie annehmen, dass sich im Material $\lambda = 46 \frac{W}{m\,K}$ eine Fehlstelle befindet (siehe Abb. 6.29). Wie ändert sich das Temperaturprofil auf der sensitiven Schicht qualitativ und quantitativ, wenn Sie von einer Wärmeleitfähigkeit der Fehlstelle von $\lambda = 10 \frac{W}{m\,K}$ bzw. $\lambda = 0.1 \frac{W}{m\,K}$ ausgehen?

Simulation mechanischer Probleme

6.11 Reproduzieren Sie die ANSYS-Simulation der Druckmembran (siehe Abb. 6.30) aus Abschnitt 6.4 für einen E-Modul von $E = 3 \cdot 10^{11} \frac{N}{m^2}$.

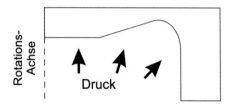

Abb. 6.30. Druckmenmbran.

6.12 Stellen Sie graphisch sowohl die Spannung in x- und y-Richtung als auch die Verschiebung der Membran in Form einer Vektorgraphik dar. Wie groß ist die maximale Auslenkung?

6.13 Erstellen Sie einen Pfad entlang der Oberfläche der Membran und stellen Sie den Betrag der Auslenkung graphisch dar. Differenzieren Sie die Auslenkung entlang des Pfades, um ein Maß für die Dehnung im Material zu erhalten. An welcher Stelle ist die Dehnung maximal und welchen Wert hat sie dort?

6.14 Modifizieren Sie den E-Modul zu $E = 3 \cdot 10^{10} \frac{N}{m^2}$ und führen Sie obige Analyse nochmals durch.

6.15 Führen Sie eine neue Analyse durch, indem Sie von unten einen Druck von 2000 *bar* und von oben 1000 *bar* anlegen. Was passiert, wenn Sie das Material weicher wählen?

6.16 Führen Sie eine Modalanalyse des zweidimensionalen Systems aus Abbildung 6.30 durch.

6.17 Führen Sie eine Frequenzanalyse des zweidimensionalen Systems aus Abbildung 6.30 durch und bestimmen Sie die ersten 10 Eigenfrequenzen der Druckmembran.

Simulation magnetischer Probleme

6.18 Gegeben sind zwei stromdurchflossene Kupferleiter, deren Querschnitte den Durchmesser von $2\,mm$ haben (siehe Abbildung 6.31). In beiden Leitern fließt ein Gleichstrom von $1\,A$ in z-Richtung. Gesucht ist das Magnetfeld $\vec{B}$ in der (x, y)-Ebene sowohl im Leiterinneren als auch im Außenbereich. Der Abstand der Leiter beträgt $1\,cm$. Wählen Sie zur Simulation ein geeignetes Berechnungsgebiet.

6.19   Gegeben sind zwei stromdurchflossene Kupferleiter, deren Querschnitte den Durchmesser von $2\,mm$ haben (siehe Abbildung 6.31). Der Gleichstrom von $1\,A$ fließt im linken Leiter in $+z$-Richtung und im rechten Leiter in $-z$-Richtung. Gesucht ist das Magnetfeld $\vec{B}$ in der (x, y)-Ebene sowohl im Leiterinneren als auch im Außenbereich. Der Abstand der Leiter beträgt $1\,cm$. Wählen Sie zur Simulation ein geeignetes Berechnungsgebiet.

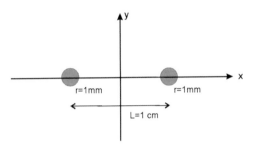

Abb. 6.31. Stromdurchflossene Leiter.

6.20   Gegeben ist eine lange Spule der Länge $L = 10\,cm$, mit dem Innenradius $r = 10\,mm$ und dem Außenradius $R = 11\,mm$. Die Spule wird durch 500 Windungen aufgebaut. Es fließt ein Gleichstrom von $1\,A$ (siehe Abbildung 6.32, links). Wie groß ist das Magnetfeld im Innen- und Außenbereich. Wählen Sie ein geeignetes zweidimensionales Berechnungsgebiet (vgl. Abbildung 6.32, rechts).

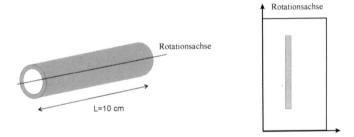

Abb. 6.32. Lange Spule.

(1) Wählen Sie zur Beschreibung der äußeren infin-Randbedingungen das infin110-Element.

(2) Wählen Sie statt dem infin110-Element nur Az=0 als äußere Randbedingung des Berechnungsgebietes.

(3) Vergleichen Sie die Ergebnisse der beiden Simulationen sowohl qualitativ als auch quantitativ.

6.21   Gegeben ist die Anordnung aus Aufgabe 6.20. Wie ändern sich die Simulationsergebnisse, wenn Sie von einem Wechselstrom der Frequenz $10000\,Hz$, einer Stromstärke von $10\,A$ ausgehen und mit ANSYS eine harmonische Analyse durchführen?

7. ANSYS-Simulationen - Projektarbeiten

In Kapitel 6 sind grundlegende Simulationen mit ANSYS im Detail beschrieben, um einen ersten Zugang zum Programm, zum Umgang mit dem Programm und zu Simulationen mit ANSYS zu erhalten. Allerdings besitzt ANSYS einen sehr großen Umfang an Simulationsmöglichkeiten, so dass eine solche Einführung nicht alle Aspekte der vielfältigen Simulationen mit ANSYS berücksichtigen kann und schon gar keinen Anspruch auf Vollständigkeit besitzt.

Der Umgang mit dem Programm kann nur erlernt werden, wenn man eigenständig Simulationen durchführt. Ziel dieses Kapitels ist es daher, Vorschläge für Simulationsthemen zu geben, die im Rahmen von Projekten durchgeführt werden können. In den folgenden Abschnitten 7.1 - 7.8 werden ANSYS-Berechnungen beschrieben, die im Rahmen von Projektarbeiten an der Hochschule Karlsruhe ausgeführt wurden. Unter vielen anderen Themen sind dies:

- Kräftebestimmung bei Schraubschlüssel und Schrauben
- Modalanalyse eines Ultraschallgebers
- Kapazitives System zur Füllstandsmessung bei Hubschraubern
- Simulation eines Beschleunigungsmess-Systems
- Optimierung des Temperaturprofils eines SnO_2-Sensors
- Optimierung einer Fingerspule für die Kernspintomographie
- Magnetfeldberechnung bei Planarspulen
- Ausbreitung elektromagnetischer Strahlung

In den folgenden Abschnitten wird allerdings nicht auf die konkrete Befehlsumsetzung oder gar die Menüführung eingegangen, sondern die physikalisch/technische Problemstellung erläutert. Angegeben werden die für die zugehörige Simulation verwendeten Element Types sowie die Spezifikation der Randbedingungen. Für die weiteren Details sei auf die ANSYS-Hilfe hingewiesen, unter der man die Einschränkungen des Element Types nachlesen kann, bzw. auf die grundlegenden Simulationen aus Kapitel 6, in denen die Menüführung aufgezeigt wird.

© Springer-Verlag GmbH Deutschland, ein Teil von Springer Nature 2021
T. Westermann, *Modellbildung und Simulation*,
https://doi.org/10.1007/978-3-662-63045-7_7

7.1 Kräftebestimmung bei Schraubschlüssel und Schrauben

Problemstellung: Im Handwerk gibt es eine Vielzahl an unterschiedlichen Gabel-, Ring und Steckschlüssel, mit denen Schrauben aller Art und Größe auf- und zugedreht werden. Je nach Form des Schraubenkopfes wirken die Kräfte unterschiedlich auf die Schrauben ein. Dies führt wiederum auf mehr oder weniger große Spannungszustände im Schlüssel und in der Schraube. Bei ungeschickter Einkopplung der Kraft an die Schraube kann es zum Abbruch der Schraube kommen, was bei einem automatisierten Arbeitsplatz zu Ausfällen und sogar zum Stillstand der Werksstraße führen kann.

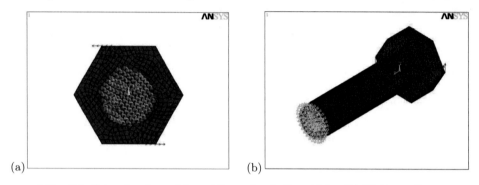

(a)   (b)

Abb. 7.1. Schraubenform: (a) zweidimensionale Draufsicht, (b) 3D-Darstellung.

Gesucht sind zu einer gegebenen Schraubenform und zu vorgegebenen, angreifenden Kräfte die Spannungszustände im Material und die zugehörigen Verformungen der Schraube. Es sollen Hinweise auf die Schwachstellen an der Schraube gefunden werden.

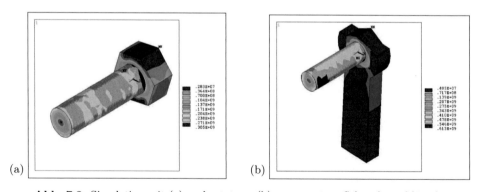

(a)   (b)

Abb. 7.2. Simulation mit (a) verkantetem, (b) angepasstem Schraubenschlüssel.

Abbildung 7.1 (a) zeigt die Draufsicht auf eine Sechskant-Zylinderschraube. Nehmen wir an, dass ein Sechskantschlüssel leicht verkantet, so wirken an der Seitenfläche des Schraubenkopfes nur an zwei Stellen Kräfte auf den Schraubenkopf ein. Diese Kräfte sind durch rote Pfeile gekennzeichnet. Zusätzlich ist die Vernetzung auf der Oberfläche mit in die Abbildung aufgenommen. In Abbildung 7.1 (b) ist die Schraube dreidimensional ebenfalls zusammen mit den finiten Elementen dargestellt.

Simulation: Als Elementtyp wird **solid45** gewählt. Die Randbedingungen für die Simulation sind die in rot eingezeichneten Kräfte am Schraubenkopf und die Fixierung der unteren Elemente bei den hellblau markierten Elementen: Hier werden die Verschiebungen der Knoten auf Null gesetzt.

Das Ergebnis der Berechnung zeigt Abbildung 7.2 (a). Die Spannungen an der Oberfläche der Schraube sind sehr gut ersichtlich. So erkennt man im Zylinderinneren und an den Ecken, an denen keine Kräfte angreifen, nur eine geringe Vergleichsspannung. Die Torsionskräfte sind an der Mantelfläche des Zylinderschaftes am stärksten. Daraus resultieren auch die hohen, nahezu gleichmäßigen Vergleichsspannungen auf dieser Fläche. Am Gewindeschaft entsteht der höchste Spannungszustand mit einem großen Gradienten in diesem Bereich. Bei einem Materialfehler am Gewindeschaft würde die Schraube vermutlich an der entsprechenden Stelle reißen.

Greift der Schraubenschlüssel gleichmäßig an, so kommt es im Bereich des unteren Schraubenkörpers zu den größten Belastungen, wie die Simulation mit Schraubenschlüssel zeigt (siehe Abbildung 7.2 (b)).

Quelle: Die ANSYS-Berechnungen wurden von Stieven Hoffmann und Volker Schindler an der Hochschule Karlsruhe durchgeführt.

7.2 Modalanalyse eines Ultraschallgebers

Problemstellung: Bei modernen Fahrzeugen werden Einparkhilfen zur Verfügung gestellt, um z.B. beim Rückwärtseinparken den Fahrer auf Hindernisse aufmerksam zu machen bzw. um die Entfernung zu Hindernissen zu bestimmen. Die technische Umsetzung basiert dabei oftmals auf einem Ultraschallgeber. Dieser aus Aluminium bestehende Topf sendet Ultraschallwellen mit einer Frequenz im Bereich von $20 - 100 \, kHz$ aus. Der Sender arbeitet im Pulsbetrieb, d.h. er sendet nur kurz ein Ultraschallsignal aus, so dass er in der Sendepause als Empfänger des reflektierten Signals benutzt werden kann. Um ein gutes Signal-Rausch-Verhältnis zu erhalten, muss die Geometrie des Kopfes so ausgelegt werden, dass er bei der Arbeitsfrequenz in Resonanz ist. Ziele der Simulation sind zu gegebenem Bauteil die Resonanzfrequenz zu finden, bei der die Abstrahlung optimal in Abstrahlrichtung erfolgt. Weiterhin muss anschließend zu dieser Frequenz eine Bauhöhe gefunden werden, bei der sich lediglich der Deckel des Senders bewegt - die Nut, an der das Bauteil befestigt wird, aber möglichst nicht.

Ein Ausschnitt des Ultraschallgebers ist in Abbildung 7.3 (a) gezeigt zusammen mit den im unteren Bereich angebrachten Ringen, welche bei der Simulation die unterschiedlichen Bauhöhen berücksichtigen.

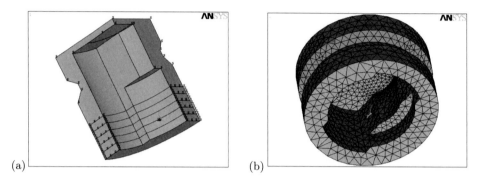

(a)   (b)

Abb. 7.3. (a) Aufschnitt und (b) Finites-Elemente-Gitter des Ultraschallgebers.

Da die geometrische Anordnung des Kopfes nicht rotationssymmetrisch ist, erfolgt eine dreidimensionale Beschreibung. Abbildung 7.3 (b) zeigt ein Finites-Elemente-Gitter der dreidimensionalen Geometrie. Für die Vernetzung wird der Elementtyp **solid178** verwendet. Um nicht für unterschiedliche Bauhöhen jeweils eine neue Vernetzung durchführen zu müssen, wird die Gesamtgeometrie mit allen Ringen einmalig vernetzt und nur die Materialeigenschaften neu spezifiziert. Den Ringen, die in der Simulation nicht vorhanden sein sollen, werden die Werte von Vakuum zugewiesen.

Eigenfrequenzen: Für die Bestimmung der Eigenschwingungen wird eine Modalanalyse durchgeführt. Bei dieser Berechnungsart wird das System in einem spezifizierten Frequenzbereich harmonisch anregt und die ersten 10 Eigenfrequenzen mit den zugehörigen Schwingungsmoden bestimmt. Tabelle 7.1 zeigt die Eigenfrequenzen des Ultraschallgebers im Bereich zwischen 1 und 200 kHz. In Abbildung 7.4 sind die zugehörigen Schwingungsformen graphisch dargestellt.

Tabelle 7.1: Eigenfrequenzen.

Mode	1	2	3	4	5	6	7	8	9	10
Frequenz [kHz]	33,3	36,3	81,9	103,5	114,6	122,8	138,2	155,9	173,3	181,9

In den Bildern von Abbildung 7.4 sind die Beträge der Verschiebungen des Materials farblich gekennzeichnet. Rot steht für große Verschiebungen und blau für geringe. Bei Mode 3 ist gut zu erkennen, dass die Schwingung fast ausschließlich an der Membran stattfindet. Genau diese Schwingungsform wird für die Abstrahlung des Schallgebers gesucht. Man muss den Schallgeber also mit der Frequenz 82 kHz anregen, damit sich die gewünschte Mode 3 ausbildet!

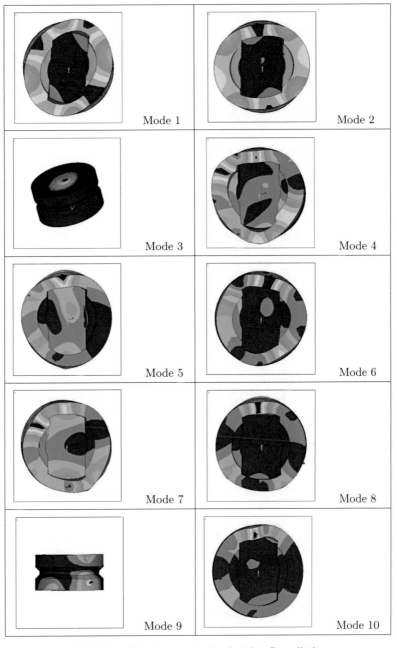

Abb. 7.4. Schwingungsmoden bei der Grundhöhe.

Lagerung: Ein weiteres Ziel der Simulation ist bei der Anregungsfrequenz der Mode 3 die Bauhöhe so zu variieren, dass die Auslenkung im Bereich der Nut am Geringsten ist, da das Bauteil an dieser Stelle gelagert wird. Für unterschiedliche Höhen sind die Frequenzen der interessierenden dritten Mode in Tabelle 7.2 zusammengefasst.

Tabelle 7.2: Eigenfrequenzen.

Modell	Höhe0	Höhe1	Höhe2	Höhe3	Höhe4
Freq. [kHz]	81,9	69,8	70,4	72,3	69,3

Die Analyse des Schwingungsverhaltens bei unterschiedlichen Bauhöhen ergab interessanterweise, dass sich die Nut genau bei der Bauhöhe in Ruhe befindet, die auch schon im Einsatz verwendet wird.

Quelle: Die ANSYS-Berechnungen wurden von Thomas Jung und Alexander Böß an der Hochschule Karlsruhe durchgeführt.

7.3 Kapazitives System zur Füllstandsmessung bei Hubschraubern

Problemstellung: Eine der klassischen messtechnischen Anwendungen ist die Bestimmung des Füllstands von Tanks. Dabei kann es sich um eine Füllstandsanalyse in kleineren Behältnissen, Treibstofftanks oder aber in großen industriellen Tanks handeln. Zielsetzung der folgenden Simulationen ist die Untersuchung eines kapazitiven Messsystems, dessen Einsatzgebiet die Füllstandsermittlung von Treibstoff in einem Hubschraubertank darstellt. Dem Verfahren liegt die Idee zu Grunde, den gesamten kapazitiven Sensor außerhalb des Tanks anzubringen. Der Vorteil liegt hauptsächlich darin, dass ein kapazitiver Sensor im Außenbereich durch Fehlfunktion oder äußeres Einwirken wie zu heftigem Aufprall seine Ladung durch eine mögliche Funkenbildung nicht verliert und es dadurch nicht zur Explosion kommen kann.

Zur technischen Realisierung werden drei aufeinanderliegende, gegeneinander isolierte Metallelektroden eingesetzt. Die innerste Elektrode, welche sich an der Wand des Tanks befindet, liegt auf einem positiven Potenzial. Die zweite Elektrode mit gleichem Potenzial schirmt die erste Elektrode gegenüber der äußersten Elektrode ab, deren Potenzial auf Masse liegt. Durch diese Abschirmung müssen die Feldlinien der innersten Elektrode den Weg durch den Tank um die Abschirmelektrode herum auf die äußerer Elektrode nehmen (siehe Schemazeichnung in Abbildung 7.5). Gesucht sind sowohl die Kapazität in Abhängigkeit der Füllstandshöhe als auch die Empfindlichkeit des Systems $\Delta C/\Delta x$, also die Kapazitätsänderung pro Füllstandsänderung, die aus messtechnischen Gründen über $4\,pF/cm$ liegen muss.

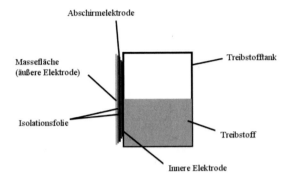

Abb. 7.5. Schematische Darstellung des Füllstands-Systems.

Simulation: Zur Diskussion des Systems wird jede Elektrodenanordnung mit zwei unterschiedlichen Tankeigenschaften durchgeführt. Zum einen werden Decke und Boden des Tanks auf Masse gesetzt (dies entspricht zwei Metallplatten auf Masse) und nur der rechte Rand des Berechnungsgebiets wird auf *infin* (von Infinity = Unendlich) gesetzt. Als zweite Variante werden Rückwand sowie Boden und Decke (gestrichelt) auf *infin* gesetzt. Dies entspricht einem System mit offenem Gehäuse, in der sich das Potenzial 0 Volt theoretisch in unendlicher Entfernung von der inneren Elektrode befindet. Die Simulationsanordnung ist zum besseren Verständnis schematisch in Abbildung 7.6 dargestellt.

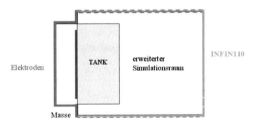

Abb. 7.6. Die infin-Linie befindet sich nur auf der rechten Seite (geschlossenes) oder auch oben und unten (offenes) Berechnungsgebiet.

Simulation: Der Tank wird in 10 gleiche Teile unterteilt (Füllstandshöhe 1 bis 10). Der Rand des Berechnungsgebietes ist auf Dirichlet-Randbedingung (0 Volt) festgelegt, mit Ausnahme der offenen Ränder. Diese werden mit dem Elementtyp **infin110** belegt. infin110 wird verwendet, um in einem unbegrenzten Feldproblem eine offene Begrenzung zu erzeugen. Das Innere des Berechnungsgebietes wird mit dem zweidimensionalen, elektrostatischen Elementtyp **plane121** vernetzt, welches das elektrostatische Potenzial als Berechnungsgröße (Freiheitsgrad) bestimmt.

Abbildung 7.7 (a) zeigt den Potenzialverlauf bei offenen Randbedingungen und (b) bei Abschirmung.

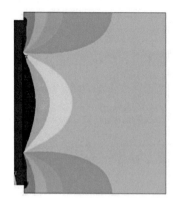 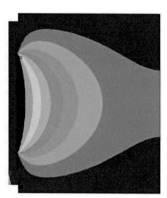

Abb. 7.7. Potenzialverläufe (a) bei offenem und (b) geschlossenem Rand.

Man erkennt an den Darstellungen der Potenzialverläufe sehr deutlich, wie sich die Randbedingungen in der Lösung bemerkbar machen. In Abbildung 7.8 sind die Kapazitätskennlinien für diese Konfigurationen angegeben. Man berechnet aus diesen Daten, dass die Empfindlichkeiten $0.5 \ pF/cm$ bzw. $1 \ pF/cm$ betragen. Sie sind damit in beiden Fällen für einen technischen Einsatz zu gering. Eine Erhöhung der Grundkapazität zusammen mit einer Empfindlichkeitssteigerung sind daher für einen technischen Einsatz des Systems notwendig.

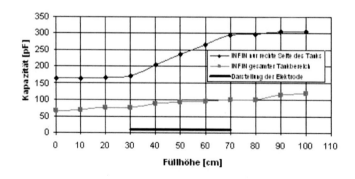

Abb. 7.8. Kapazitätskennlinie bei einer massiven Innenelektrode.

Die Idee für eine Modifizierung der Grundanordnung besteht darin, dass man die durchgängige Innenelektrode und Abschirmelektrode durch ein Array von jeweils 16 Kleinelektroden ersetzt, die insgesamt eine größere Fläche des Tanks abdecken. Der qualitative Verlauf der Potenziallinien ist vergleichbar mit denen für die Massivelektrode. Jedoch zeigt die Kapazitätskennlinie (Abbildung 7.9) einen deutlich verbesserten Verlauf. Die Kapazitätswerte liegen bei etwa 4500 pF. Die wesentlich höhere Grundkapazität hat ihre Ursache in dem erwarteten Feldliniendurchtritt durch die Membran. Noch entscheidender als die Erhöhung der Grundkapazität ist die Vergrößerung der Empfindlichkeit auf durchschnittlich 8 pF/cm.

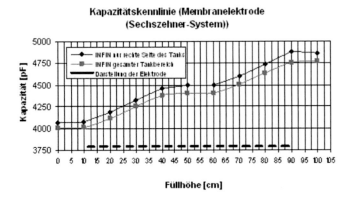

Abb. 7.9. Kapazitätskennlinie bei 16 Kleinelektroden.

Quelle: Die ANSYS-Berechnungen wurden von Tony Ziegler und Kristian Jakovcic an der Hochschule Karlsruhe durchgeführt.

7.4 Simulation eines Beschleunigungsmess-Systems

Problemstellung: In vielen Anwendungsbereichen gerade in der Automobilindustrie werden Beschleunigungssensoren benötigt, um den Einsatz von Sicherheitssystemen während der Fahrt wie z.B. ABS oder DSP beurteilen zu können. Abbildung 7.10 zeigt einen schematischen Aufbau eines solchen Systems. Eine oben und unten verankerte seismische Masse, die mit einer Mittelelektrode versehen ist, wird durch Beschleunigungskräfte in x-Richtung verschoben. Die Änderung des Abstandes zwischen der Mittelelektrode und den zwei fest platzierten Elektroden führt zu einer Kapazitätsänderung des Systems, die elektronisch bestimmt werden kann. Ein dreidimensionales System besteht aus drei in den drei Raumrichtungen angeordneten Sensorelementen. Das Ziel der Simulation ist den Zusammenhang zwischen Beschleunigung und Kapazität zu untersuchen und insbesondere den Bereich zu finden, bei dem beide Größen zueinander proportional sind.

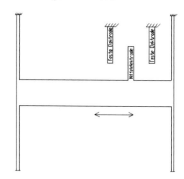

Abb. 7.10. Aufbau des Beschleunigungssensors.

Mechanische Verformung: Zunächst simulieren wir die mechanischen Verformung des Sensorelements, die durch eine Beschleunigungskraft verursacht wird. Bei dieser mechanischen Simulation werden die beiden in Abbildung 7.10 dargestellten festen Elektroden nicht berücksichtigt, da sie durch die Beschleunigungskraft nicht verschoben werden.

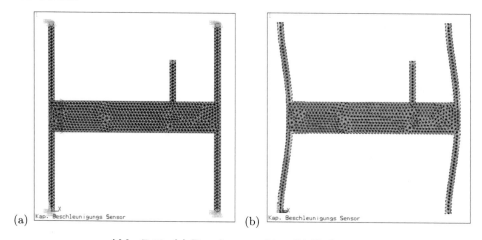

(a)   (b)

Abb. 7.11. (a) Berechnungsgebiet, (b) Verformung.

Abbildung 7.11 (a) zeigt die Geometrie für die Strukturanalyse zusammen mit den finiten Elementen (Elementtyp **plane182**) und den Randbedingungen: Für die Befestigungspunkte der seismischen Masse sind weder in x- noch in y-Richtung Verschiebungen erlaubt. Die Beschleunigungskraft lassen wir für die Simulation am linken Rand der seismischen Masse angreifen. Die Kraft wird gleichmäßig auf alle Knotenpunkte verteilt.

Die Lösung der Strukturanalyse ist in Abbildung 7.11 (b) dargestellt. Man erkennt die mechanische Verformung und die daraus resultierende Verschiebung der Mittelelektrode.

Kapazitätsbestimmung: Anschließend führen wir für das deformierte System eine elektrostatische Simulation durch. Dabei übernehmen wir nur die Position der Mittelelektrode aus der Strukturanalyse und verzichten auf die seismische Masse. Diese trägt nicht zu der Kapazitätsänderung bei. Abbildung 7.12 (a) zeigt das mit dem Elementtyp **plane121** vernetzte Berechnungsgebiet.

Für die elektrostatische Simulation müssen Randbedingungen festgelegt werden: Den festen Elektroden weisen wir den Wert von 1 Volt und der Mittelelektrode zusammen mit der unteren Linie, welche die seismische Masse repräsentiert, den Wert von 0 Volt zu. Linke und rechte Begrenzungslinien sowie die obere Linie sind Symmetrielinien. In Abbildung 7.12 (b) ist die Potenzialverteilung im Zwischenbereich angegeben.

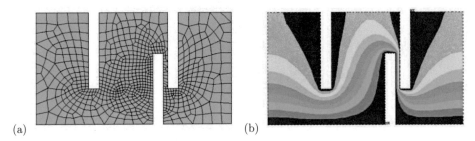

(a)   (b)

Abb. 7.12. (a) Berechnungsgebiet, (b) Potenzialverteilung.

Die Ergebnisse für unterschiedliche Beschleunigungskräfte sind in Abbildung 7.13 zusammengefasst: Sie zeigt die Kapazität und Verschiebung in Abhängigkeit der Kraft. Die Verschiebung der Struktur ist am Anfang bei geringen Kräften linear (Hookscher Bereich). Bei größeren Kräften treten Versteifungseffekte auf, welche die Auslenkung in eine Sättigung übergehen lässt.

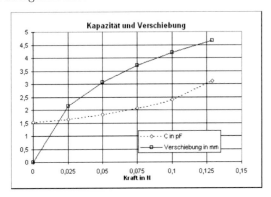

Abb. 7.13. Kapazität als Funktion der Beschleunigungskraft.

Quelle: Die ANSYS-Berechnungen wurden von Armin Jerger und Gerd Schäfer an der Hochschule Karlsruhe durchgeführt.

7.5 Optimierung des Temperaturprofils eines SnO_2-Sensors

Problemstellung: Bei einem an der Hochschule Karlsruhe entwickelten SnO_2-Sensor muss eine sog. sensitive Schicht möglichst homogen beheizt werden, damit die Konzentrationsmessungen effizient auswertbar sind. Ausgangspunkt der Simulation ist eine Substratplatte (Al_2O_3), auf der mit Dünnschichttechnik rückseitig eine Heizung aus Platin (Pt) aufgebracht wird (siehe Abbildung 7.14).

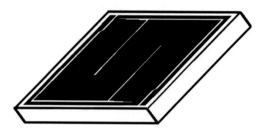

Abb. 7.14. Substrat mit Heizungsfläche.

An die Enden der Heizung wird eine elektrische Spannung angelegt, die einen elektrischen Strom zur Folge hat, der den Platindraht erhitzt und über Wärmeleitung das Substrat erwärmt. Im Folgenden wird die Fläche auf der die Heizung angebracht ist, Heizungsfläche und die gegenüberliegende Fläche sensitive Schicht genannt. Die Simulation soll die Wärmeverteilung des Substrates unter Berücksichtigung von Wärmekonvektion und Strahlung bestimmen. Anschließend soll das Temperaturprofil auf der sensitiven Schicht in Bezug auf eine homogene Temperaturverteilung gegebenenfalls optimiert werden.

Simulation: Die in das System eingespeiste Wärmemenge wird über drei Mechanismen (Wärmeleitung innerhalb eines Materials, Konvektion also Wärmeverluste an die Umgebung durch Kontakt und Strahlung, d.h. Wärmeverluste durch Strahlung an der Oberfläche des Körpers) weitergeleitet. Für die Simulation benötigt man daher drei unterschiedliche Elementtypen, welche diese unterschiedlichen, physikalischen Mechanismen berücksichtigen.

Das **shell157**-Element ist ein zweidimensionales Element mit einer zusätzlich definierbaren Dicke, welches als Pt-Heizung verwendet wird. Dieses Element wird mit elektrischer Spannung beaufschlagt, was einen elektrischem Strom zur Folge hat, der dann in Ohmsche Wärme umgewandelt wird. Diese Wärme wird mittels Wärmekontakt auf das **solid70**-Element übertragen, welches das Substrat modelliert. Sowohl das dreidimensionale solid70- als auch das shell157-Element geben Wärme mittels Konvektion an die Umgebung ab. Mit dem Elementtyp **surf152** wird die Wärmestrahlung berücksichtigt. Dabei handelt es sich um einen Elementtyp, der auf die schon vorhandenen Elemente einer vernetzten Oberfläche gelegt wird. D.h. die Zuweisung auf die

Elemente einer Fläche erfolgt erst nach der Vernetzung des Volumens. Damit ANSYS die Strahlung berechnet, muss ein Referenzpunkt bzw. ein Extraknoten definiert werden, auf den sich die Strahlung bezieht.

Bei der Simulation wurde die Form der Heizung an einen an der Hochschule Karlsruhe gefertigten Sensors angepasst. In Abbildung 7.15 (a) ist sie als blaue Fläche gekennzeichnet. Nach der Vernetzung und der Bildung der Oberflächenelemente wird die elektrische Spannung auf die Linien (siehe Abbildung 7.15 (b)) aufgebracht.

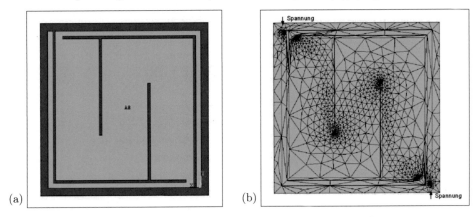

Abb. 7.15. (a) Heizungsgeometrie, (b) Finites-Elemente-Gitter.

In verschiedenen Simulationen wurden unterschiedlichen Wärmekonvektionen berücksichtigt, unter denen der Sensor eingesetzt wird, je nachdem ob das Gehäuse geschlossen oder geöffnet ist. Es zeigt sich, dass nicht nur das Temperaturprofil, sondern auch die Absolutwerte der Temperatur stark von den Einsatzbedingungen abhängen. D.h. die Temperatur reagiert sensitiv, je nachdem ob das Gas in der Umgebung des Sensors steht oder ob das Gas durchgeblasen wird. Die Dicke des Substratträgers hat nicht nur qualitative, sondern auch quantitative Einflüsse auf das Temperaturprofil.

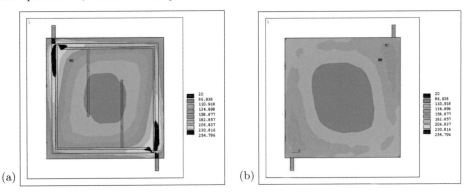

Abb. 7.16. Temperaturverteilung an der Heizungsfläche (a) und der sensitiven Fläche (b).

Den Haupteffekt bei der Ausbildung des Temperaturprofils ist aber durch die Stromführung gegeben. Die Ergebnisse der Simulation sind in Abbildung 7.16 (a) (Temperaturverteilung an der Heizungsfläche) und in Abbildung 7.16 (b) (Temperaturverteilung
an der sensitiven Schicht) zu sehen. Angezeigt werden auch die Kontakte der Heizung
durch die angebrachten Zuleitungen rechts unten bzw. links oben.

Quelle: Die ANSYS-Berechnungen wurden von Jürgen Lenfant und Holger Schnürer
an der Hochschule Karlsruhe durchgeführt.

7.6 Optimierung einer Fingerspule für die Kernspintomographie

Problemstellung: Das vorliegende Projekt befasst sich mit der Optimierung des
Magnetfeldverlaufs und der Magnetfeldstärke einer Hochfrequenz-Spule (HF-Spule)
für die Anwendung in einer Kernspintomographie-Anlage, wie sie an der Hochschule
Karlsruhe betrieben wird. Bei der Kernspinresonanz wird ein starkes äußeres Magnetfeld B_0 angelegt, wodurch die Kernspinmomente abgelenkt werden. Es werden
jedoch nur geringfügig mehr Kernspinmomente parallel zu B_0 als antiparallel zu B_0
ausgerichtet, weshalb die Kernspinresonanz zunächst nicht sehr sensitiv ist.

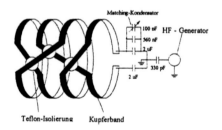

Abb. 7.17. Aufbau einer Fingerspule.

Mit einem zweiten, zu B_0 senkrecht stehenden und genau mit den Kernspins in Resonanz schwingenden Magnetfeld B_1 (daher Kernspin-Resonanz) werden die resultierende Kernmomente gekippt. Nach dem Abschalten dieses HF-Feldes richten sich die
Kerne wieder in der ursprünglichen Art aus. Dabei wird ein Strom induziert, der die
Information über die Protonenverteilung im Gewebe beinhaltet. Die HF-Spule, die das
zweite Feld aussendet und das Messsignal empfängt, umfasst den zu untersuchenden
Körperteil möglichst knapp, um eine große Signalstärke zu erhalten. So sind neben
den relativ großen Ganzkörperspulen auch kleine Spezialspulen für die Gliedmaßen
gebräuchlich.

In Abbildung 7.17 ist der schematische Aufbau einer HF-Spule für einen Fingerto-mographen gezeigt. Die vier Windungen der Spule müssen innerhalb von 3 *cm* so angeordnet werden, dass sich ein möglichst homogenes Magnetfeld ausbildet (Spulen-strom: $I = 65\ mA$, $f = 14.4\ MHz$). In Abbildung 7.18 ist die idealisierte Ausgangs-anordnung für die Simulation, welche schon die Rotationssymmetrie der Anordnung berücksichtigt, angegeben.

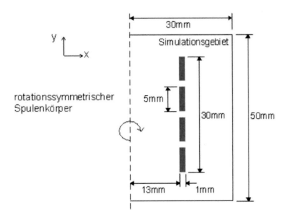

Abb. 7.18. Ausgangsanordnung der das Magnetfeld erzeugenden Spulen.

Die Ziele der Simulation sind zu der vorgegebenen Spulenanordnung das Magnetfeld zu berechnen und dessen Frequenzabhängigkeit aufzuzeigen. Darüber hinaus soll die Anordnung der Spulenkörper derart variiert werden, dass sich ein möglichst homoge-nes Magnetfeld im Innern der Spule aufbaut.

Simulation: Für die ANSYS-Simulationen werden als Elementtyp **plane233** verwen-det, dessen Freiheitsgrad das magnetische Vektorpotenzial A_z ist. Die Stromdichte wird bei diesem Elementtyp direkt auf den Elementen des Spulenkörpers spezifiziert. Für einen Wechselstrom, dessen Stromstärke harmonisch schwingt, ist die harmoni-sche Magnetfeldanalyse geeignet. Die Frequenz wird entsprechend der Kernspinanlage mit $14.4 MHz$ spezifiziert. Als Randelement wäre für die Simulation des Fernfeldes **infin110** einsetzbar. Da es in unserem Fall aber hauptsächlich auf den Innenbereich ankommt, wird auf das infin9-Element verzichtet. Stattdessen wird das Potenzial A_z am gesamten äußeren Rand auf Null gesetzt. Auf der Rotationsachse wird eine anti-symmetrische Randbedingung gewählt, da das Vektorpotenzial hier parallel zur Achse verläuft.

Frequenzabhängigkeit der Simulation: Zunächst wird die Abhängigkeit der Ma-gnetfeldverläufe von der Frequenz aufgezeigt. Abbildung 7.19 (a) zeigt den Betrag des B-Feldes bei $f = 14.4\ Hz$ und Abbildung (b) bei $14.4\ MHz$. In der Legende sind die Wertebereiche der einzelnen Farben aufgeschlüsselt. Um den Verlauf bei $14.4\ MHz$ besser einschätzen zu können, wird die Farbeinteilung manuell gewählt.

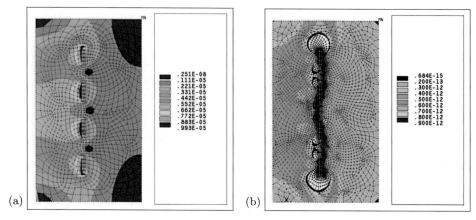

(a)   (b)

Abb. 7.19. Betrag des B-Felds bei (a) $f = 14.4\,Hz$, (b) bei $f = 14.4\,MHz$ (manuelle Farbeinteilung).

Es wird deutlich, welchen qualitativen aber auch quantitativen Einfluss die Frequenz der aufgeprägten Stromdichte auf den Verlauf von B hat. Verantwortlich für die starke Abnahme bei hohen Frequenzen sind Verluste im Leiter durch Wirbelstromeffekte.

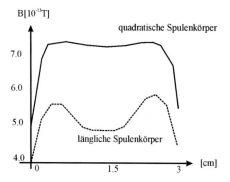

Abb. 7.20. Betrag des B-Felds auf der Achse.

Um sich einen besseren Überblick über die Homogenität des Magnetfeldes zu verschaffen, legen wir entlang der Symmetrieachse einen Pfad und interpolieren den Betrag des Magnetfeldes entlang des Pfads. Man erkennt in Abbildung 7.20 (gestrichelte Kurve), dass das Magnetfeld im Innenbereich einbricht.

Optimierung der Geometrie: Ausgehend von dem Ergebnis aus Abb. 7.20 wird die Spulenanordnung variiert: Statt länglichen Spulenkörpern wird der Querschnitt quadratisch oder kombiniert quadratisch / länglich gewählt. Der Knick bei länglichen Spulenkörpern wird eher noch verstärkt, wenn man sie komplett durch quadratische ersetzt, obwohl die Maxima hier bei höheren Werten liegen. Das beste Ergebnis erhält man für den Fall von vier quadratischen Querschnitten, die an den Enden einen kleineren Abstand als in der Mitte zueinander haben (siehe Abbildung 7.20, durchgezogene Linie): Bei vier quadratischen Querschnittsflächen und mit einem inneren Abstand von 7.5 mm und einem äußeren Abstand von 5 mm ist im direkten Vergleich das Ergebnis mit der größten Homogenität zu erzielen.

Quelle: Die ANSYS-Berechnungen für die Kernspintomographie-Anlage der Hochschule Karlsruhe wurden von Rüdiger Hauser und Michael Thomas durchgeführt.

7.7 Magnetfeldberechnung bei Planarspulen

Problemstellung: Jeder stromdurchflossene Leiter erzeugt ein Magnetfeld. Zur Steigerung des Magnetfeldes wird der einzelne Leiter zu einer Spule gewickelt: Je mehr Windungen verwendet werden desto größer ist das resultierende Magnetfeld. Eine langgezogene Spule hat den Vorteil eines homogenen Innenfeldes, allerdings den Nachteil, dass die Spule eine räumliche Ausdehnung besitzt. Für Anwendungen, bei denen nicht viel Platz vorhanden ist und die kein homogenes Magnetfeld benötigen, bedient man sich gerne planarer Spulen. Ein solches System wird z.B. in der Fahrzeugtechnik im Innenbereich verwendet, um festzustellen ob der Beifahrersitz belegt ist. Andernfalls wird der Airbag bei einem Aufprall nicht ausgelöst. Durch die hier beschrieben Simulationen wird das Magnetfeld einer Planarspule berechnet und den Einfluss eines Körpers auf den Verlauf der Feldlinien aufgezeigt.

Simulation: Die in Abbildung 7.21 dargestellte Geometrie stellt eine Planarspule mit 3 Windungen dar (größter Radius beträgt 1 *cm*, Leiterbahnbreite von 1 *mm*, Abstand der Leiterbahnen 1 *mm*).

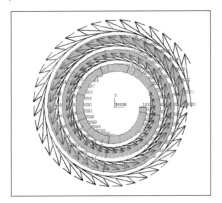

Abb. 7.21. Form der Spirale mit drei Windungen.

Um diese Planarspule wird das Berechnungsgebiet aufgebaut, welches in Abbildung 7.22 (a) angegeben ist. In der Mittelebene liegt die stromführende Planarspule, der Körper ist in der linken Halbebene angedeutet. Für die Simulation ohne Hindernis wurde die Permeabilität auf Eins gesetzt.

Für die Modellierung der stromführenden Spirale wird der Elementtyp **sourc36** verwendet, mit dem man sehr einfach den Strom durch einen Leiter definieren kann. Zur Erzeugung des Elements können entweder bereits vorhandene Knoten eines bestehenden Gitters (das Berechnungsgebiet muss dann vernetzt vorliegen) oder manuell definierte Knoten verwendet werden.

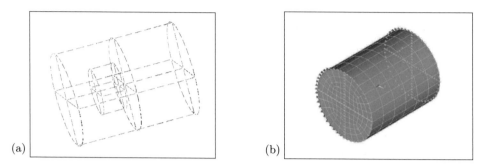

Abb. 7.22. (a) Simulationsgebiet mit Spule und Körper, (b) Finites-Elemente-Gitter.

Für das Berechnungsgebiet wird der Elementtyp **solid96** verwendet. Mit dem Element **infin47** werden die Außenflächen belegt und damit die äußeren Randbedingungen festgelegt. infin47 beschreibt einen unendlich weit ausgedehnten Raum, der an das begrenzte Simulationsgebiet anschließt. Im vorliegenden Fall ist dies die Mantelfläche des zylindrischen Simulationsgebiets. Für die Randflächen, die senkrecht zur Stromrichtung stehen (Stirnflächen des Simulationsgebiets), wird als Dirichlet-Bedingung das Magnetfeld gleich Null gesetzt. Abbildung 7.22 (b) zeigt das äußere Gitter zusammen mit den markierten Dirichlet-Bedingungen.

In Abbildung 7.23 (a) ist das Ergebnis für einen Ringleiter ($I = 1\,A$, $n = 1$, $r = 10\,mm$) angegeben.

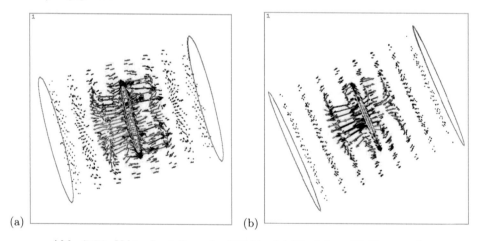

Abb. 7.23. Vektordarstellung der H-Felds: (a) Ringleiter, (b) Planarspule.

Die maximale Feldstärke dieser Anordnung beträgt 64 A/m. In Abbildung 7.23 (b) ist das Resultat der Planarspule ($I = 1\,A$, $n = 3$, $r = 3\,mm$, $r = 2\,mm$) dargestellt. Das Maximum der Feldstärke liegt bei dieser Anordnung bei 182 A/m. Dies ist im Vergleich zu der vorherigen Anordnung eine um den Faktor 3 größere Feldstärke. Dies ist verständlich, da die Windungszahl der Spule erhöht wurde, was einer Erhöhung des Stromes gleicht.

Wählen wir als Parameter für die Planarspule $I = 1\ A$, $n = 3$, $r = 3\ mm$, $r = 2\ mm$ und einen Körper mit den Daten $d = 2\ cm$, $d = 10\ mm$, $ds = 2.5\ mm$ (Abstand des Körpers zur Spule) siehe Abbildung 7.23, so ergibt sich die Lösung des Problems wie in Abbildung 7.24 angegeben. Es ist zu erkennen, dass die Feldstärke im Bereich der Spule stark ansteigt und sich die Feldlinien im mittleren Bereich konzentrieren.

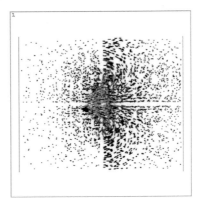

Abb. 7.24. Einfluss eines Hindernisses auf den Magnetfeldverlauf.

Quelle: Die ANSYS-Berechnungen wurden von Martin Traub an der Hochschule Karlsruhe durchgeführt.

7.8 Ausbreitung elektromagnetischer Strahlung

Problemstellung: Eine aktuelle, sicherheitsrelevante Problemstellung ist die elektromagnetische Verträglichkeit von technischen Produkten. Eine präzise messtechnische Erfassung der Strahlung ist nicht immer möglich. Daher muss man die Ausbreitung von elektromagnetischer Strahlung in Anwesenheit von Bauteilen mit Hilfe von Simulationsrechnungen bestimmen. Im einfachsten Fall reduziert sich die Problemstellung auf die Simulation und Darstellung der Wellenausbreitung bei einem Hertzschen Dipol.

Um die Ausbreitung von elektromagnetischen Wellen zu simulieren, verwenden wir einen metallischen Leiter (Hertzscher Dipol) mit einer äußeren Umgebung. Den Leiter stellen wir durch einen Hohlzylinder dar. Eine Schemazeichnung für das zu simulierende Gebiet liefert Abbildung 7.25:

Die Umgebung des Leiters wird ebenfalls als ein Hohlzylinder modelliert. Ein Zylinder bietet sich an, da er der Geometrie des Leiters gleicht und sich somit die Vernetzung erheblich vereinfacht. Das zylinderförmige Berechnungsgebiet bietet sich auch deshalb an, da die Ausbreitung der Welle radial nach Außen erfolgt.

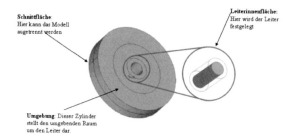

Abb. 7.25. Schemazeichnung.

In Abbildung 7.26 ist das Modell für das Simulationsgebiet dargestellt. Wegen der zu erwartenden Symmetrie des Ergebnisses und einer dadurch deutlich verminderten Rechenzeit verwenden wir nur einen Halbzylinder als Berechnungsgebiet.

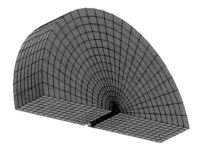

Abb. 7.26. Berechnungsgebiet mit randangepasstem Gitter.

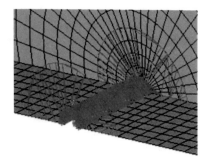

Abb. 7.27. Randangepasstes Gitter des Leiters: Portflächen und electric wall.

Hochfrequente Wechselspannung: Als Elementtyp für die ANSYS-Simulation wird **HF120** gewählt, um die Ausbreitung von elektromagnetischen Wellen zu berechnen. Allerdings müssen wir im Gegensatz zu einer elektrostatischen Simulation nun die Möglichkeit schaffen, dass sich die Elektronen im Leiter bewegen. Dies realisieren wir durch das Anlegen einer hochfrequenten Wechselspannung, welche durch einen *waveguide port* an den Stirnflächen des Leiters definiert wird.

Um - wie in unserem Fall - einen geraden Leiter zu simulieren, werden zwei Stirnflächen spezifiziert. Man kann bei der Definition des Ports (Koax-Typ) einen Innen- und Außenradius angeben. ANSYS weist dem Port die nächstgelegenen Ränder zu! Den Port für die Simulation legen wir über die Stirnflächen des innersten Zylinders fest. In Abbildung 7.27 ist zur Verdeutlichung dieser beschriebene Port abgebildet. Die gegenüberliegenden Flächen des Ports sind dabei zu erkennen.

An der Außenfläche des Zylindermantels werden Abstrahlbedingungen definiert, so dass die Welle das Simulationsgebiet ungehindert verlassen kann, ohne dass Reflexionen an der äußeren Mantelfläche erfolgen. Die Ergebnisse der Simulation für den Außenbereich sind in Abbildung 7.28 (a) bzw. (b) angegeben. Gezeigt sind die x- bzw. y-Komponente des elektrischen Feldes.

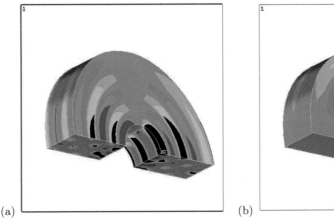
(a)

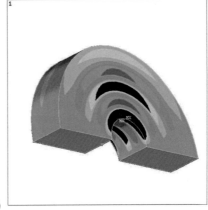
(b)

Abb. 7.28. Ausbreitung der elektrischen Welle (a) x-Komponente, (b) y-Komponente.

Das Ergebnis der Simulation für den Innenbereich ist in Abbildung 7.29 angegeben. Es ist gut zu sehen, wie die Erregerwelle im Leiter verläuft. An der Farbe ist zu erkennen, dass die Feldstärke im Leiter wesentlich höher ist als in der Umgebung. Daneben stellt man fest, dass die Wellen von der Innenwand des Hohlleiters ausgehen. Die Erzeugung der Leitung findet ausschließlich auf der *electric wall* statt und nicht im modellierten Leiterinnern!

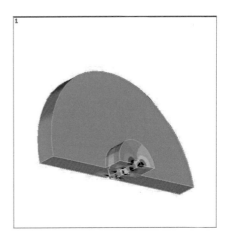

Quelle: Die ANSYS-Berechnungen wurden von Uwe Hill und Ralf Zweig an der Hochschule Karlsruhe durchgeführt.

Abb. 7.29. Wellenausbreitung im Innern.

A. Lösen von großen linearen Gleichungssystemen

Bei Näherungsverfahren zum Lösen von partiellen Differenzialgleichungen treten große lineare Gleichungssystem (LGS) auf, welche zur Ermittlung der Werte gelöst werden müssen. Diese Gleichungssysteme sind schwach besetzt, da nur sehr wenige Elemente der Matrix von Null verschieden sind. So hat man z.B. beim Differenzenverfahren für die Poisson-Gleichung höchstens fünf Elemente einer Zeile der Matrix von Null verschieden. Schwach besetzte Matrizen treten auch bei den Finiten-Elemente-Verfahren auf. Insofern ist die effiziente Lösung von schwach besetzten linearen Gleichungssystemen eine wichtige Aufgabe der Numerik.

Für große Systeme ist das Gaußsche Verfahren nicht praktikabel. Die numerischen Nachteile des Gauß-Algorithmus liegen auf der Hand:

- Rundungsfehler sind dominant, da man bei jedem Eliminationsschritt die Koeffizienten der verbleibenden Matrix neu berechnet.
- Hohe Rechenzeiten, da die Rechenzeit der Elimination proportional zu $n!$.
- Der Algorithmus verändert die Struktur der Matrix, da die Koeffizienten in jedem Eliminationsschritt neu berechnet werden.
- Hoher Speicherbedarf; obwohl im ursprünglichen LGS viele der Koeffizienten Null sind, werden sie im Verlauf der Verfahrens geändert. Damit muss die gesamte Matrix abgespeichert werden.

In der Praxis werden deshalb die LGS meist entweder mit Modifikationen des Gauß-Algorithmus oder mit **iterativen** Methoden gelöst. Es stellt sich dabei heraus, dass manche von ihnen sehr viel einfacher zu handhaben sind als der Gauß-Algorithmus. Generell haben die iterativen Methoden den Nachteil, dass sie nicht für alle Systeme konvergieren, sondern nur für bestimmte für die Simulation aber relevanten!

Bei einer einfachen Struktur der Matrix spielen auch spezielle Varianten des Gauß-Verfahrens eine große Rolle. Als Beispiel werden im Abschnitt A der Thomas-Algorithmus für tridiagonale Matrizen und das Cholesky-Verfahren für symmetrische, positiv definite Matrizen angegeben. Anschließend diskutieren wir in A die klassischen iterativen Verfahren (Jacobi-, Gauß-Seidel- und SOR-Verfahren). Diese Verfahren haben bei schwach besetzten Gleichungssystemen große Vorteile: Die Matrix des Gleichungssystems mit den vielen Nullen muss nicht abgespeichert werden, es werden nur die Elemente ungleich Null benötigt. Außerdem ist der Rechenaufwand eines Iterationsverfahrens insbesondere bei großen Systemen sehr viel kleiner als der des Gaußschen Eliminationsverfahrens. Zum Abschluss geben in A.3 einen Ausblick auf die modernen Gradientenverfahren.

© Springer-Verlag GmbH Deutschland, ein Teil von Springer Nature 2021
T. Westermann, *Modellbildung und Simulation*,

A.1 Direkte Verfahren

A.1.1 Thomas-Algorithmus

Wir kommen auf die Problemstellung aus Kapitel 2.2 zurück. Hierbei wird das Lösen einer Differenzialgleichung auf ein lineares Gleichungssystem mit einer tridiagonalen Matrix $\mathbf{A}$ zurück gespielt. Wir gehen daher bei der Beschreibung des Algorithmus von

$$\mathbf{A}\,\mathbf{x} = \mathbf{d}$$

aus, wobei die Matrix auf der linken Seite eine *Tridiagonalmatrix* ist. Man nennt daher das System auch ein *tridiagonales Gleichungssystem*. Das Lösen erfolgt mit dem Gauß-Algorithmus, der hier zu einem besonders einfachen Verfahren wird, dem *Tridiagonal-* bzw. *Thomas-Algorithmus*.

Gehen wir zur Beschreibung von der tridiagonalen Koeffizientenmatrix aus

$$\left(\begin{array}{cccccc|c}
b_1 & c_1 & 0 & \cdots & 0 & 0 & d_1 \\
a_2 & b_2 & c_2 & \cdots & 0 & 0 & d_2 \\
\vdots & \ddots & \ddots & \ddots & \ddots & \vdots & \vdots \\
\vdots & \ddots & \ddots & \ddots & \ddots & \vdots & \vdots \\
0 & 0 & \cdots & a_{n-1} & b_{n-1} & c_{n-1} & d_{n-1} \\
0 & 0 & \cdots & 0 & a_n & b_n & d_n
\end{array}\right),$$

bei der die Diagonalelemente $b_i \neq 0$ für alle $i = 1\ldots n$. Dann lautet die Gauß-Elimination

$$\left.\begin{array}{l}
q := \frac{a_i}{b_{i-1}} \\
b_i := b_i - qc_{i-1} \\
d_i := d_i - qd_{i-1}
\end{array}\right\} i = 2,\ldots,n\,,$$

und das Rückwärtsauflösen erfolgt durch

$$x_n := \frac{d_n}{b_n}$$

$$x_i := \frac{d_i - c_i x_{i+1}}{b_i} \qquad i = n-1,\ldots,1\,.$$

Beispiel A.1 (Mit MAPLE-Worksheet). Gesucht ist die Lösung von $\mathbf{A}\,\mathbf{x} = \mathbf{d}$ mit

$$\mathbf{A} = \begin{pmatrix}
-2 & 1 & 0 & 0 & 0 \\
1 & -2 & 1 & 0 & 0 \\
0 & 1 & -2 & 1 & 0 \\
0 & 0 & 1 & -2 & 1 \\
0 & 0 & 0 & 1 & -2
\end{pmatrix} \quad \text{und} \quad \mathbf{d} = \begin{pmatrix}
-1 \\ -1 \\ -1 \\ -1 \\ -1
\end{pmatrix}.$$

In der Prozedur **Thomas** wird dieser Algorithmus in MAPLE verwendet, um das lineare Gleichungssystem zu lösen:

$$x_1 = \frac{5}{2},\ x_2 = 4,\ x_3 = \frac{9}{2},\ x_4 = 4,\ x_5 = \frac{5}{2}.$$

□

A.1.2 Das Cholesky-Verfahren

Das Cholesky-Verfahren ist wie der Gauß-Algorithmus ein direktes Verfahren zum Lösen von linearen Gleichungssystemen. Es setzt eine symmetrische, *positiv definite* Koeffizientenmatrix voraus. Das Verfahren von Cholesky bietet gegenüber dem Gauß-Algorithmus den Vorteil, dass man keine Zeilenstufen-Umformungen bei der Matrix ausführen muss. Die Ausgangsform des Gleichungssystems ist wieder

$$\mathbf{A\,x = b}$$

mit einer $(n \times n)$-Matrix $\mathbf{A}$.

Bevor wir zur Zerlegung der Matrix $\mathbf{A}$ kommen, werden im Folgenden Kriterien für die positive Definitheit einer Matrix angegeben. Eine wichtige Eigenschaft ist die Diagonaldominanz. Dieser Begriff ist zwar anschaulich klar, wird aber in der folgenden Definition präzisiert.

Definition: Sei $\mathbf{A}$ eine $(n \times n)$-Matrix.

(1) Die Matrix $\mathbf{A}$ heißt *diagonal dominant*, falls für alle $i = 1, \ldots, n$ gilt: $|a_{ii}| \geq \sum_{k=1, k \neq i} |a_{ik}|$; wenigstens für ein i muss das Größerzeichen gelten.

(2) Die Matrix $\mathbf{A}$ heißt *stark diagonal dominant*, falls für alle $i = 1, \ldots, n$ gilt: $|a_{ii}| > \sum_{k=1, k \neq i} |a_{ik}|$.

Satz: Kriterien für die positive Definitheit einer Matrix.
Sei $\mathbf{A}$ eine symmetrische $(n \times n)$-Matrix. Dann gilt:

① $\mathbf{A}$ ist positiv definit $\quad \Rightarrow \quad a_{ii} > 0$ für alle $i = 1 \ldots n$.

② $\mathbf{A}$ ist positiv definit $\quad \Leftrightarrow \quad$ Alle Hauptdeterminanten sind positiv, d.h. $\det (a_{ij})_{i=1..k, j=1..k} > 0$ für alle $k = 1 \ldots n$.

③ $\mathbf{A}$ ist stark diagonal dominant $\quad \Rightarrow \quad \mathbf{A}$ ist positiv definit.

④ $\mathbf{A}$ ist diagonal dominant, $a_{ii} > 0, \quad a_{ij} < 0$ für alle $i \neq j \quad \Rightarrow \quad \mathbf{A}$ ist positiv definit.

⑤ $\mathbf{A}$ ist tridiagonal, diagonal dominant, $a_{ii} > 0, \quad a_{ij} \neq 0$ für alle $|i - j| = 1 \quad \Rightarrow \quad \mathbf{A}$ ist positiv definit.

Kommen wir nun zur Cholesky-Zerlegung. Der erste Schritt ist die Zerlegung der Koeffizientenmatrix $\mathbf{A}$ in ein Produkt aus unterer und oberer Dreiecksmatrix über die obere Dreiecksmatrix $\mathbf{R}$:

$$\mathbf{A = R^t \cdot R}.$$

Beispiel A.2. Gesucht ist die Cholesky-Zerlegung der symmetrischen Matrix

$$\mathbf{A} = \begin{pmatrix} 1 & 4 \\ 4 & 25 \end{pmatrix}.$$

Wir führen für $\mathbf{A} = \mathbf{R^t} \cdot \mathbf{R}$ die Matrizenmultiplikation mit der 2×2-Matrix $\mathbf{R}$ durch:

$$\begin{pmatrix} 1 & 4 \\ 4 & 25 \end{pmatrix} = \mathbf{R^t} \cdot \mathbf{R} = \begin{pmatrix} r_{11} & 0 \\ r_{12} & r_{22} \end{pmatrix} \begin{pmatrix} r_{11} & r_{12} \\ 0 & r_{22} \end{pmatrix} = \begin{pmatrix} r_{11}^2 & r_{11}r_{12} \\ (r_{12}r_{11}) & r_{12}^2 + r_{22}^2 \end{pmatrix}.$$

Durch Koeffizientenvergleich der nicht geklammerten Matrixelemente ergibt sich

$$r_{11}^2 = 1 \quad \curvearrowright \quad r_{11} = 1$$
$$r_{11}r_{12} = 4 \quad \curvearrowright \quad r_{12} = 4$$
$$r_{12}^2 + r_{22}^2 = 25 \quad \curvearrowright \quad r_{22} = 3.$$

Damit ist $\mathbf{R} = \begin{pmatrix} 1 & 4 \\ 0 & 3 \end{pmatrix}$ und $\mathbf{A} = \mathbf{R^t} \cdot \mathbf{R} = \begin{pmatrix} 1 & 0 \\ 4 & 3 \end{pmatrix} \cdot \begin{pmatrix} 1 & 4 \\ 0 & 3 \end{pmatrix} = \begin{pmatrix} 1 & 4 \\ 4 & 25 \end{pmatrix}.$ □

Beispiel A.3. Gesucht ist die Cholesky-Zerlegung in untere und obere Dreiecksmatrix für die symmetrische Matrix

$$\mathbf{A} = \begin{pmatrix} 1 & 2 & 0 \\ 2 & 8 & 4 \\ 0 & 4 & 20 \end{pmatrix}.$$

Wir führen für $\mathbf{A} = \mathbf{R^t} \cdot \mathbf{R}$ die Matrizenmultiplikation mit der 3×3-Matrix $\mathbf{R}$ durch:

$$\begin{pmatrix} 1 & 2 & 0 \\ 2 & 8 & 4 \\ 0 & 4 & 20 \end{pmatrix} = \mathbf{R^t} \cdot \mathbf{R} = \begin{pmatrix} r_{11} & 0 & 0 \\ r_{12} & r_{22} & 0 \\ r_{13} & r_{23} & r_{33} \end{pmatrix} \begin{pmatrix} r_{11} & r_{12} & r_{13} \\ 0 & r_{22} & r_{23} \\ 0 & 0 & r_{33} \end{pmatrix}$$

$$= \begin{pmatrix} r_{11}^2 & r_{11}r_{12} & r_{11}r_{13} \\ (r_{12}r_{11}) & r_{12}^2 + r_{22}^2 & r_{12}r_{13} + r_{22}r_{23} \\ (r_{13}r_{11}) & (r_{13}r_{12} + r_{23}r_{22}) & r_{13}^2 + r_{23}^2 + r_{33}^2 \end{pmatrix}.$$

Durch Koeffizientenvergleich der nicht geklammerten Matrixelemente ergibt sich

$$r_{11}^2 = 1 \quad \curvearrowright \quad r_{11} = 1$$
$$1r_{12} = 2 \quad \curvearrowright \quad r_{12} = 2$$
$$1r_{13} = 0 \quad \curvearrowright \quad r_{13} = 0$$
$$4 + r_{22}^2 = 8 \quad \curvearrowright \quad r_{22} = 2$$
$$2 \cdot 0 + 2r_{23} = 4 \quad \curvearrowright \quad r_{23} = 2$$
$$4 + r_{33}^2 = 20 \quad \curvearrowright \quad r_{33} = 4.$$

Damit ist

$$\mathbf{R} = \begin{pmatrix} 1 & 2 & 0 \\ 0 & 2 & 2 \\ 0 & 0 & 4 \end{pmatrix}.$$ □

Wie bei den beiden Beispielen geht man auch im allgemeinen Fall einer $n \times n$-Matrix vor. Durch Koeffizientenvergleich der symmetrischen Matrix $\mathbf{A}$ mit dem Produkt $\mathbf{R}^t \cdot \mathbf{R}$ ergibt sich der Zerlegungsalgorithmus nach Cholesky:

Zusammenfassung: (Cholesky-Zerlegung). Sei $\mathbf{A}$ eine symmetrische, positiv definite $n \times n$-Matrix. Dann lässt sich $\mathbf{A} = \mathbf{R}^t \cdot \mathbf{R}$ zerlegen mit der oberen Dreiecksmatrix $\mathbf{R}$. Die Koeffizienten von $\mathbf{R}$ berechnen sich durch den Algorithmus:

Für $i = 1 \dots n$ setze

$$r_{ii} = \sqrt{a_{ii} - \sum_{k=1}^{i-1} r_{ki}^2} \quad \text{(Diagonalelemente)}$$

Für $j = i + 1 \dots n$ setze

$$r_{ij} = \frac{1}{r_{ii}} \left(a_{ij} - \sum_{k=1}^{i-1} r_{kj} \cdot r_{ki} \right) \quad \text{(Nichtdiagonalelemente)}.$$

Beispiel A.4 (Mit Maple). Gegeben ist die Matrix aus Beispiel A.3. In der Maple-Prozedur **CholeskyZerlegung** ist die Cholesky-Zerlegung einer Matrix durchgeführt. Durch Anwenden der Prozedur erhält man dieselbe Zerlegung wie in Beispiel A.3. □

Kommen wir nun auf das Lösen des linearen Gleichungssystems

$$\mathbf{A}\,\mathbf{x} = \mathbf{b}$$

zurück. Nach der Zerlegung der Matrix $\mathbf{A}$ in $\mathbf{R}^t \cdot \mathbf{R}$ geht man vom LGS $\mathbf{A}\,\mathbf{x} = \mathbf{b}$ zu $\mathbf{R}^t \cdot \mathbf{R}\,\mathbf{x} = \mathbf{b}$ über. Führen wir den Hilfsvektor $\mathbf{c}$ durch $\mathbf{R}^t\mathbf{c} = \mathbf{b}$ ein, lässt sich das ursprüngliche System in zwei Schritten lösen:

Cholesky-Algorithmus: Das lineare Gleichungssystem $\mathbf{A}\,\mathbf{x} = \mathbf{b}$ mit einer symmetrischen, positiv definiten Matrix $\mathbf{A}$ wird mit der Cholesky-Zerlegung in zwei Schritten behandelt:

(1) **Vorwärtseinsetzen:** Man berechnet die Lösung das LGS

$$\mathbf{R}^t\mathbf{c} = \mathbf{b}$$

durch den Prozess des Vorwärtseinsetzen. Die führt auf den Vektor $\mathbf{c}$.

(2) **Rückwärtsauflösen:** Man bestimmt die Lösung das LGS

$$\mathbf{R}\mathbf{x} = \mathbf{c}$$

durch Rückwärtsauflösen.

Beispiel A.5. Gesucht ist die Lösung von $\mathbf{A\,x} = \mathbf{b}$ mit

$$\mathbf{A} = \begin{pmatrix} 1 & 4 \\ 4 & 25 \end{pmatrix} \quad \text{und} \quad \mathbf{b} = \begin{pmatrix} 1 \\ 1 \end{pmatrix}.$$

Nach Beispiel A.2 gilt die Cholesky-Zerlegung

$$\mathbf{A} = \mathbf{R^t \cdot R} = \begin{pmatrix} 1 & 0 \\ 4 & 3 \end{pmatrix} \cdot \begin{pmatrix} 1 & 4 \\ 0 & 3 \end{pmatrix} = \begin{pmatrix} 1 & 4 \\ 4 & 25 \end{pmatrix}.$$

Vorwärtseinsetzen: Wir lösen zunächst $\mathbf{R^t c} = \mathbf{b}$: $\begin{pmatrix} 1 & 0 & | & 1 \\ 4 & 3 & | & 1 \end{pmatrix}.$

Aus der ersten Gleichung folgt $1 \cdot c_1 = 1 \curvearrowright c_1 = 1$ und aus der zweiten $4 \cdot 1 + 3\, c_2 = 1 \curvearrowright c_2 = -1$.

Rückwärtsauflösen: Anschließend lösen wir $\mathbf{Rx} = \mathbf{c}$: $\begin{pmatrix} 1 & 4 & | & 1 \\ 0 & 3 & | & -1 \end{pmatrix}.$

Aus der zweiten Gleichung folgt $3\, x_2 = -1 \curvearrowright x_2 = -\frac{1}{3}$ und aus der ersten $1\, x_1 - \frac{4}{3} = 1 \curvearrowright x_1 = \frac{7}{3}$. $\qquad\square$

Beispiel A.6 (Mit MAPLE-Worksheet). Gesucht ist die Lösung des LGS $\mathbf{A\,x} = \mathbf{b}$ mit

$$\mathbf{A} = \begin{pmatrix} 1 & 2 & 0 \\ 2 & 8 & 4 \\ 0 & 4 & 20 \end{pmatrix} \quad \text{und} \quad \mathbf{b} = \begin{pmatrix} 1 \\ 6 \\ 0 \end{pmatrix}.$$

Nach Beispiel A.3 gilt die Zerlegung

$$\mathbf{A} = \mathbf{R^t \cdot R} = \begin{pmatrix} 1 & 0 & 0 \\ 2 & 2 & 0 \\ 0 & 2 & 4 \end{pmatrix} \cdot \begin{pmatrix} 1 & 2 & 0 \\ 0 & 2 & 2 \\ 0 & 0 & 4 \end{pmatrix}.$$

Vorwärtseinsetzen: Wir lösen zunächst das LGS $\mathbf{R^t\, c} = \mathbf{b}$:

$$\begin{pmatrix} 1 & 0 & 0 & | & 1 \\ 2 & 2 & 0 & | & 6 \\ 0 & 2 & 4 & | & 0 \end{pmatrix}.$$

Aus der ersten Gleichung folgt $1 \cdot c_1 = 1 \curvearrowright c_1 = 1$; aus der zweiten $2 + 2\, c_2 = 6 \curvearrowright c_2 = 2$ und aus der dritten $4 + 4\, c_3 = 0 \curvearrowright c_3 = -1$.

Rückwärtsauflösen: Anschließend lösen wir $\mathbf{R\, x} = \mathbf{c}$:

$$\begin{pmatrix} 1 & 2 & 0 & | & 1 \\ 0 & 2 & 2 & | & 2 \\ 0 & 0 & 4 & | & -1 \end{pmatrix}.$$

Aus der dritten Gleichung folgt $4\, x_3 = -1 \curvearrowright x_3 = -\frac{1}{4}$, aus der zweiten $2\, x_2 - \frac{1}{2} = 2 \curvearrowright x_2 = \frac{5}{4}$ und aus der ersten $x_1 + \frac{10}{4} = 1 \curvearrowright x_1 = -\frac{3}{2}$. $\qquad\square$

A.2 Klassische iterative Verfahren

Eine iterative Methode wird durch eine Iterationsvorschrift definiert. Auf der linken Seite steht die Iterierte im neuen Iterationsschritt, auf der rechten Seite eine Berechnungsvorschrift, in welcher die alten Iterierten eingehen. Durch wiederholtes Ausführen werden sukzessive Näherungen der Lösung bestimmt.

Um das grundlegende Prinzip zur iterativen Lösung linearer Gleichungssysteme zu demonstrieren, wählen wir ein einfaches 2×2-System:

$$x_1 + 0.03\, x_2 = 7 \tag{A.1}$$
$$0.1\, x_1 + x_2 = 9. \tag{A.2}$$

Unser Ziel ist, dieses System nicht exakt zu lösen, sondern eine Lösung abzuschätzen: Betrachten wir Gleichung (A.1). Der Einfluss von x_2 auf x_1 ist in dieser Gleichung klein, da der Gewichtungsfaktor von x_2 den Wert 0.03 hat. Deshalb setzen wir näherungsweise

$$x_1 \approx 7.$$

In Gleichung (A.2) ist der Einfluss von x_1 auf x_2 klein. Deshalb ist

$$x_2 \approx 9.$$

Da sich die beiden Lösungen aber gegenseitig beeinflussen, sind die geschätzten Werte für x_1 und x_2 zu groß. Um diese Werte zu korrigieren, isolieren wir x_1 in Gleichung (A.1) und x_2 in Gleichung (A.2):

$$x_1 = 7 - 0.03\, x_2$$
$$x_2 = 9 - 0.1\, x_1.$$

Wenn wir in diesen Gleichungen die Schätzungen für x_1 und x_2 einsetzen, erhalten wir korrigierte, verbesserte Werte

$$x_1^{neu} = 7 - 0.03 \cdot 9 = 6.73 \tag{A.3}$$
$$x_2^{neu} = 9 - 0.1 \cdot 7 = 8.3. \tag{A.4}$$

Wie erwartet sind die Werte jetzt kleiner als die der ersten Schätzung. Wir fahren so weiter: Wir setzen die neuen Werte in die rechte Seite von Gleichung (A.3) und Gleichung (A.4) ein und bekommen wiederum neue verbesserte Werte

$$x_1^{neu} = 7 - 0.03 \cdot 8.3 = 6.751$$
$$x_2^{neu} = 9 - 0.1 \cdot 6.73 = 8.327$$

bzw.

$$x_1^{neu} = 7 - 0.03 \cdot 8.327 = 6.750$$
$$x_2^{neu} = 9 - 0.1 \cdot 6.751 = 8.324.$$

Man erwartet, dass die korrigierten Werte durch sukzessive Iteration genauer werden. Obwohl die exakte Lösung in der Regel nicht bekannt ist, weiß man, dass das Verfahren zunächst zu große, dann zu kleine, anschließend wieder zu große, dann zu kleine Werte im Vergleich zur exakten Lösung bestimmt. Insbesondere bedeutet dies aber, dass die exakte Lösung zwischen den Werten zweier Iterierten liegt. Wir vergleichen diese Näherungswerte in unserem Beispiel mit der exakten Lösung

$$x_1^{exakt} = 6.75025$$
$$x_2^{exakt} = 8.32497.$$

Mit nur vier Iterationen erreichen wir eine Genauigkeit von vier Stellen. Dieses Schema verallgemeinern wir für quadratische Systeme linearer Gleichungen, bei denen die Diagonalelemente dominieren.

A.2.1 Allgemeine Formulierung

Wir betrachten ein lineares Gleichungssystem der Form

$$\mathbf{A}\,\mathbf{x} = \mathbf{b}$$

mit der $(n \times n)$-Matrix $\mathbf{A}$, der rechten Seite $\mathbf{b}$ und dem gesuchten Lösungsvektor $\mathbf{x}$:

$$\mathbf{A} = (a_{ij})_{i=1,2,..,n;j=1,2,..,n}; \quad \mathbf{b} = (b_1, b_2, .., b_n)^t; \quad \mathbf{x} = (x_1, x_2, .., x_n)^t.$$

Das Gleichungssystem besteht aus n Zeilen der Form

$$\sum_{j=1}^{n} a_{ij} x_j = b_i \qquad \text{mit} \quad i = 1, 2, ..., n$$

bzw. wenn man die einzelnen Gleichungen ausschreibt

$$a_{11}\,x_1 + a_{12}\,x_2 + a_{13}\,x_3 + \cdots + a_{1n}\,x_n = b_1$$
$$a_{21}\,x_1 + a_{22}\,x_2 + a_{23}\,x_3 + \cdots + a_{2n}\,x_n = b_2$$
$$a_{31}\,x_1 + a_{32}\,x_2 + a_{33}\,x_3 + \cdots + a_{3n}\,x_n = b_3$$
$$\vdots$$
$$a_{n1}\,x_1 + a_{n2}\,x_2 + a_{n3}\,x_3 + \cdots + a_{nn}\,x_n = b_n.$$

Wir isolieren in der i-ten Gleichung die Variable x_i, d.h. wir lösen die erste Gleichung nach x_1, die zweite nach x_2 usw. und die n-te Gleichung nach x_n auf

$$x_1 = \frac{1}{a_{11}}\left(b_1 - a_{12}\,x_2 - a_{13}\,x_3 - \cdots - a_{1n}\,x_n\right)$$
$$x_2 = \frac{1}{a_{22}}\left(b_2 - a_{21}\,x_1 - a_{23}\,x_3 - \cdots - a_{2n}\,x_n\right)$$
$$x_3 = \frac{1}{a_{33}}\left(b_3 - a_{31}\,x_1 - a_{32}\,x_2 - \cdots - a_{3n}\,x_n\right)$$
$$\vdots$$
$$x_n = \frac{1}{a_{nn}}\left(b_n - a_{n1}\,x_1 - a_{n2}\,x_2 - \cdots - a_{nn-1}\,x_{n-1}\right).$$

In kompakter Schreibweise erhält man

$$x_i = \frac{1}{a_{ii}} \left(b_i - \sum_{j=1}^{i-1} a_{ij}x_j - \sum_{j=i+1}^{n} a_{ij}x_j \right), \qquad i = 1, 2, \ldots, n.$$

A.2.2 Allgemeines Iterationsverfahren: Jacobi-Verfahren

Dieses System von linearen Gleichungen wird iterativ gelöst, indem zunächst eine Anfangsschätzung für die Lösung des LGS $(x_1^{(0)}, x_2^{(0)}, \ldots, x_n^{(0)})$ vorgegeben wird und dann neue Werte über die alten berechnet werden durch die Vorschrift

$$x_1^{neu} = \frac{1}{a_{11}} \left(b_1 - a_{12}\, x_2^{alt} - a_{13}\, x_3^{alt} - \cdots - a_{1n}\, x_n^{alt} \right)$$

$$x_2^{neu} = \frac{1}{a_{22}} \left(b_2 - a_{21}\, x_1^{alt} - a_{23}\, x_3^{alt} - \cdots - a_{2n}\, x_n^{alt} \right)$$

$$x_3^{neu} = \frac{1}{a_{33}} \left(b_3 - a_{31}\, x_1^{alt} - a_{32}\, x_2^{alt} - \cdots - a_{3n}\, x_n^{alt} \right)$$

$$\vdots$$

$$x_n^{neu} = \frac{1}{a_{nn}} \left(b_n - a_{n1}\, x_1^{alt} - a_{n2}\, x_2^{alt} - \cdots - a_{nn-1}\, x_{n-1}^{alt} \right).$$

In der kompakten Schreibweise lautet der $(m+1)$-te Iterationsschritt

$$x_i^{(m+1)} = \frac{1}{a_{ii}} \left(b_i - \sum_{j=1}^{i-1} a_{ij}x_j^{(m)} - \sum_{j=i+1}^{n} a_{ij}x_j^{(m)} \right), \qquad i = 1, 2, \ldots, n.$$

(Jacobi-Verfahren)

Bemerkung: Aufgrund der Approximation der Lösung nach m Iterationen erhält man die $(m+1)$-te Iterierte, indem man komplett alle Werte der m-ten Iteration auf der rechten Seite des LGS einsetzt. Dieses Iterationsverfahren heißt **Jacobi-Verfahren** und ist im MAPLE-Worksheet **Jacobi** in Form einer Prozedur programmiert.

Beispiel A.7. Gegeben ist das LGS $\mathbf{A}\,\mathbf{x} = \mathbf{b}$ mit der 4×4 Matrix

$$\mathbf{A} = \begin{pmatrix} -2 & 1 & 0 & 0 \\ 1 & -2 & 1 & 0 \\ 0 & 1 & -2 & 1 \\ 0 & 0 & 1 & -2 \end{pmatrix} \quad \text{und} \quad \mathbf{b} = \begin{pmatrix} -1 \\ 0 \\ 0 \\ 0 \end{pmatrix}.$$

Gesucht ist die Jacobi-Näherungslösung nach sechs Iterationen. Um die Jacobi-Iteration durchführen zu können, schreiben wir das System ausführlich als vier Gleichungen für die vier Unbekannten

$$-2\,x_1 + x_2 = -1$$
$$x_1 - 2\,x_2 + x_3 = 0$$
$$x_2 - 2\,x_3 + x_4 = 0$$
$$x_3 - 2\,x_4 = 0$$

und lösen jede Gleichung nach der entsprechenden Unbekannten auf

$$x_1 = \frac{1}{2}(x_2 + 1)$$
$$x_2 = \frac{1}{2}(x_1 + x_3)$$
$$x_3 = \frac{1}{2}(x_2 + x_4)$$
$$x_4 = \frac{1}{2}x_3.$$

Der Start der Iteration ist bei $\mathbf{x}^{(0)} = 0$. D.h. wir setzen $x_1^{(0)} = 0, \ldots, x_4^{(0)} = 0$ in die rechte Seite des Gleichungssystems ein und erhalten

$$x_1^{(1)} = \frac{1}{2}, \ x_2^{(1)} = 0, \ x_3^{(1)} = 0, \ x_4^{(1)} = 0.$$

Setzen wir diese Werte wiederum komplett in die rechte Seite ein, folgt

$$x_1^{(2)} = \frac{1}{2}, \ x_2^{(2)} = \frac{1}{4}, \ x_3^{(2)} = 0, \ x_4^{(2)} = 0.$$

$$x_1^{(3)} = \frac{5}{8}, \ x_2^{(3)} = \frac{1}{4}, \ x_3^{(3)} = \frac{1}{8}, \ x_4^{(3)} = 0.$$

$$x_1^{(4)} = \frac{5}{8}, \ x_2^{(4)} = \frac{3}{8}, \ x_3^{(4)} = \frac{1}{8}, \ x_4^{(4)} = \frac{1}{16}.$$

$$x_1^{(5)} = \frac{11}{16}, \ x_2^{(5)} = \frac{3}{8}, \ x_3^{(5)} = \frac{7}{32}, \ x_4^{(5)} = \frac{1}{16}.$$

$$x_1^{(6)} = \frac{11}{16}, \ x_2^{(6)} = \frac{29}{64}, \ x_3^{(6)} = \frac{7}{32}, \ x_4^{(6)} = \frac{7}{64}.$$

Man erkennt, dass erst nach vier Iterationen x_4 einen von Null verschiedenen Wert erhält und die Iteration nur sehr langsam fortschreitet.   □

Beispiel A.8 (Mit MAPLE). Gesucht ist die Jacobi-Näherung der Lösung von $\mathbf{A}\,\mathbf{x} = \mathbf{b}$ nach 250 Iterationsschritten mit der 10×10 Matrix

$$\mathbf{A} = \begin{pmatrix} -2 & 1 & 0 & 0 & 0 \ldots \\ 1 & -2 & 1 & 0 & 0 \ldots \\ & & \ddots & & \\ \ldots & 0 & 0 & 1 & -2 & 1 \\ \ldots & 0 & 0 & 0 & 1 & -2 \end{pmatrix} \quad \text{und} \quad \mathbf{b} = \begin{pmatrix} -1 \\ -1 \\ \vdots \\ -1 \\ -1 \end{pmatrix}.$$

In der Prozedur **Jacobi** wird dieser Algorithmus in MAPLE umgesetzt und anschließend angewendet. Nach 250 Iterationen erhält man als Näherungslösung

$$x_1 = 4.999857545, \ x_2 = 8.999726630, \ x_3 = 11.99961786,$$
$$x_4 = 13.99954006, \ x_5 = 14.99949951, \ x_6 = 14.99949951,$$
$$x_7 = 13.99954006, \ x_8 = 11.99961786, \ x_9 = 8.999726630,$$
$$x_{10} = 4.999857545.$$

Die exakte Lösung des Problems lautet

$$\mathbf{x} = (5, \ 9, \ 12, \ 14, \ 15, \ 15, \ 14, \ 12, \ 9, \ 5)^t. \qquad \square$$

A.2.3 Gauß-Seidel-Verfahren

Beim Jacobi-Verfahren aktualisiert man bei der $(m+1)$-ten Iteration $x_1^{(m+1)}$, indem man in der ersten Gleichung die "alten" Werte $x_2^{(m)}$, $x_3^{(m)}$ ..., $x_n^{(m)}$ auf der rechten Seite einsetzt. Anschließend wählt man die zweite Gleichung und berechnet $x_2^{(m+1)}$ wieder aus den "alten" Daten $x_1^{(m)}$, $x_3^{(m)}$, ..., $x_n^{(m)}$. Dabei könnte man im Prinzip ausnutzen, dass $x_1^{(m+1)}$ zu diesem Zeitpunkt schon aktualisiert wurde und voraussichtlich auch eine bessere Approximation darstellt. Man erhält also ein verbessertes Verfahren, indem man bei der Berechnung von $x_i^{(m+1)}$ die aktualisierten Werte $x_1^{(m+1)}$, $x_2^{(m+1)}$, ..., $x_{i-1}^{(m+1)}$ berücksichtigt

$$x_1^{neu} = \frac{1}{a_{11}} \left(b_1 \quad - a_{12} \, x_2^{alt} - a_{13} \, x_3^{alt} - \cdots - a_{1n} \, x_n^{alt} \right)$$
$$x_2^{neu} = \frac{1}{a_{22}} \left(b_2 - a_{21} \, x_1^{\mathbf{neu}} - a_{23} \, x_3^{alt} - \cdots - a_{2n} \, x_n^{alt} \right)$$
$$x_3^{neu} = \frac{1}{a_{33}} \left(b_3 - a_{31} \, x_1^{\mathbf{neu}} - a_{32} \, x_2^{\mathbf{neu}} - \cdots - a_{3n} \, x_n^{alt} \right)$$
$$\vdots$$
$$x_n^{neu} = \frac{1}{a_{nn}} \left(b_n - a_{n1} \, x_1^{\mathbf{neu}} - a_{n2} \, x_2^{\mathbf{neu}} - \cdots - a_{nn-1} \, x_{n-1}^{\mathbf{neu}} \right)$$

bzw.

$$x_i^{(m+1)} = \frac{1}{a_{ii}} \left(b_i - \sum_{j=1}^{i-1} a_{ij} x_j^{(m+1)} - \sum_{j=i+1}^{n} a_{ij} x_j^{(m)} \right), \qquad i = 1, 2, \ldots, n \, .$$

(Gauß-Seidel-Verfahren)

Bemerkung: Dieses Verfahren nennt man das **Gauß-Seidel-Verfahren**. Es ist im MAPLE-Worksheet **GaussSeidel** in Form einer Prozedur programmiert.

Beispiel A.9. Gesucht sind die ersten drei Iterationen des Gauß-Seidel-Verfahrens für $\mathbf{A}\,\mathbf{x} = \mathbf{b}$ mit der 4×4 Matrix $\mathbf{A}$ aus Beispiel A.7

$$\mathbf{A} = \begin{pmatrix} -2 & 1 & 0 & 0 \\ 1 & -2 & 1 & 0 \\ 0 & 1 & -2 & 1 \\ 0 & 0 & 1 & -2 \end{pmatrix} \quad \text{und} \quad \mathbf{b} = \begin{pmatrix} -1 \\ 0 \\ 0 \\ 0 \end{pmatrix}.$$

Um die Gauß-Seidel-Iteration durchzuführen, schreiben wir wie in Beispiel A.7 das System ausführlich als vier Gleichungen für die vier Unbekannten und lösen jede Gleichung nach der entsprechenden Unbekannten auf

$$x_1 = \frac{1}{2}(x_2 + 1), \; x_2 = \frac{1}{2}(x_1 + x_3), \; x_3 = \frac{1}{2}(x_2 + x_4), \; x_4 = \frac{1}{2}x_3.$$

Der Start der Iteration ist bei $\mathbf{x}^{(0)} = 0$. D.h. wir setzen $x_1^{(0)} = 0, \ldots, x_4^{(0)} = 0$ in die rechte Seite des Gleichungssystem ein und erhalten

$$x_1^{(1)} = \frac{1}{2}, x_2^{(1)} = \frac{1}{4}, x_3^{(1)} = \frac{1}{8}, x_4^{(1)} = \frac{1}{16}.$$

$$x_1^{(2)} = \frac{5}{8}, x_2^{(2)} = \frac{3}{8}, x_3^{(2)} = \frac{7}{32}, x_4^{(2)} = \frac{7}{64}.$$

$$x_1^{(3)} = \frac{11}{16}, x_2^{(3)} = \frac{29}{64}, x_3^{(3)} = \frac{9}{32}, x_4^{(3)} = \frac{9}{64}.$$

Man erkennt, dass schon nach einer Iteration x_4 einen von Null verschiedenen Wert erhält und die Iteration schneller als das Jacobi-Verfahren fortschreitet. Die exakte Lösung des Problems ist

$$x_1 = \frac{4}{5}, x_2 = \frac{3}{5}, x_3 = \frac{2}{5}, x_4 = \frac{1}{5}. \qquad \square$$

Beispiel A.10 (Mit MAPLE). Gesucht ist die Gauß-Seidel-Näherung der Lösung von $\mathbf{A}\,\mathbf{x} = \mathbf{b}$ nach 125 Iterationsschritten mit der 10×10 Matrix $\mathbf{A}$ aus Beispiel A.8

$$\mathbf{A} = \begin{pmatrix} -2 & 1 & 0 & 0 & 0 \ldots \\ 1 & -2 & 1 & 0 & 0 \ldots \\ & & \ddots & & \\ \ldots & 0 & 0 & 1 & -2 & 1 \\ \ldots & 0 & 0 & 0 & 1 & -2 \end{pmatrix} \quad \text{und} \quad \mathbf{b} = \begin{pmatrix} -1 \\ -1 \\ \vdots \\ -1 \\ -1 \end{pmatrix}.$$

In der Prozedur **GaussSeidel** wird dieser Algorithmus in MAPLE umgesetzt und anschließend angewendet. Nach 125 Iterationen erhält man

$$x_1 = 4.999837998, x_2 = 8.999701715, x_3 = 11.99959992,$$

$$x_4 = 13.99953796, x_5 = 14.99951760, x_6 = 14.99953714,$$

$$x_7 = 13.99959187, x_8 = 11.99967465, x_9 = 8.999776680, x_{10} = 4.999888340$$

als Näherungslösung, welche bis auf 3 Nachkommastellen genau ist. Die exakte Lösung des Problems lautet

$$\mathbf{x} = (5, 9, 12, 14, 15, 15, 14, 12, 9, 5)^t. \qquad \square$$

A.2.4 SOR-Verfahren

Folgt man der Beobachtung des Einführungsbeispiels, dass man mit der ersten Schätzung zu große Werte dann zu kleine, anschließend wieder zu große Werte im Vergleich zur exakten Lösung erhält, dann ist es naheliegend einen mittleren, gewichteten Wert zu nehmen. Die führt auf das **SOR-Verfahren** (**S**uccessive **O**ver**r**elaxation). Das Verfahren beruht auf der Tatsache, dass die Konvergenz des Gauß-Seidel-Verfahrens verbessert wird, wenn man eine Linearkombination des alten Wertes $x_i^{(m)}$ und des aktualisierten Wertes $x_i^{(m+1)}$ wählt.

$$x_i^{(neu)} = w \cdot x_i^{(m+1)} + (1-w) \cdot x_i^{(m)} \; .$$

(SOR-Verfahren)

Der Relaxationsparameter w liegt üblicherweise im Bereich $1 \le w \le 2$. Werte des Relaxationsparameters w über 1 bedeuten, dass der neue Wert stärker gewichtet wird, daher der Name Überrelaxation. Es muss $0 < w < 2$ sein, da sonst keine Konvergenz erfolgt.

Bemerkungen: Es kann gezeigt werden, dass der optimale Relaxationsparameter durch $w_{opt} = \frac{2}{1+\sqrt{1-\rho^2}}$ gegeben ist, wenn ρ der größte Eigenwert der Jacobi-Matrix ist. Das SOR-Verfahren ist im MAPLE-Worksheet **SOR** in Form einer Prozedur programmiert.

A.2.5 Abbruchkriterium

Den Iterationsverfahren ist gemeinsam, dass die Iteration bei Erreichen einer vorgegebenen, gewünschten Genauigkeit abgebrochen werden muss. Durch das iterative Vorgehen wird das lineare Gleichungssystem nicht exakt gelöst. Es ist also $\mathbf{A}\,\mathbf{x} \ne \mathbf{b}$. Daher ist

$$\mathbf{r} := \mathbf{A}\,\mathbf{x} - \mathbf{b} \ne \mathbf{0}.$$

Im m-ten Iterationsschritt ist der Fehler durch

$$r_i^{(m)} = \sum_{j=1}^{n} a_{ij} x_j^{(m)} - b_i \qquad (i = 1, \ldots, n)$$

gegeben. Von diesen Werten bestimmen wir das Maximum (Residuum)

$$\mathbf{r}^{(m)} := \max_{i=1,\ldots,n} |r_i^{(m)}| \; .$$

Um einen **Abbruch** zu erhalten, bestimmt man nach jeder Iteration das Maximum des Residuums. Statt dem Maximum kann auch das quadratische Mittel als Alternative gewählt werden. Als Abbruchkriterium fordert man in der Regel, dass sowohl

(1) das Residuum kleiner einer gewissen Vorgabe ist, $\mathbf{r}^{(m)} < \delta_1$, als auch dass

(2) die Differenz der Werte zweier aufeinander folgender Iterationen kleiner einer vorgegebenen Schranke sind

$$\max_{i=1,\ldots,n} |x_i^{(m)} - x_i^{(m-1)}| < \delta_2.$$

Beispiel A.11 (Mit MAPLE). Gesucht ist eine Näherung für die Lösung von $\mathbf{A}\,\mathbf{x} = \mathbf{b}$ mit der 10×10 Matrix $\mathbf{A}$ aus Beispiel A.8 mit einer Genauigkeit von 10^{-4}. Man verwende hierzu das Jacobi-, das Gauß-Seidel- und das SOR-Verfahren. Man vergleiche die Anzahl der hierfür notwendigen Iterationen. Anschließend gehe man zu der entsprechenden 20×20 bzw. 40×40 Matrix über und vergleiche wieder die Anzahl der Iterationen.

$$\mathbf{A} = \begin{pmatrix} -2 & 1 & 0 & 0 & 0 & \ldots \\ 1 & -2 & 1 & 0 & 0 & \ldots \\ & & \ddots & & & \\ \ldots & 0 & 0 & 1 & -2 & 1 \\ \ldots & 0 & 0 & 0 & 1 & -2 \end{pmatrix} \quad \text{und} \quad \mathbf{b} = \begin{pmatrix} -1 \\ -1 \\ \vdots \\ -1 \\ -1 \end{pmatrix}.$$

Ergebnis:

	10×10	20×20	40×40
Jacobi	250	947	3730
Gauß-Seidel	126	475	1867
SOR	66	254	1003

Man erkennt, dass bei Verdoppelung der Anzahl der Unbekannten die Anzahl der Iterationen sich vervierfacht. D.h. die Anzahl der Iterationen ist $\sim N^2$. Der Proportionalitätsfaktor ist bei SOR am kleinsten und beim Jacobi-Verfahren etwa viermal so groß.

$\square$

Konvergenzaussagen: Für die beschriebenen Verfahren kann man Konvergenzaussagen ableiten, bei denen die Konvergenz der Iterationsverfahren unabhängig vom Startvektor und der rechten Seite gesichert ist. Kriterien dieser Art sind:

(1) Ist $\mathbf{A}$ stark diagonal dominant, dann sind das Jacobi- und das Gauß-Seidel-Verfahren konvergent.

(2) Ist $\mathbf{A}$ symmetrisch und positiv definit, dann sind das Jacobi- und das SOR-Verfahren mit $w \in (0, 2)$ konvergent.

(3) Das SOR-Verfahren ist höchstens für $0 < w < 2$ konvergent.

A.2.6 Verallgemeinerung

Allgemeine theoretische Aussagen und Informationen über die Struktur der Iterationsverfahren erhält man über eine spezielle Matrizendarstellung der Verfahren: Dazu wird die Matrix $\mathbf{A}$ in die Summe

$$\mathbf{A} = \mathbf{L} + \mathbf{D} + \mathbf{U}$$

zerlegt. Dabei ist $\mathbf{L}$ (lower) die Matrix, welche die Elemente von $\mathbf{A}$ im unteren Dreieck enthält, $\mathbf{U}$ (upper) ist die Matrix, welche die Elemente im oberen Dreieck enthält und $\mathbf{D}$ die Matrix mit den Diagonalelementen. Die Matrizen haben somit die Gestalt

$$\mathbf{L} = \begin{pmatrix} 0 & \cdots & \cdots & 0 \\ * & \ddots & & \vdots \\ \vdots & \ddots & \ddots & \vdots \\ * & \cdots & * & 0 \end{pmatrix}, \ \mathbf{D} = \begin{pmatrix} * & & & 0 \\ & \ddots & & \\ & & \ddots & \\ 0 & & & * \end{pmatrix}, \ \mathbf{U} = \begin{pmatrix} 0 & * & \cdots & * \\ \vdots & \ddots & \ddots & \vdots \\ \vdots & & \ddots & * \\ 0 & \cdots & \cdots & 0 \end{pmatrix},$$

wobei "$*$" für ein Matrixelement steht, welches ungleich Null sein darf. Es wird hier vorausgesetzt, dass die Diagonalmatrix D regulär ist und somit die Inverse $\mathbf{D}^{-1}$ existiert. Wir setzen diese Aufspaltung in das Gleichungssystem ein und erhalten

$$(\mathbf{L} + \mathbf{D} + \mathbf{U})\mathbf{x} = \mathbf{b} \ .$$

Behält man $\mathbf{D}$ auf der linken Seite und schafft alles andere auf die rechte, ergibt sich

$$\mathbf{D}\mathbf{x} = -(\mathbf{L} + \mathbf{U})\mathbf{x} + \mathbf{b}.$$

Mit der inversen Matrix $\mathbf{D}^{-1}$ multipliziert folgt

$$\mathbf{x} = -\mathbf{D}^{-1}(\mathbf{L} + \mathbf{U})\mathbf{x} + \mathbf{D}^{-1}\mathbf{b}$$

und damit der Ausgangspunkt für eine Iterationsvorschrift

$$\mathbf{x}^{(m+1)} = -\mathbf{D}^{-1}(\mathbf{L} + \mathbf{U})\mathbf{x}^{(m)} + \mathbf{D}^{-1}\mathbf{b}$$

mit $m = 0, 1, \ldots$. Schaut man sich diese Gleichung komponentenweise an, dann sieht man schnell, dass dies gerade die Matrizenschreibweise des Jacobi-Verfahrens ist. Allgemein definieren wir ein lineares Iterationsverfahren durch die Vorschrift

$$\mathbf{x}^{(m+1)} = \mathbf{M}\mathbf{x}^{(m)} + \mathbf{N}\mathbf{b}. \tag{A.5}$$

Durch die Wahl

$$\mathbf{M}_J := -\mathbf{D}^{-1}(\mathbf{L} + \mathbf{U}), \quad \mathbf{N}_J = \mathbf{D}^{-1}$$

erhält man das **Jacobi-Verfahren**.

Beim *Gauß-Seidel-Verfahren* werden die schon berechneten Werte im neuen Iterationslevel benutzt. Die zugehörigen Koeffizienten stehen in der unteren Dreiecksmatrix. Man erhält somit für dieses Verfahren zunächst

$$(\mathbf{L} + \mathbf{D})\mathbf{x} = -\mathbf{U}\mathbf{x} + \mathbf{b}$$

und daraus die Iterationsvorschrift

$$\mathbf{x}^{(m+1)} = -(\mathbf{L} + \mathbf{D})^{-1}\,\mathbf{U}\mathbf{x}^{(m)} + (\mathbf{L} + \mathbf{D})^{-1}\,\mathbf{b}$$

mit den Iterationsmatrizen

$$\mathbf{M_{GS}} := -(\mathbf{L} + \mathbf{D})^{-1}\,\mathbf{U}, \quad \mathbf{N_{GS}} := (\mathbf{L} + \mathbf{D})^{-1}\,.$$

Das *SOR-Verfahren* lässt sich analog in die Gestalt von Gleichung (A.5) bringen. Die Matrizen der Iterationsvorschrift lauten hier

$$\mathbf{M_{SOR}} = -(\mathbf{wL} + \mathbf{D})^{-1}\,((\mathbf{w} - 1)\mathbf{D} + \mathbf{wU})$$

und

$$\mathbf{N_{SOR}} = \mathbf{w}(\mathbf{wL} + \mathbf{D})^{-1}\,.$$

A.3 Das Verfahren der konjugierten Gradienten

Die klassischen Iterationsverfahren des vorherigen Abschnitts lassen sich auch in der Form

$$\mathbf{x}^{(m+1)} = \mathbf{x}^{(m)} + \alpha\mathbf{B}^{-1}(\mathbf{b} - \mathbf{A}\mathbf{x}^{(m)}) \tag{A.6}$$

mit einer regulären Matrix $\mathbf{B}$ und einem Relaxationsparameter α darstellen. So ergeben sich das Jacobi- und das SOR-Verfahren mit den folgenden Definitionen:

$$\mathbf{B}_J = \mathbf{D}, \quad \alpha_J = 1 \quad \text{bzw.} \quad \mathbf{B}_{SOR} = w\mathbf{L} + \mathbf{D}, \quad \alpha_{SOR} = w\,.$$

Im Falle der Konvergenz liefert Gleichung (A.6)

$$\mathbf{x} = \mathbf{x} + \alpha\mathbf{B}^{-1}(\mathbf{b} - \mathbf{A}\mathbf{x})\,.$$

Man löst somit als Ausgangsgleichung eigentlich

$$\mathbf{B}^{-1}\mathbf{A}\mathbf{x} = \mathbf{B}^{-1}\mathbf{b}\,.$$

Man nennt die Matrix $\mathbf{B}$ auch die Vorkonditionierungsmatrix oder kurz den Vorkonditionierer (im Englischen *Preconditioner*). Die zugehörige Iterationsvorschrift wird als *vorkonditioniertes Richardson-Verfahren* bezeichnet. Der Vorkonditionierer $\mathbf{B}$ sollte so gewählt werden, dass das lineare Gleichungssystem $\mathbf{B}\mathbf{y} = \mathbf{z}$ einfacher als $\mathbf{A}\mathbf{x} = \mathbf{b}$ berechnet werden kann. Bei den klassischen Iterationsverfahren ist dies erfüllt. Bei der Wahl $\mathbf{B} = \mathbf{A}$ und $\alpha = 1$ hätte man die exakte Lösung in einem Schritt. Die Matrix $\mathbf{B}$ sollte $\mathbf{A}$ somit möglichst gut approximieren.

Der Einfachheit halber betrachten wir im Folgenden die **Richardson-Iteration** ohne Vorkonditionierung:

$$\mathbf{x}^{(m+1)} = \mathbf{x}^{(m)} + \alpha(\mathbf{b} - \mathbf{A}\mathbf{x}^{(m)}) \,. \tag{A.7}$$

Betrachtet man die ersten zwei Iterierten, so erhält man

$$\begin{aligned}
\mathbf{x}^{(1)} &= \mathbf{x}^{(0)} + \alpha\mathbf{r}^{(0)} \,, \\
\mathbf{x}^{(2)} &= \mathbf{x}^{(1)} + \alpha(\mathbf{b} - \mathbf{A}\mathbf{x}^{(1)}) \\
&= \mathbf{x}^{(0)} + \alpha\mathbf{r}^{(0)} + \alpha(\mathbf{b} - \mathbf{A}\mathbf{x}^{(0)} - \alpha\mathbf{A}\mathbf{r}^{(0)}) \\
&= \mathbf{x}^{(0)} + 2\alpha\mathbf{r}^{(0)} - \alpha^2\mathbf{A}\mathbf{r}^{(0)} \,.
\end{aligned}$$

Allgemein ergibt sich für die m-te Iterierte eine Darstellung in der Form

$$\mathbf{x}^{(m)} = \mathbf{x}^{(0)} + \gamma_1^{(m)}\mathbf{r}^{(0)} + \gamma_2^{(m)}\mathbf{A}\mathbf{r}^{(0)} + \cdots + \gamma_m^{(m)}\mathbf{A}^{m-1}\mathbf{r}^{(0)} \tag{A.8}$$

mit den Koeffizienten $\gamma_i = \gamma_i(\alpha)$. Die m-te Iterierte ist somit korrigiert durch eine Linearkombination der Vektoren $\mathbf{A}^j\mathbf{r}^{(0)}$, $j = 0, 1, \ldots, m-1$. Man nennt den Unterraum, welcher durch die Vektoren $\mathbf{A}^j\mathbf{r}^{(0)}$ aufgespannt wird,

$$\mathbf{K_m} = \text{span}\left\{\mathbf{r}^{(0)}, \mathbf{A}\mathbf{r}^{(0)}, \ldots, \mathbf{A}^{m-1}\mathbf{r}^{(0)}\right\} \,,$$

den **Krylov-Teilraum** der Ordnung m.

In der Iterationsvorschrift Gleichung (A.8) werden die Koeffizienten $\gamma_i^{(m)}$ durch das vorgegebene α bestimmt. Es stellt sich jetzt die Frage, wie muss α gewählt werden, damit das Verfahren schnell konvergiert. Bevor wir aber auf die Bestimmung von α zu sprechen kommen, verallgemeinern wir die Iterationsvorschrift Gleichung (A.7) zu

$$\mathbf{x}^{(m+1)} = \mathbf{x}^{(m)} + \alpha_m\,\mathbf{p}^{(m)}. \tag{A.9}$$

Dabei wird mit α_m die Schrittweite für den m-ten Iterationsschritt und mit $\mathbf{p}^{(m)}$ die Richtung der Iteration festgelegt. Gesucht sind geeignete Schrittweiten und Richtungen so, dass das Verfahren schnell konvergiert. Die Iterationsvorschrift (A.9) besagt, dass man das Verfahren, genauer gesagt die Iterationsrichtung und Schrittweite sucht, für die der Fehler minimal wird. Denn ändert sich der Wert der Iteration im m-ten Schritt nicht mehr, dann ist $\mathbf{p}^{(m)} = 0$.

Bestimmung der Richtung: Verfahren der konjugierten Gradienten. Wir kommen zunächst auf die geeigneten Richtungen zu sprechen. Ein Kriterium für die Minimierung des Fehlers wird im Folgenden für den Spezialfall einer symmetrischen, positiv definiten Matrix ausgeführt. Das Verfahren nennt man das **Verfahren der konjugierten Gradienten (CG-Verfahren)**. Beim CG-Verfahren berechnet man eine Basis $\{\mathbf{p}^{(1)}, \mathbf{p}^{(2)}, \ldots, \mathbf{p}^{(m)}\}$ des Krylov-Unterraums $\mathbf{K_m}$, für die

$$(\mathbf{p}^i, \mathbf{A}\,\mathbf{p}^j) = 0 \quad \text{für} \quad i \neq j$$

gilt. Diese Eigenschaft heißt **A**-*orthogonal* oder *konjugiert bezüglich* **A**. Der Ansatz im m-ten Iterationsschritt ist

$$\mathbf{p}^{(m)} = -\mathbf{r}^{(m)} + \beta\,\mathbf{p}^{(m-1)}\,. \tag{A.10}$$

Der Wert von β ergibt sich aus der Bedingung der **A**-Orthogonalität von $\mathbf{p}^{(m)}$ mit $\mathbf{p}^{(m-1)}$: Multiplizieren wir Gleichung (A.10) skalar mit $\mathbf{A}\,\mathbf{p}^{(m-1)}$ gilt

$$0 = \mathbf{p}^{(m)} \cdot \mathbf{A}\,\mathbf{p}^{(m-1)} = -\mathbf{r}^{(m)} \cdot \mathbf{A}\,\mathbf{p}^{(m-1)} + \beta\mathbf{p}^{(m-1)} \cdot \mathbf{A}\,\mathbf{p}^{(m-1)}$$

bzw.

$$\beta = \frac{\mathbf{r}^{(m)} \cdot \mathbf{A}\,\mathbf{p}^{(m-1)}}{\mathbf{p}^{(m-1)} \cdot \mathbf{A}\,\mathbf{p}^{(m-1)}}\,.$$

Bestimmung von α für den m-ten Iterationsschritt. Um ein geeignetes α zu bestimmen, müssen wir das ursprüngliche Problem

$$\mathbf{A}\,\mathbf{x} = \mathbf{b}$$

umformulieren: Die Matrix **A** sei symmetrisch und positiv definit. Wir definieren das quadratische Funktional

$$F(\mathbf{v}) := \frac{1}{2}(\mathbf{v}, \mathbf{A}\,\mathbf{v}) - (\mathbf{b}, \mathbf{v})\,,$$

wobei (.,.) das Skalarprodukt bezeichnet

$$(\mathbf{v}, \mathbf{A}\,\mathbf{v}) := \sum_{i=1}^{n}\sum_{k=1}^{n} a_{ik} v_i v_k\,,$$

$$(\mathbf{b}, \mathbf{v}) := \sum_{i=1}^{n} b_i v_i\,.$$

Dann gilt

Satz: Das Auffinden der Lösung $\mathbf{x}$ des linearen Gleichungssystems $\mathbf{A}\,\mathbf{x} = \mathbf{b}$ ist äquivalent zum Lösen der Minimierungsaufgabe

$$\mathbf{x} = \min_{\mathbf{v} \in R^n} F(\mathbf{v}).$$

Begründung: Dies sieht man folgendermaßen. Eine notwendige Bedingung für ein lokales Extremum ist, dass der Gradient grad $F(\mathbf{v})$ Null wird. Mit $\frac{\partial F}{\partial v_i} = \sum_{k=1}^{n} a_{ik}v_k - b_i$ ergibt sich dieser zu

$$\text{grad}\, F(\mathbf{v}) = \mathbf{A}\,\mathbf{v} - \mathbf{b} =: -\mathbf{r}\,.$$

Da die zweite Ableitung, die Hesse-Matrix von $F(\mathbf{v})$, gerade $\mathbf{A}$ ist und diese Matrix nach Voraussetzung positiv definit, ist die Lösung $\mathbf{x}$ des LGS das Minimum. Es zeigt sich, dass dieses Minimum eindeutig ist und es sich um das globale Minimum handelt. Also: □

Die Lösung $\mathbf{x}$ des Gleichungssystems $\mathbf{A}\,\mathbf{x} = \mathbf{b}$ ist das Minimum von $F(\mathbf{v})$ und umgekehrt!

Damit ist ein Kriterium zur Minimierung des Fehlers gefunden: Den Wert von α erhält man aus dieser Minimierungsaufgabe. Sind $\mathbf{x}$ und $\mathbf{p}$ fest, wird α gesucht, so dass die Iterationsvorschrift $\mathbf{x}' = \mathbf{x} + \alpha\,\mathbf{p}$ minimal wird

$$F(\mathbf{x}') = \min_{\alpha}\ F(\mathbf{x} + \alpha\,\mathbf{p}).$$

Nach kurzer Rechnung erhält man

$$\begin{aligned}
F(\mathbf{x} + \alpha\,\mathbf{p}) &= \frac{1}{2}(\mathbf{x} + \alpha\,\mathbf{p}, \mathbf{A}(\mathbf{x} + \alpha\,\mathbf{p})) - (\mathbf{b}, \mathbf{x} + \alpha\,\mathbf{p}) \\
&= \frac{1}{2}(\mathbf{x}, \mathbf{A}\mathbf{x}) + \frac{1}{2}\alpha\,(\mathbf{p}, \mathbf{A}\mathbf{x}) + \frac{1}{2}\alpha(\mathbf{x}, \mathbf{A}\mathbf{p}) + \frac{1}{2}\alpha^2\,(\mathbf{p}, \mathbf{A}\mathbf{p}) - (\mathbf{b}, \mathbf{x}) - \alpha\,(\mathbf{b}, \mathbf{p}) \\
&= \frac{1}{2}\alpha^2\,(\mathbf{p}, \mathbf{A}\mathbf{p}) - \alpha\,(\mathbf{p}, \mathbf{r}) + F(\mathbf{x}) =: F^*(\alpha)\,.
\end{aligned}$$

Das Nullsetzen der Ableitung nach α, $\frac{d}{d\alpha}F^*(\alpha) = \alpha\,(\mathbf{p}, \mathbf{A}\mathbf{p}) - (\mathbf{p}, \mathbf{r}) = 0$, liefert für α den Wert

$$\alpha_{min} = \frac{(\mathbf{p}, \mathbf{r})}{(\mathbf{p}, \mathbf{A}\mathbf{p})}.$$

Die zweite Ableitung nach α ist positiv, da $\mathbf{A}$ positiv definit ist. □

Zusammenfassung (CG-Verfahren). Das lineare Gleichungssystem

$$\mathbf{A}\,\mathbf{x} = \mathbf{b}$$

wird beim CG-Verfahren iterativ gelöst durch den Algorithmus

1. Schritt: Initialisierung

$$\begin{aligned}
\mathbf{x}^{(0)} &= \mathbf{0} \\
\mathbf{r}^{(0)} &= \mathbf{b} - \mathbf{A}\mathbf{x}^{(0)} \\
\mathbf{p}^{(0)} &= \mathbf{r}^{(0)} \\
k &= 0.
\end{aligned}$$

2. Schritt: Iteriere solange $|\mathbf{r}^{(k)}| > 10^{-4}$ maximal jedoch k_{max}-mal

$$\alpha = \frac{(\mathbf{p}^{(k)}, \mathbf{r}^{(k)})}{(\mathbf{p}^{(k)}, \mathbf{A}\mathbf{p}^{(k)})}$$

$$\mathbf{x}^{(k+1)} = \mathbf{b} + \alpha\, \mathbf{p}^{(k)}$$

$$\mathbf{r}^{(k+1)} = \mathbf{b} - \mathbf{A}\mathbf{x}^{(k+1)}$$

$$\beta = \frac{(\mathbf{r}^{(k+1)}, \mathbf{A}\, \mathbf{p}^{(k)})}{(\mathbf{p}^{(k)}, \mathbf{A}\, \mathbf{p}^{(k)})}$$

$$\mathbf{p}^{(k+1)} = -\mathbf{r}(k+1) + \beta\mathbf{p}^{(k)}$$

$$k = k + 1.$$

Beispiel A.12 (Mit MAPLE). Gesucht ist die Lösung von $\mathbf{A}\,\mathbf{x} = \mathbf{b}$ mit der 10×10 Matrix $\mathbf{A}$ aus Beispiel A.8

$$\mathbf{A} = \begin{pmatrix} -2 & 1 & 0 & 0 & 0 \ldots \\ 1 & -2 & 1 & 0 & 0 \ldots \\ & & \ddots & & \\ \ldots & 0 & 0 & 1 & -2 & 1 \\ \ldots & 0 & 0 & 0 & 1 & -2 \end{pmatrix} \quad \text{und} \quad \mathbf{b} = \begin{pmatrix} -1 \\ -1 \\ \vdots \\ -1 \\ -1 \end{pmatrix}$$

In der Prozedur **CG** wird dieser Algorithmus in MAPLE als Prozedur umgesetzt und anschließend angewendet, um das LGS zu lösen. Nach 5 Iterationen erhält man

$$x_1 = 5., x_2 = 9., x_3 = 12.00000000004, x_4 = 14.0000000001, x_5 = 15.,$$
$$x_6 = 15., x_7 = 14.0000000001, x_8 = 12.00000000004, x_9 = 9., x_{10} = 5$$

als Näherungslösung, welche bis auf 9 Nachkommastellen genau ist. Die exakte Lösung des Problems lautet

$$\mathbf{x} = (5, 9, 12, 14, 15, 15, 14, 12, 9, 5)^t. \qquad \square$$

Bemerkung: Der Rechenaufwand für einen Iterationsschritt ergibt sich letztendlich aus der Matrix-Vektor-Multiplikation, aus zwei Skalarprodukten und drei skalaren Multiplikationen von Vektoren. Neben der Matrix $\mathbf{A}$ werden nur $4n$ Speicherplätze benötigt. Eine Vorkonditionierung beim CG-Verfahren ist möglich, indem $\mathbf{A}$ und $\mathbf{b}$ durch $\mathbf{B}^{-1}\mathbf{A}$ und $\mathbf{B}^{-1}\mathbf{b}$ ersetzt werden.

A.4 Aufgaben zum Lösen von großen LGS

A.1   Lösen Sie das LGS $\mathbf{A}\,\mathbf{x} = \mathbf{b}$ mit dem Thomas-Algorithmus

$$\mathbf{A} = \begin{pmatrix} -4 & 2 & 0 & 0 & 0 \\ 2 & -4 & 2 & 0 & 0 \\ 0 & 2 & -4 & 2 & 0 \\ 0 & 0 & 2 & -4 & 2 \\ 0 & 0 & 0 & 2 & -4 \end{pmatrix} \quad \text{und} \quad \mathbf{b} = \begin{pmatrix} 1 \\ 0 \\ 1 \\ 0 \\ 1 \end{pmatrix}.$$

A.2   Gegeben sind die Matrizen

$$\mathbf{A} = \begin{pmatrix} 1 & 0 & 2 & 0 & 1 \\ 0 & 1 & 0 & 2 & -3 \\ 2 & 0 & 8 & 2 & 2 \\ 0 & 2 & 2 & 9 & -4 \\ 1 & -3 & 2 & -4 & 12 \end{pmatrix} \quad \text{und} \quad \mathbf{R} = \begin{pmatrix} 1 & 0 & 2 & 0 & 1 \\ 0 & 1 & 0 & 2 & -3 \\ 0 & 0 & 2 & 1 & 0 \\ 0 & 0 & 0 & 2 & 1 \\ 0 & 0 & 0 & 0 & 1 \end{pmatrix}.$$

a) Zeigen Sie, dass die Matrix $\mathbf{A}$ positiv definit ist, indem Sie alle Hauptdeterminanten bestimmen.

b) Zeigen Sie, dass mit der Matrix $\mathbf{R}$ die Cholesky-Zerlegung möglich ist.

c) Lösen Sie das LGS $\mathbf{A}\,\mathbf{x} = \mathbf{b}$ mit dem Vektor $\mathbf{b} = (1, 0, 1, 0, 1)^t$.

A.3   Bestimmen Sie die Cholesky-Zerlegung der folgenden Matrizen

$$\mathbf{A_1} = \begin{pmatrix} 9 & -3 \\ -3 & 5 \end{pmatrix}, \quad \mathbf{A_2} = \begin{pmatrix} 4 & 2 & 2 \\ 2 & 5 & -3 \\ 2 & -3 & 14 \end{pmatrix}, \quad \mathbf{A_3} = \begin{pmatrix} 9 & -3 & 0 & -12 \\ -3 & 5 & 8 & 12 \\ 0 & 8 & 20 & 14 \\ -12 & 12 & 14 & 34 \end{pmatrix}.$$

A.4   Lösen Sie das LGS $\mathbf{A_i}\,\mathbf{x} = \mathbf{b_i}$ mit dem Cholesky-Algorithmus für die Matrizen aus Aufgabe A.3 mit den Inhomogenitäten

$$\mathbf{b_1} = \begin{pmatrix} 3 \\ 1 \end{pmatrix}, \quad \mathbf{b_2} = \begin{pmatrix} -1 \\ 0 \\ -1 \end{pmatrix}, \quad \mathbf{b_3} = \begin{pmatrix} 0 \\ 4 \\ 0 \\ 4 \end{pmatrix}.$$

A.5   Gegeben ist das LGS $\mathbf{A}\,\mathbf{x} = \mathbf{b}$ mit der $n \times n$-Matrix $\mathbf{A}$

$$\mathbf{A} = \begin{pmatrix} -2 & 1 & 0 & 0 & 0 & \dots \\ 1 & -2 & 1 & 0 & 0 & \dots \\ & & \ddots & & & \\ \dots & 0 & 0 & 1 & -2 & 1 \\ \dots & 0 & 0 & 0 & 1 & -2 \end{pmatrix} \quad \text{und} \quad \mathbf{b} = \begin{pmatrix} 1 \\ 1 \\ \vdots \\ 1 \\ 1 \end{pmatrix}.$$

a) Iterieren Sie für $n = 4$ viermal, um die Lösung des LGS mit dem Jacobi-Verfahren zu erhalten.

b) Lösen Sie für $n = 20$ das LGS mit der MAPLE-Prozedur **Jacobi** bis auf 6 Nachkommastellen. Wieviele Iterationen sind hierzu notwendig?

A.6 a) Iterieren Sie für $n = 4$ viermal, um die Lösung des LGS mit dem Gauß-Seidel-Verfahren zu erhalten.

b) Lösen Sie für $n = 20$ das LGS mit der MAPLE-Prozedur **GaussSeidel** bis auf 6 Nachkommastellen. Wieviele Iterationen sind hierzu notwendig?

A.7 Lösen Sie für $n = 20$ das LGS mit der MAPLE-Prozedur **SOR** bis auf 6 Nachkommastellen. Wieviele Iterationen sind hierzu notwendig?

A.8 Verwenden Sie das Verfahren der konjugierten Gradienten, um das LGS für $n = 20$ bis auf 6 Nachkommastellen zu lösen. Wieviele Iterationen sind hierzu notwendig?

A.9 Lösen Sie das LGS für $n = 100$ zunächst mit den konjugierten Gradienten-Verfahren bis auf 6 Nachkommastellen. Geben sie zu jedem Iterationsschritt das Residuum aus. Wie verhält sich das Residuum? Wiederholen Sie die Rechnung mit der rechten Seite $\mathbf{b} = (1, 0, \cdots, 0)^t$.

B. Numerisches Differenzieren

B.1 Differenzenformeln für die erste Ableitung

Um die Ableitung einer Funktion f an der Stelle x_0 auf einem Rechner numerisch zu berechnen, geht man auf die Definition der Ableitung über den Differenzialquotienten zurück:

$$f'(x_0) = \lim_{h \to 0} \frac{f(x_0 + h) - f(x_0)}{h}.$$

Die Ableitung bedeutet geometrisch die Steigung der Tangente im Punkte $f(x_0)$. Diese Tangentensteigung erhält man, indem man die Sekante durch die Funktionswerte an den Stellen x_0 und $x_0 + h$ aufstellt, die Sekantensteigung

$$\frac{f(x_0 + h) - f(x_0)}{(x_0 + h) - x_0}$$

bestimmt und den Grenzübergang $h \to 0$ berechnet.

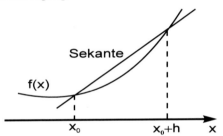

Abb. B.1. Sekantensteigung.

Der Grenzübergang $h \to 0$ kann numerisch nicht durchgeführt werden, da dies sofort zu einem *Overflow* führen würde. Daher nähert man numerisch die Ableitung einer Funktion f im Punkte x_0 durch die Sekantensteigung

$$D^+ f(x_0) = \frac{f(x_0 + h) - f(x_0)}{h}$$

mit $h > 0$ an. Dies ist die **einseitige (rechtsseitige) Differenzenformel.**

Diese einseitige Differenzenformel hat die folgenden Eigenschaften:

(1) Für $h \to 0$ geht der numerische Wert gegen die exakte Ableitung, wenn Rundungsfehler vernachlässigt werden.

(2) Polynome vom Grade $n = 1$ (d.h. Geraden) werden exakt differenziert:
Denn ist $f(x) = m\,x + b$, so gilt

$$D^+ f(x) = \frac{1}{h}\,(f(x+h) - f(x)) = \frac{1}{h}\,(m\,(x+h) + b - (m\,x + b)) = m = f'(x).$$

© Springer-Verlag GmbH Deutschland, ein Teil von Springer Nature 2021
T. Westermann, *Modellbildung und Simulation,*

⚠ **Achtung:** Man beachte, dass im Gegensatz zu einer analytischen Rechnung numerisch nicht die Ableitung einer Funktion, sondern nur der Wert der Ableitung in einem speziell vorgegebenen Punkt x_0 berechnet wird!

Eine genauere Differenzenformel erhält man, wenn man den Mittelwert der rechtsseitigen und linksseitigen Differenzenformel nimmt:

$$D f(x_0) = \tfrac{1}{2}\left(D^+ f(x_0) + D^- f(x_0)\right) \Rightarrow \boxed{D f(x) = \frac{f(x_0 + h) - f(x_0 - h)}{2 h}}$$

(Zentrale Differenzenformel)

Mit dieser Differenzenformel werden Polynome bis zum Grad 2 exakt differenziert: Denn ist $f(x) = a + b\,x + c\,x^2$, so gilt

$$D f(x) = \tfrac{1}{2h}\left[a + b\,(x + h) + c\,(x + h)^2 - a - b\,(x - h) - c\,(x - h)^2\right]$$

$$= \tfrac{1}{2h}\left[2\,b\,h + 4\,c\,x\,h\right] = b + 2\,c\,x = f'(x).$$

Beispiel B.1 (Mit MAPLE-Worksheet): Gesucht ist die Ableitung der Funktion

$$f(x) = \sin(x) \cdot \ln(x) \quad \text{an der Stelle} \quad x_0 = \tfrac{1}{2}.$$

Die exakte Ableitung dieser Funktion lautet

$$f'(x) = \cos(x) \cdot \ln(x) + \frac{\sin(x)}{x} \quad \Rightarrow \quad f'(x_0) = 0.3505571.$$

In Tabelle B.1 sind für unterschiedliche Schrittweiten h die Fehler der numerischen Differenziation betragsmäßig aufgelistet. In der zweiten Spalte steht die Abweichung der exakten Ableitung zum Wert der einseitigen Differenzenformel und in der dritten Spalte zum Wert der zentralen Differenzenformel.

Tabelle B.1:

	Fehler für einseitige Formel	Fehler für zentrale Differenzen
$h = 10^{-1}$	$8.8 \cdot 10^{-2}$	$8.6 \cdot 10^{-3}$
$h = 10^{-2}$	$9.5 \cdot 10^{-3}$	$8.5 \cdot 10^{-5}$
$h = 10^{-3}$	$9.6 \cdot 10^{-4}$	$8.5 \cdot 10^{-7}$
$h = 10^{-4}$	$9.6 \cdot 10^{-5}$	$8.5 \cdot 10^{-9}$
	$\sim h$	$\sim h^2$

Man entnimmt Tabelle B.1 das Fehlerverhalten der beiden Verfahren: Der Fehler bei der einseitigen Differenzenformel ist proportional zu h, während er bei der zentralen Differenzenformel proportional zu h^2. Dieses Verhalten spiegelt die **Ordnung** des Verfahrens wider. Man nennt die einseitigen Differenzenformeln von erster Ordnung und die zentralen Differenzenformeln von zweiter Ordnung.   □

Verhalten des Gesamtfehlers. Die Aussagen über das Fehlerverhalten gelten allerdings nur, wenn man die Rundungsfehler vernachlässigt. Denn setzen wir Tabelle B.1 für kleinere h-Werte fort, so erhält man für eine Rechengenauigkeit von 10 Stellen das folgende Verhalten.

Tabelle B.2:

h	Fehler für einseitige Formel	Fehler für zentrale Differenzen
10^{-1}	$8.8 \cdot 10^{-2}$	$8.6 \cdot 10^{-3}$
10^{-2}	$9.5 \cdot 10^{-3}$	$8.5 \cdot 10^{-5}$
10^{-3}	$9.6 \cdot 10^{-4}$	$8.5 \cdot 10^{-7}$
10^{-4}	$9.6 \cdot 10^{-5}$	$8.5 \cdot 10^{-9}$
10^{-5}	$9.6 \cdot 10^{-6}$	$1.4 \cdot 10^{-8}$
10^{-6}	$1.1 \cdot 10^{-6}$	$3.0 \cdot 10^{-8}$
10^{-7}	$2.9 \cdot 10^{-6}$	$7.1 \cdot 10^{-7}$
10^{-8}	$7.5 \cdot 10^{-6}$	$1.5 \cdot 10^{-5}$
10^{-9}	$5.0 \cdot 10^{-4}$	$5.3 \cdot 10^{-5}$
10^{-10}	$4.1 \cdot 10^{-3}$	$1.8 \cdot 10^{-3}$
10^{-11}	$1.3 \cdot 10^{-2}$	$9.4 \cdot 10^{-3}$
10^{-12}	$1.0 \cdot 10^{-1}$	$1.2 \cdot 10^{-1}$

⚠ Man erkennt, dass obwohl h sich verkleinert, der Fehler ab einem gewissen h wieder ansteigt. Obwohl der **Verfahrensfehler** (= *Diskretisierungsfehler*) gegen Null geht, steigt der Gesamtfehler an. Es gilt

Gesamtfehler = Verfahrensfehler + Rundungsfehler.

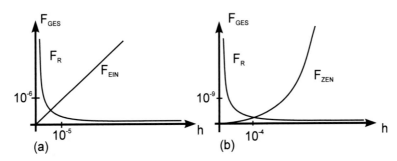

Abb. B.2. Fehlerverhalten: (a) einseitiger, (b) zentraler Differenzenquotient.

Der Verfahrensfehler tritt auf, da der Differenzialquotient für die Ableitung durch die Sekantensteigung mit $h > 0$ ersetzt wird. Der Rundungsfehler beruht auf der Tatsache, dass bei einer numerischen Rechnung die Zahlen nur näherungsweise dargestellt werden und mit endlicher Genauigkeit gerechnet wird. Der Diskretisierungsfehler geht für $h \to 0$ gegen Null, der *Rundungsfehler* geht für kleine h wie $\frac{1}{h}$ so dass der Gesamtfehler für sehr kleine h durch den Rundungsfehler bestimmt ist.   □

Interpretation des zentralen Differenzenquotienten.

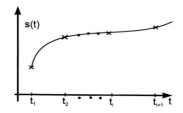

Abb. B.3. Weg-Zeit-Gesetz.

Gegeben sei ein Bewegungsvorgang $s(t)$, wobei das Weg-Zeit-Gesetz nur zu diskreten Zeitpunkten t_1, t_2, ..., t_n bekannt ist: $s(t_1)$, $s(t_2)$, ..., $s(t_n)$. Gesucht ist die Geschwindigkeit in den Zeitintervallen $[t_i, t_{i+1}]$.

Da von diesem Bewegungsvorgang kein funktionaler Zusammenhang vorliegt, können nur die diskreten Größen $s(t_1)$, ..., $s(t_n)$ zur Berechnung der Geschwindigkeit herangezogen werden. Die **mittlere Geschwindigkeit** im Intervall $[t_i, t_{i+1}]$ ist

$$v_m = \frac{s(t_{i+1}) - s(t_i)}{t_{i+1} - t_i}.$$

Sie repräsentiert die Geschwindigkeit in der Mitte des Intervalls, also bei $t = \frac{1}{2}(t_{i+1} + t_i)$. Dies entspricht genau dem **zentralen Differenzenquotienten.**   □

Ist die Funktion f an den diskreten Stellen $(x_1, f(x_1)), \ldots, (x_n, f(x_n))$ bekannt, so wird die Ableitung der Funktion an diesen Stellen numerisch berechnet durch

$$\frac{f(x_{i+1}) - f(x_i)}{x_{i+1} - x_i} \qquad i = 1, \ldots, n-1.$$

Mit dem zentralen Differenzenquotient erhält man die Ableitung näherungsweise in der Mitte des Intervalls. Man kann die einseitigen Differenzenformeln aber auch erweitern, so dass der Wert der Ableitung am Rand von zweiter Ordnung berechnet wird, wenn man drei Messwerte berücksichtigt.

Gegeben seien die Wertepaare $(x_i, f(x_i))$, $(x_{i+1}, f(x_{i+1}))$, $(x_{i+2}, f(x_{i+2}))$. Die folgenden Differenzenformeln berechnen näherungsweise $f'(x_i)$, $f'(x_{i+1})$, $f'(x_{i+2})$:

$$\boxed{\begin{aligned} f_i' &= \frac{1}{2h}\left(-3f_i + 4f_{i+1} - f_{i+2}\right) \\[2mm] f_{i+1}' &= \frac{1}{2h}\left(-f_i + f_{i+2}\right) \\[2mm] f_{i+2}' &= \frac{1}{2h}\left(f_i - 4f_{i+1} + 3f_{i+2}\right). \end{aligned}}$$

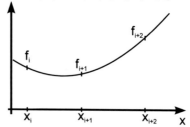

Differenzenformeln bei nicht-äquidistanter Unterteilung. Obige Formeln liefern jedoch nur bei *äquidistanter Unterteilung* des Intervalls ($h = x_{i+1} - x_i = x_{i+2} - x_{i+1}$) Verfahren zweiter Ordnung. Bei *nicht-äquidistanter Unterteilung* müssen diese Formeln verallgemeinert werden. Dazu führen wir eine Vorgehensweise ein, mit der man allgemein Differenzenformeln gewinnen kann. Zur Vereinfachung der Notation setzen wir $i = 0$.

Die Differenzenformel für die erste Ableitung einer Funktion von zweiter Ordnung kann man gewinnen, indem man durch die Punkte (x_0, f_0), (x_1, f_1), (x_2, f_2) das Newtonsche Interpolationspolynom $p_2(x)$ vom Grade 2 bestimmt (siehe B.4), anschließend dieses Polynom ableitet und an der gesuchten Zwischenstelle auswertet. Wir führen diese Vorgehensweise nur für die Ableitung an der Stelle x_1 vor:

Ansatz: $f(x) = a_0 + a_1 (x - x_0) + a_2 (x - x_0) (x - x_1)$

$$f'(x) = a_1 + a_2 (x - x_1) + a_2 (x - x_0)$$

$$\Rightarrow f'(x_1) = a_1 + a_2 (x_1 - x_0).$$

Bestimmung der Koeffizienten:

$$
\begin{array}{lll}
x_0 \;\; f_0 & & \\
& \searrow & \\
x_1 \;\; f_1 & \rightarrow \dfrac{f_1 - f_0}{x_1 - x_0} & \\
& \searrow & \searrow \\
x_2 \;\; f_2 & \rightarrow \dfrac{f_2 - f_1}{x_2 - x_1} & \rightarrow \left(\dfrac{f_2 - f_1}{x_2 - x_1} - \dfrac{f_1 - f_0}{x_1 - x_0} \right) \Big/ (x_2 - x_0)
\end{array}
$$

$$\Rightarrow a_0 = f_0$$

$$\Rightarrow a_1 = \frac{f_1 - f_0}{x_1 - x_0}$$

$$\Rightarrow a_2 = \frac{(x_1 - x_0)(f_2 - f_1) - (x_2 - x_1)(f_1 - f_0)}{(x_2 - x_0)(x_2 - x_1)(x_1 - x_0)}.$$

Setzen wir diese Koeffizienten in $f'(x_1)$ ein, folgt

$$f_1' = \frac{f_1 - f_0}{x_1 - x_0} + \frac{(x_1 - x_0)(f_2 - f_1) - (x_2 - x_1)(f_1 - f_0)}{(x_2 - x_0)(x_2 - x_1)}.$$

Speziell für eine äquidistante Unterteilung $h = (x_1 - x_0) = (x_2 - x_1)$ folgt

$$f_1' = \frac{f_1 - f_0}{h} + \frac{h(f_2 - f_1) - h(f_1 - f_0)}{2\,h\,h} = \frac{f_2 - f_0}{2\,h}.$$

Dies ist wieder die zentrale Differenzenformel.   □

Genauere Formeln erhält man, indem nicht durch drei Punkte, sondern durch mehrere Punkte das Interpolationspolynom gelegt, dieses abgeleitet und an der gesuchten Stelle ausgewertet wird. Die Genauigkeit der so bestimmten Differenzenformeln berechnet man mit dem **Taylor-Abgleich**. Wir führen diese Methode für den zentralen Differenzenquotienten bei einer äquidistanten Unterteilung vor.

Berechnung der Ordnung der Differenzenformeln. Sei f eine 4-mal stetig differenzierbare Funktion, dann gilt nach dem Taylorschen Satz

$$f(x) = f(x_0) + f'(x_0)(x - x_0) + \frac{1}{2!}f''(x_0)(x - x_0)^2$$
$$+ \frac{1}{3!}f'''(x_0)(x - x_0)^3 + R_3(x).$$

Wir setzen diesen Ausdruck in die zentrale Differenzenformel ein. Dazu bestimmen wir

$$f(x_0 + h) = f(x_0) + f'(x_0)h + \frac{1}{2!}f''(x_0)h^2 + \frac{1}{3!}f'''(x_0)h^3 + R_3(h)$$
$$f(x_0 - h) = f(x_0) - f'(x_0)h + \frac{1}{2!}f''(x_0)h^2 - \frac{1}{3!}f'''(x_0)h^3 + R_3(-h)$$

$$\Rightarrow f(x_0 + h) - f(x_0 - h) = 2h\,f'(x_0) + \frac{1}{3}f'''(x_0)h^3 + R_3(h) - R_3(-h)$$

$$\Rightarrow \quad \frac{1}{2h}\left(f(x_0 + h) - f(x_0 - h)\right) = f'(x_0) + O\left(h^2\right).$$

Auf der linken Seite steht der zentrale Differenzenquotient und auf der rechten Seite die Ableitung der Funktion plus einem Term $O\left(h^2\right)$, der proportional zu h^2 ist. Bis auf diesen Term $O\left(h^2\right)$ stimmen Ableitung und zentraler Differenzenquotient überein. Man nennt den Exponenten die **Ordnung des Verfahrens**. Dies spiegelt genau unsere experimentelle Beobachtung aus Tabelle B.1 wider, dass der zentrale Differenzenquotient von der Ordnung 2 ist.

B.2 Differenzenformeln für die zweite Ableitung

Gegeben sei ein Bewegungsvorgang $s(t)$, wobei das Weg-Zeit-Gesetz nur zu diskreten Zeitpunkten $s(t_1)$, $s(t_2)$, $s(t_3)$ bekannt ist. Gesucht ist die Beschleunigung zum Zeitpunkt t_2.

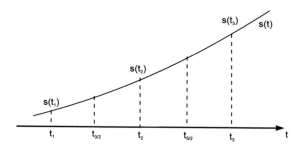

Abb. B.4. Näherung an die zweite Ableitung.

Aufgrund der Werte $s\,(t_1)$, $s\,(t_2)$ und $s\,(t_2)$, $s\,(t_3)$ können die mittleren Geschwindigkeiten $v_{3/2}$ und $v_{5/2}$ für die Intervalle $[t_1, t_2]$ und $[t_2, t_3]$ über die zentralen Differenzenquotienten berechnet werden:

$$v_{3/2} = \frac{s\,(t_2) - s\,(t_1)}{t_2 - t_1} = \frac{s\,(t_2) - s\,(t_1)}{\Delta t}$$

$$v_{5/2} = \frac{s\,(t_3) - s\,(t_2)}{t_3 - t_2} = \frac{s\,(t_3) - s\,(t_2)}{\Delta t},$$

wenn wir von gleichen Zeitintervallen $t_2 - t_1 = t_3 - t_2 = \Delta t$ ausgehen. Die Beschleunigung ist die Ableitung der Geschwindigkeit:

$$a\,(t) = v'\,(t)\,.$$

Wir leiten daher mit dem zentralen Differenzenquotienten $v(t)$ ab und erhalten die mittlere Beschleunigung a_2 im Intervall $\left[t_{3/2}, t_{5/2}\right]$

$$a_2 = \frac{v_{5/2} - v_{3/2}}{\Delta t}\,.$$

Setzen wir die Formeln für $v_{5/2}$ und $v_{3/2}$ ein, folgt

$$a_2 = \frac{s\,(t_1) - 2\,s\,(t_2) + s\,(t_3)}{(\Delta t)^2} \approx s''\,(t_2)\,.$$

Dies ist der **zentrale Differenzenquotient für die zweite Ableitung**. Dieser zentrale Differenzenquotient ist von der Ordnung 2.

Bemerkungen:

(1) Allgemeine Diskretisierungsformeln für die zweite Ableitung mit höherer Ordnung sowie bei nicht äquidistanter Unterteilung erhält man, indem durch vorgegebene Punkte $s\,(t_1)$, $s\,(t_2)$, ..., $s\,(t_n)$ das Interpolationspolynom gelegt, dieses zweimal differenziert und anschließend die auszuwertende Stelle eingesetzt wird.

(2) Der Verfahrensfehler wird durch Taylor-Abgleich berechnet.

B.3 Differenzenformeln für die n-te Ableitung

Die MAPLE-Prozedur **DiffFormeln** bestimmt zu vorgegebenen Punkten (t_1, s_1), (t_2, s_2), ...,(t_k, s_k) Diskretisierungsformeln für die n-te Ableitung. Zur sinnvollen Anwendung der Prozedur muss $k > n$ gewählt werden! Die Prozedur legt zunächst durch die Punkte das Interpolationspolynom und leitet dieses n-mal ab. Anschließend wird dieses Polynom an einer spezifizierten Stelle t_i $(1 \leq i \leq k)$ ausgewertet. Die Parameter der Prozedur **DiffFormeln**(t, s, n, i) sind
- t : Liste oder Vektor der x-Werte
- s : Liste oder Vektor der y-Werte
- n : Ordnung der Ableitung
- i : Stelle, an der die Diskretisierungsformel erstellt werden soll.

Beispiel B.2 (Mit Maple).

(1) Gesucht ist die Diskretisierungsformel für die zweite Ableitung ($n = 2$) bei *nicht-äquidistanter* Unterteilung des Intervalls t_1, t_2, t_3 an der Stelle t_2 ($i = 2$).

```
> t := [t1, t2, t3]:
> s := [s1, s2, s3]:
> DiffFormeln (t, s, 2, 2);
```

$$2\,\frac{s3\,t2 - s3\,t1 - s2\,t3 + s2\,t1 + s1\,t3 - s1\,t2}{(t2 - t1)\,(t3 - t1)\,(t3 - t2)}$$

(2) Gesucht ist die Diskretisierungsformel für die dritte Ableitung ($n = 3$) bei *äquidistanter* Unterteilung des Intervalls t_1, t_2, t_3, t_4, t_5 an der Stelle t_2 ($i = 2$).

```
> t := [t1, t1 + h, t1 + 2*h, t1 + 3*h, t1 + 4*h]:
> s := [s1, s2, s3, s4, s5]:
> DiffFormeln (t, s, 3, 2);
```

$$-\frac{1}{2}\,\frac{s5 - 6\,s4 + 12\,s3 + 3\,s1 - 10\,s2}{h^3}$$

B.4 Interpolationspolynome mit dem Newton-Algorithmus

Von einem unbekannten funktionalen Zusammenhang sind $(n + 1)$ Wertepaare gegeben: $P_1\,(x_1,\,y_1)$; $P_2\,(x_2,\,y_2)$; ...; $P_{n+1}\,(x_{n+1},\,y_{n+1})$. Gesucht sind die Funktionswerte an Zwischenstellen. Hierzu gibt es genau ein Polynom vom Grad höchstens n, welches durch diese $(n + 1)$ Werte geht:

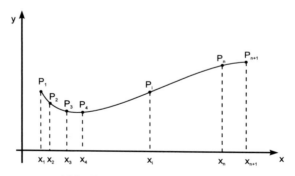

Abb. B.5. Interpolationspolynom.

Ein einfacheres Rechenschema zur Bestimmung des Interpolationspolynoms geht auf einen Ansatz von Newton zurück:

$$f\,(x) = a_0 + a_1\,(x - x_1) + a_2\,(x - x_1)\,(x - x_2) + \ldots$$
$$+ a_n\,(x - x_1)\,(x - x_2) \cdot \ldots \cdot (x - x_n).$$

Die Koeffizienten $a_0, a_1, \ldots, a_n$ werden bei diesem Ansatz *iterativ* bestimmt:

$$y_1 = f(x_1) = a_0 \hookrightarrow \boxed{a_0 = y_1.}$$

$$y_2 = f(x_2) = a_0 + a_1(x_2 - x_1) \quad \hookrightarrow \quad \boxed{a_1 = \frac{y_2 - y_1}{x_2 - x_1}.}$$

$$y_3 = f(x_3) = a_0 + a_1(x_3 - x_1) + a_2(x_3 - x_1)(x_3 - x_2)$$

$$
\begin{aligned}
a_2 &= \frac{y_3 - a_0 - a_1(x_3 - x_1)}{(x_3 - x_1)(x_3 - x_2)} = \frac{y_3 - y_1 - \frac{y_2 - y_1}{x_2 - x_1}(x_3 - x_1)}{(x_3 - x_1)(x_3 - x_2)} \\
&= \frac{1}{x_3 - x_1}\left\{\frac{y_3 - y_1}{x_3 - x_2} - \frac{y_2 - y_1}{x_2 - x_1}\frac{x_3 - x_1}{x_3 - x_2}\right\} \\
&= \frac{1}{x_3 - x_1}\left\{\frac{y_3 - y_2}{x_3 - x_2} + \frac{y_2 - y_1}{x_3 - x_2} - \frac{y_2 - y_1}{x_2 - x_1}\frac{x_3 - x_1}{x_3 - x_2}\right\} \\
&= \frac{1}{x_3 - x_1}\left\{\frac{y_3 - y_2}{x_3 - x_2} - \frac{y_2 - y_1}{x_2 - x_1}\right\}.
\end{aligned}
$$

Setzt man $D_{2,1} = \dfrac{y_2 - y_1}{x_2 - x_1}$, $D_{3,2} = \dfrac{y_3 - y_2}{x_3 - x_2} \hookrightarrow \boxed{a_2 = \dfrac{D_{3,2} - D_{2,1}}{x_3 - x_1}.}$

Mit vollständiger Induktion zeigt man, dass mit den Abkürzungen

$$D_{4,3,2} = \frac{D_{4,3} - D_{3,2}}{x_4 - x_2}; \; D_{3,2,1} = \frac{D_{3,2} - D_{2,1}}{x_3 - x_1} \text{ usw. gilt}$$

$$\boxed{a_{k-1} := D_{k,\ldots,1} \text{ für } k \geq 1.}$$

Die Ausdrücke $D_{k,\ldots,1}$ heißen *dividierte Differenzen* und die Berechnung erfolgt mittels des folgenden Schemas:

k	x_k	y_k				
1	x_1	$\boxed{y_1}$				
2	x_2	y_2	$\to$ $\boxed{D_{2,1}} = \frac{y_2 - y_1}{x_2 - x_1}$			
3	x_3	y_3	$\to$ $D_{3,2} = \frac{y_3 - y_2}{x_3 - x_2}$	$\to$ $\boxed{D_{3,2,1}} = \frac{D_{3,2} - D_{2,1}}{x_3 - x_1}$		
4	x_4	y_4	$\to$ $D_{4,3} = \frac{y_4 - y_3}{x_4 - x_3}$	$\to$ $D_{4,3,2} = \frac{D_{4,3} - D_{3,2}}{x_4 - x_2}$	$\to \cdots$	
$\vdots$						
$\vdots$						
$n+1$	x_{n+1}	y_{n+1}	$\to D_{n+1,n} = \frac{y_{n+1} - y_n}{x_{n+1} - x_n}$	$\to$	$\cdots$	$\to \cdots$

Die Zahlen $y_1 = a_0$, $D_{2,1} = a_1$, $D_{3,2,1} = a_2$, $D_{4,3,2,1} = a_3, \ldots, D_{n+1,\ldots,1} = a_n$ sind dann die gesuchten Koeffizienten des **Newtonschen Interpolationspolynoms**.

Beispiel B.3. Gesucht ist das Interpolationspolynom vom Grade höchsten 4, welches durch die Punkte $P_1 (0, -12)$, $P_2 (2, 16)$, $P_3 (5, 28)$ und $P_4 (7, -54)$ geht.

Ansatz: $f(x) = a_0 + a_1 (x - x_1) + a_2 (x - x_1)(x - x_2) + a_3 (x - x_1)(x - x_2)(x - x_3)$.

Bestimmung der Koeffizienten:

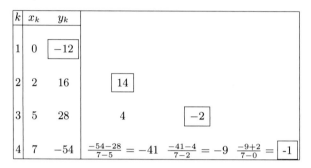

Aus dem Schema der dividierten Differenzen lesen wir die Koeffizienten des Polynoms ab: $a_0 = -12$, $a_1 = 14$, $a_2 = -2$ und $a_3 = -1$. Damit erhalten wir das Polynom vom Grade 3

$$
\begin{aligned}
f(x) &= a_0 + a_1 (x - x_1) + a_2 (x - x_1)(x - x_2) \\
&\qquad + a_3 (x - x_1)(x - x_2)(x - x_3) \\
&= -12 + 14(x - 0) - 2(x)(x - 2) - 1(x)(x - 2)(x - 5) \\
&= -x^3 + 5x^2 + 8x - 12.
\end{aligned}
$$

B.5 Aufgaben zum numerischen Differenzieren

B.1 Differenzieren Sie die Funktion $f(x) = e^{x \ln x}$ numerisch an der Stelle $x_0 = 3$ mit dem zentralen Differenzenquotient für $h = 10^{-1}, 10^{-2}, 10^{-3}$. Vergleichen Sie die Ergebnisse mit dem exakten Wert.

B.2 Bestimmen Sie numerisch die zweite Ableitung der Funktion

$$f(x) = \ln\left(\sin^2\left(x^2 + 4x + \ln x\right)\right)$$

an der Stelle $x_0 = \frac{1}{2}$ für $h = 10^{-1}, 10^{-2}, 10^{-3}$.

B.3 Was passiert in Aufgaben B.1 und B.2, wenn h noch kleiner gewählt wird: $h = 10^{-4}, 10^{-5}, \ldots, 10^{-9}$?

B.4 Zeigen Sie, dass die Differenzenformel $f_0' = \frac{1}{2h}\left(-3f_0 + 4f_1 - f_2\right)$ bei äquidistanter Unterteilung Polynome vom Grad 2 exakt differenziert ($h = x_2 - x_1$). Welche Ordnung besitzt dieses Verfahren?

B.5 Erstellen Sie eine Differenzenformel für die zweite Ableitung einer Funktion bei $x = x_2$, wenn die Funktion an den Punkten (x_0, f_0), (x_1, f_1), (x_2, f_2), (x_3, f_3), (x_4, f_4) vorliegt. Welche Formel gilt für den Spezialfall einer äquidistanten Unterteilung?

B.6 Erstellen Sie eine Differenzenformel für die dritte Ableitung einer Funktion bei $x = x_2$, wenn die Funktion an den Punkten (x_0, f_0), (x_1, f_1), (x_2, f_2), (x_3, f_3), (x_4, f_4) vorliegt. Wählen Sie hierzu eine äquidistanten Unterteilung?

B.7 Berechnen Sie numerisch die **erste** Ableitung der folgenden Funktionen an der Stelle $x_0 = 2$ bis auf 5 Dezimalstellen genau

a) $f_1(x) = \frac{5}{3}\exp(\frac{1}{5}(x+1)^{\frac{1}{3}}) - x$ b) $f_2 = \sin(\ln(x^2+2)^2)$
c) $f_3(x) = x^5 + x^4 - 1$ d) $f_4(x) = e^{-4x} - \sin x - \cos x - 1$

indem Sie die Schrittweite h klein genug wählen.

B.8 Berechnen Sie numerisch die **zweite** Ableitung der folgenden Funktionen an der Stelle $x_0 = 2$ bis auf 5 Dezimalstellen genau

a) $f_1(x) = \frac{5}{3}\exp(\frac{1}{5}(x+1)^{\frac{1}{3}}) - x$ b) $f_2 = \sin(\ln(x^2+2)^2)$
c) $f_3(x) = x^5 + x^4 - 1$ d) $f_4(x) = e^{-4x} - \sin x - \cos x - 1$

indem Sie die Schrittweite h klein genug wählen.

C. Logfiles

C.1 Elektrostatische Simulation

```
/PREP7   !**************Öffnen des Preprocessors************************
ET,1,PLANE121    !Festlegen des Element Typs
MP,PERX,1,1      !Festlegen der rel. Dielektrizitätskonstante: 1

!*Definition der Keypoints
K,1,0,0
K,2,0.2,0
K,3,0.2,0.2
K,4,0,0.2
K,5,0,0.14
K,6,0.1,0.1
K,7,0,0.06

!*Festlegung der Flächen A1 und A2
A,1,2,3,4
A,5,6,7
!*Subtraktion A1-A2
ASBA,      1,       2
APLOT

!* Festlegen der Gitterfeinheit bei Keypoints
KESIZE,ALL,  0.01
KESIZE,6  ,  0.002
!* Vernetzen des Gebiets
AMESH,3
FINISH

/SOL     !**************Öffnen der Solution*************************
DL,9,3,VOLT,10          !*Randbedingungen auf den Linien setzen
DL,5,3,VOLT,10
DL,6,3,VOLT,10
DL,8,3,VOLT,10
DL,2,3,VOLT,0
DL,1,3,SYMM
DL,3,3,SYMM


SOLVE                    !Lösen
FINISH

/POST1   !**************Öffnen des Postprocessors******************
PLNSOL,VOLT                 !*Potenzialdarstellung
PLVECT,EF, , , ,VECT,ELEM,ON,0  !*Elektrisches Feld
```

© Springer-Verlag GmbH Deutschland, ein Teil von Springer Nature 2021
T. Westermann, *Modellbildung und Simulation*,
https://doi.org/10.1007/978-3-662-63045-7

C.2 Statische, thermische Simulation

```
/PREP7    !**************Öffnen des Preprocessors************************
ET,1,PLANE77          !Festlegen des Element Typs
MP,KXX,1,46           !Festlegen der Wärmeleitfähigkeit: 46 W/m*K

!*Definition der Flächen A1 und A2
RECTNG, 0,0.06, 0,0.06,
PCIRC, 0.005, ,0,360,
!*Subtraktion A1-A2
ASBA,      1,      2
APLOT

!* Festlegen der Gitterfeinheit bei Keypoints
KESIZE,ALL, 0.006
KESIZE,5,   0.001
KESIZE,6,   0.0005

!* Vernetzen des Gebiets
AMESH,3
FINISH

/SOL     !**************Öffnen der Solution************************
!*Randbedingungen auf den Linien setzen
SFL,2,CONV,290,,70
DL,5,3,TEMP,750

SOLVE                    !Lösen
FINISH

/POST1    !**************Öffnen des Postprocessors********************

PLNSOL,TEMP                          !Temperaturverteilung
PLVECT,TF, , , ,VECT,ELEM,ON,0        !Thermischer Fluss

!*Interaktives Festlegen des Pfads
FLST,2,2,1
FITEM,2,1
FITEM,2,40
!*
PATH,Weg1,2,30,20,
PPATH,P51X,1
PATH,STAT
!*
PDEF,Weg1,TEMP, ,AVG
/PBC,PATH, ,0
!*
PLPATH,WEG1
```

C.3 Transiente, thermische Simulation: Ein-Last-Simulation

```
/PREP7   !**************Öffnen des Preprocessors****************************
ET,1,PLANE77              !Festlegen des Element Typs

MP,KXX,1,46               !Festlegen der Wärmeleitfähigkeit: 46 W/m*K
MP,DENS,1,7850            !Festlegen der Dichte: 7.84e3 kg/m^3
MP,C,1,420                !Festlegen der spez. Wärmekapazität 0.46 J/kg*K

RECTNG, 0, 0.06, 0, 0.06,  !*Definition der Flächen A1 und A2
PCIRC, 0.005, ,0,360,
ASBA,      1,      2      !*Subtraktion A1-A2
APLOT

KESIZE,ALL, 0.006         !* Festlegen der Gitterfeinheit bei Keypoints
KESIZE,5,   0.001
KESIZE,6,   0.0005

AMESH,3                   !* Vernetzen des Gebiets
FINISH

/SOL    !**************Öffnen der Solution*****************************
ANTYPE,4         !Transiente Simulation
TOFFST,273       !Temperaturoffset von 273
TUNIF,20,        !Anfangsbedingung für die Simulation: 20°C auf allen Knoten

SFL,2,CONV,290,,70        !*Randbedingungen auf den Linien setzen
DL,5,3,TEMP,750

OUTRES,ALL,ALL,           !*Ausgabe der Temperaturwerte für die Zwischenschritte

TIME,400                  !Zeit am Ende des Lastschrittes
AUTOTS,0                  !keine automatische Schrittweitenanpassung
DELTIM,20, , ,1           !20 Zeitschrittweite
KBC,1                     !Last wird komplett aufgebracht

SOLVE
FINISH

/POST1   !**************Öffnen des General Postprocessors****************
SET,LIST,999       !Erstellen einer Liste aller verfügbaren Zwischenschritte
SET,,, ,,, ,7      !Auswahl von Zwischenschritt 5
!*
PLNSOL, TEMP,, 0   !Temperaturverteilung zum gewählten Set

ANTIME,20,0.5, ,1,0,0,0   !Animation mit einheitlicher Skalierung aller Bilder
!ANTIME,20,0.5, ,0,0,0,0   !Animation mit getrennter Skalierung der Bilder
!ANIM                     !Restart einer Animation
FINISH
```

```
/POST26   !********Öffnen des Postprocessors: Time-History-
Postprocessor*****
NSOL,2,1,TEMP,, TEMP_3 !Auf Knoten 1 wird  T über der Zeit interpoliert;
                      !Name der Daten: TEMP_3 mit Referenznummer 2
STORE,MERGE           !Übernehme die über der Zeit berechneten Daten für
                      !obigen Knoten aus der Berechnung
XVAR,1                !x-Koordinate=Zeit
PLVAR,2,              !y-Koordinate=Referenznummer 2
```

C.4 Transiente, thermische Simulation: Mehr-Lasten-Simulation - nur Solution-Teil

```
/SOL      !**************Öffnen der Solution********************************
ANTYPE,4        !Transiente Simulation
TOFFST,273      !Temperaturoffset von 273
TUNIF,20,       !Anfangsbedingung für die Simulation: 20°C auf allen Knoten

SFL,2,CONV,290,,70      !*Randbedingungen auf den Linien setzen
DL,5,3,TEMP,750

OUTRES,ALL,ALL,         !*Ausgabe der Temperaturwerte für die Zwischenschritte

!****** 1. Lastschritt: Aufbringen der Heizung von 750°C innerhalb von 40 sec
!                       Automatische Schrittweitensteuerung
!                       Die Last wird rampenförmig aufgebracht
TIME,40
AUTOTS,1
KBC,0
LSWRITE,1               !Schreiben der Last auf Datei   *.s01
TSRES,ERASE

!****** 2. Lastschritt: Simulation bis 400 sec bei 20 Zwischenschritten
!                       Keine automatische Schrittweitensteuerung
!                       Die Last/Randbedingung erfolgt sprungartig (stepped)
TIME,400
AUTOTS,0
DELTIM,20, , ,1         !20 Zeitschrittweite
KBC,1
LSWRITE,2               !Schreiben der Last auf Datei *.s02
TSRES,ERASE

****** 3. Lastschritt: Rechnung bis 1000 sec, mit automatischer Steuerung
TIME,1000
AUTOTS,1
!DELTIM,0,0,0,1
KBC,1
LSWRITE,3               !Schreiben der Last auf Datei   *.s03

LSSOLVE,1,3             !*** Lösen von Lastschritt 1 - 3 ***
```

C.5 Mechanische Simulation (statisch)

```
/PREP7    !**************Öffnen des Preprocessors****************************

ET,1,PLANE183            !Definition des Element Types
KEYOPT,1,3,1             !Setzen der Rotationssymmetrie

!*Materialdaten
MP,EX,1,2.1e11           !E-Modul
MP,PRXY,1,0.33           !Poisson-Ratio

!*Keypoints
K,1, 0, 0.05,,,
K,2, 0.03,0.05,,
K,3, 0.075,0.075,,
K,4, 0.095,0.0625,,
K,5, 0.1,0.05,,
K,6, 0.1,0,,
K,7, 0.15,0,,
K,8, 0.15,0.09,,
K,9, 0,0.09,,

!*Nummereirung einschalten
/PNUM,KP,1              !Nummerierung der Keypoints on
KPLOT                   !Zeichnen aller Keypoints

!*Definition der Linien und des Kreisbogens
LSTR,     1,      2
LSTR,     2,      3
LARC,     3,      5,      4    !<- Kreisbogen
LSTR,     5,      6
LSTR,     6,      7
LSTR,     7,      8
LSTR,     8,      9
LSTR,     9,      1

!*Definition von Fläche A1 über alle Linien
AL,ALL

!*Gitterauflösung und Vernetzen
KESIZE,ALL, 0.005
KESIZE,3,   0.002

!*Vernetzen
AMESH,1

FINISH
```

```
/SOL     !**************Öffnen der Solution*******************************

/PNUM,LINE,1             !Nummerierung der Linien
LPLOT                    !Zeichnen aller Linien

!*Druck unten festlegen
SFL,1, PRES,1e7,
SFL,2, PRES,1e7,
SFL,3, PRES,1e7,
SFL,4, PRES,1e7,

!*Druck oben festlegen
SFL,6, PRES,0,
SFL,7, PRES,0,

!*Symmetrielinien festlegen
DL,      8, ,SYMM
DL,      5, ,SYMM

SOLVE                   !Lösen
FINISH

/POST1   !**************Öffnen des Postprocessors**********************

PLDISP,2                !*Darstellung der deformierten Geometrie

/EFACET,1               !*In die Lösungsdarstellung wird der Rand der
                        !*undeformierten Membran eingezeichnet

PLNSOL, U,SUM, 0,1.0    !*Betrag der Verschiebung
PLNSOL, S,EQV, 0,1.0    !*Vergleichsspannungen
PLNSOL, S,X, 0,1.0      !*Spannung in x-Richtung

!* Verschiebung als Vektordarstellung
PLVECT,U, , , ,VECT,ELEM,ON,0
```

C.6 Mechanische Simulation (Modalanalyse)

```
/PREP7    !**************Öffnen des Preprocessors***************************
ET,1,SOLID187           !Definition des 3D Element Types

!*Materialdaten
MP,EX,1,3e11            !Ex
MP,PRXY,1,0.33          !Poisson-Ratio
MP,DENS,1,7850          !Dichte

!*Keypoints
K,1, 0, 0.05,,,
K,2, 0.03,0.05,,
K,3, 0.075,0.075,,
K,4, 0.095,0.0625,,
K,5, 0.1,0.05,,
K,6, 0.1,0,,
K,7, 0.15,0,,
K,8, 0.15,0.09,,
K,9, 0,0.09,,
/PNUM,KP,1              !Nummerierung der Keypoints on
KPLOT                   !Zeichnen aller Keypoints

!*Definition der Linien und des Kreisbogens
LSTR,      1,      2
LSTR,      2,      3
LARC,      3,      5,      4    !<- Kreisbogen
LSTR,      5,      6
LSTR,      6,      7
LSTR,      7,      8
LSTR,      8,      9
LSTR,      9,      1
AL,ALL                 !*Definition von Fläche A1 über alle Linien

!***3D Modell: Rotation der Fläche 1 um 90° mit der Drehachse K1..K9
VROTAT,1,,,,,,1,9,90,1

!*Gitterauflösung und Vernetzung
KESIZE,ALL,0.01
LESIZE,17,,,20
SMRT,2                  !*Smart Size, damit nicht zu hohe Auflösung im Inneren
MSHKEY,0                !free meshing
MSHAPE,1,3d             !Tetraeder-Vernetzung
VMESH,1                 !*Vernetzen des Volumens

!Drehen des Körpers zu besseren Ansicht
/ANG,1,30,YS,1
/ANG,1,-30,XS,1
/triad,off             !*Achsenkreuz wird nicht mehr angezeigt
/PNUM,AREA,1           !und Nummerierung der Flächen einschalten
APLOT
FINISH
```

```
/SOL     !***************Öffnen der Solution*******************************
ANTYPE,2          !*2: Modalanalyse
MODOPT,LANB,10
                  !*MODOPT, method, nmode, freqb, freqe, prmode, nrmkey
                  !**method: Methode der Berechnung; LANB steht für Block Lanczos
                  !**nmode:  Anzahl der Moden, die extrahiert werden
                  !**freqb:  Beginn des Frequenzbereichs
                  !**freqe:  Ende des Frequenzbereichs
                  !**prmode: Anzahl der Frequenzen, die herausgeschrieben werden
                  !**nrmkey: Angabe über eine mögliche Normierung
EQSLV,SPAR
                  !*EQSLV: Art des Gleichungslösers
MXPAND,10, , ,1
                  !*MXPAND, nmode, freqb, freqe, elcalc, signif
                  !**nmode:  Anzahl der Moden, die expandiert werden
                  !**freqb:  Beginn des Frequenzbereichs
                  !**freqe:  Ende des Frequenzbereichs
                  !**elcalc: Berechnung von Elementgrößen
                  !**signif: Schwellenwert, ab dem eine Berechnung erfolgt
LUMPM,0
PSTRES,0
!*
MODOPT,LANB,10,0,30000,10,OFF


SOLVE
FINISH


/POST1   !***************Öffnen des General Postprocessors*****************
SET,LIST              !*Result Summary
SET,LIST,999          !*Liste zur Auswahl des Sets
SET,,, ,,, ,3         !*Set 3 wählen
/EFACET,1
PLNSOL, U,SUM, 0,1.0  !*Betrag der Verschiebungen

PLNSOL,U,SUM
ANCNTR,20,0.5              !*Animation über den Betrag der Verschiebungen
FINISH


/POST26  !********Öffnen des Postprocessors: Time-History-
Postprocessor*****
FILE,'file','rst','.'
/UI,COLL,1

SOLU,191,NCMIT
STORE,MERGE
FILLDATA,191,,,,1,1
REALVAR,191,191
FORCE,TOTAL
!*
ANSOL,2,1388,S,EQV,SEQV_2
STORE,MERGE
XVAR,1
PLVAR,2,
```

C.7 Gleichstrom Simulation

```
/PREP7   !**************Öffnen des Preprocessors*****************************
ET,1,PLANE13        !Festlegen des Element Typs für Leiter+Luft
ET,2,INFIN110       !Festlegen des Element Typs für äußeren Rand

MP, MURX, 1, 1           !Festlegen der rel. Permeabilität (Material 1)
MP, RSVX, 1, 1.7e-8     !Festlegen des spez. el. Widerstands (Material 1)
MP, MURX, 2, 1           !Festlegen der rel. Permeabilität (Material 2)

PCIRC,0.005,0.001,0,90,    !Definition der Flächen A1
PCIRC,0.001,0,0,90,        !A2
PCIRC,0.006,0005,0,90,     !A3

/PNUM,LINE,1               !*Nummerierung einschalten
/PNUM,AREA,1
APLOT

AGLUE,1,2,3               !*Verkleben aller Flächen

!*Festlegen der Gitterfeinheit der Linien
LESIZE,ALL, , ,10, ,1, , ,1,
LESIZE, 3, , ,20, , , , ,1
LESIZE, 1, , ,20, , , , ,1
LESIZE, 8, , ,20, , , , ,1

LESIZE, 14, , ,1, , , , ,1
LESIZE, 15, , ,1, , , , ,1

!*Materialzuweisung und Vernetzen von A4, A1 und A5
ASEL, , , ,       4
AATT,       1, ,   1,        0,
ASEL, , , ,       1
AATT,       2, ,   1,        0,
ASEL, , , ,       5
AATT,       2, ,   2,        0,
ALLSEL

AMESH,4,1,5

FINISH

/SOL     !**************Öffnen der Solution*********************************
BFA, 3 ,JS, , ,320000,0    !Spezifikation der Stromdichte auf A4
SFL, 8, INF                !Spezifikation der infin-Bedingung auf L8
SOLVE                      !Lösen
FINISH

/POST1   !**************Öffnen des Postprocessors***************************
PLNSOL,BSUM,, 0                    !*Darstellung des Betrags des Magnetfelds
PLVECT,B, , , ,VECT,ELEM,ON,0      !*Darstellung von B
```

C.8 Wechselstrom Simulation

```
/PREP7    !***************Öffnen des Preprocessors***************************
ET,1,PLANE13          !Festlegen des Element Typs für Leiter
KEYOPT,1,1,6          !Aktivierung des Freiheitsgrads VOLT

ET,2,INFIN110         !Festlegen des Element Typs für äußeren Rand

MP, MURX, 1, 1           !Festlegen der rel. Permeabilität (Material 1)
MP, RSVX, 1, 1.7e-8      !Festlegen des spez. el. Widerstands (Material 1)
MP, MURX, 2, 1           !Festlegen der rel. Permeabilität (Material 2)

PCIRC,0.005,0.001,0,90,   !Definition der Flächen A1
PCIRC,0.001,0,0,90,       !A2
PCIRC,0.006,0005,0,90,    !A3

/PNUM,LINE,1              !*Nummerierung einschalten
/PNUM,AREA,1
APLOT

AGLUE,1,2,3              !*Verkleben aller Flächen

!*Festlegen der Gitterfeinheit der Linien
LESIZE,ALL, , ,20, ,1, , ,1,
LESIZE,4, , ,20,0.3, , , ,1
LESIZE,2, , ,20,0.3, , , ,1

LESIZE, 14, , ,1, , , , ,1
LESIZE, 15, , ,1, , , , ,1

!*Materialzuweisung und Vernetzen von A4, A1 und A5
ASEL, , , ,        4
AATT,        1, ,   1,        0,
ASEL, , , ,        1
AATT,        2, ,   1,        0,
ASEL, , , ,        5
AATT,        2, ,   2,        0,
ALLSEL

AMESH,4,1,5
FINISH

/SOL      !***************Öffnen der Solution*******************************
!*Harmonische Analyse spezifizieren
ANTYPE,3                  !Harmonische Analyse
HARFRQ,0,50000            !Frequenz=50000
NSUBST, ,                 !keine Zwischenfrequenzen
KBC,0                     !Lasten werden bei mehreren Werten linear interpoliert
```

```
!*Koppeln des Freiheitsgrads VOLT aller Elemente von A4
ASEL,S, , ,        4
ALLSEL,BELOW,AREA
CP, 1, VOLT, ALL
ALLSEL

!*Angabe des Stroms auf einem Knoten von Fläche A4 (z.B. Knoten 22)
F,22,AMPS,0.25,0

SFL, 8, INF                   !Spezifikation der infin-Bedingung auf L8

SOLVE
FINISH

/POST1   !**************Öffnen des Postprocessors*************************
SET,FIRST
SET, , ,1,0, ,      !Auswahl des Realteils der ersten Frequenz
!SET, , ,1,1, ,     !Auswahl des Imaginärteils der ersten Frequenz

PLNSOL,BSUM,, 0                         !Darstellung des Betrags des Magnetfelds
PLVECT,B, , , ,VECT,ELEM,ON,0           !Darstellung von B als Vektorplot
```

Literaturverzeichnis

D. Braess: Finite Elemente. Springer-Verlag, Berlin, Heidelberg, 5. Auflage 2013.

P. Ciarlet: The Finite Element Method for Elliptic Problems. North-Holland, Amsterdam, 2012.

P. Fröhlich: FEM-Leitfaden. Springer-Verlag, Heidelberg 3. Auflage 1995.

C. Grossmann, H.-G. Roos: Numerik partieller Differentialgleichungen. Teubner-Verlag, Stuttgart 3. Auflage 2005.

W. Hackbusch: Theorie und Numerik elliptischer Differentialgleichungen. SpringerSpektrum, 4. Auflage 2016.

G. Hellwig: Partielle Differentialgleichungen. Teubner-Verlag, Stuttgart 1960.

M. Jung, U. Langer: Methode der finiten Elemente für Ingenieure. SpringerVieweg, 2. Auflage 2013.

G. Kämmel, HJ. Franeck, HG. Recke: Einführung in die Methode der finiten Elemente. Hanser-Verlag, München 1990.

P. Knabner, L. Angermann: Numerik partieller Differentialgleichungen. Springer-Verlag, Heidelberg 2000.

D. Marsal: Finite Differenzen und Elemente. Springer-Verlag, Berlin, Heidelberg, 1988.

C.D. Munz, T. Westermann: Numerische Behandlung gewöhnlicher und partieller Differenzialgleichungen. Springer-Verlag, Heidelberg, 4. Auflage 2019.

A. Quarteroni, A. Valli: Numerical Approximations of Partial Differential Equations. Springer-Verlag, Heidelberg, 2. Auflage 2008.

A.A. Samarskij: Theorie der Differenzenverfahren. Teubner-Verlag, Leipzig 1984.

H.-R. Schwarz: Methode der finiten Elemente. Teubner-Verlag, Stuttgart, 2. Auflage 1984.

P.P. Silvester, R.L. Ferrari: Finite Elements for Electrical Engineers. Cambridge Press, Cambridge 1990.

J.W. Thomas: Numerical Partial Differential Equations. Springer-Verlag, Heidelberg 1995.

J.F. Thompson: Boundary-Fitted Coordinate Systems for Numerical Solution of Partial Differential Equations. J. of Computational Physics 47, 1-108, 1982.

J.F. Thompson, Z.U.A. Warsi, C.W. Mastin: Numerical Grid Generation. North-Holland, Amsterdam, 1985.

O. C. Zienkiewicz: The Finite Element Method. McGraw-Hill, New York, 3. Auflage 1977.

T. Westermann: Mathematik für Ingenieure. Springer-Verlag, Heidelberg, 8. Auflage 2020.

© Springer-Verlag GmbH Deutschland, ein Teil von Springer Nature 2021
T. Westermann, *Modellbildung und Simulation*,

Literatur zu ANSYS:

ANSYS Benutzerhandbuch (Rev. 5.0), Deutsche Übersetzung des User's Manual (K. Rother), Cad-Fem GmbH, Grafing 1994.

ANSYS Workbook (Rel. 5.3), ANSYS Inc. Houston, Houston 1996.

ANSYS Help Manual (Rel. 11), ANSYS Inc. Houston, Houston 2009.

E.M. Alawadhi: Finite Element Simulations Using ANSYS. CRC Press, 2. Auflage 2015.

A. Ali, R. Afshar: Teach Yourself ANSYS In 7 Days. VDM Verlag Dr. Müller, 2010.

E. Madenci, I. Guven: Finite Element Method and Applications in Engineering Using ANSYS. Springer 2008.

G. Müller, C. Groth: FEM für Praktiker Band 1-3. Expert-Verlag, Renningen, Neu-Auflagen 2007-2009.

Literatur zu MAPLE:

A. Heck: Introduction to Maple. Springer-Verlag, Heidelberg, New York, 3. Auflage 2003.

T. Westermann: Mathematische Probleme lösen mit Maple. Springer-Verlag, Heidelberg, 6. Auflage 2020.

Index

© Springer-Verlag GmbH Deutschland, ein Teil von Springer Nature 2021
T. Westermann, *Modellbildung und Simulation*,

ANSYS-Index

© Springer-Verlag GmbH Deutschland, ein Teil von Springer Nature 2021
T. Westermann, *Modellbildung und Simulation*,

Homepage zum Buch

Auf der Homepage zum Buch werden zusätzliche Materialien zur Verfügung gestellt. Auf diese weiteren Informationen wird im Text durch das nebenstehende Symbol explizit hingewiesen.

ANSYS-Logfiles: Alle ANSYS-Logfiles zu den grundlegenden Simulationen aus Kapitel 6: Diese können direkt in ANSYS eingelesen werden, um die entsprechenden Simulationen mit ANSYS durchzuführen.

iOS- und Android-App für Smartphones: Um das Arbeiten mit randangepassten Gittern bei einfachen Gebieten einzuüben, wurde die App **FEM Simulationen** für Smartphones entwickelt, mit der man nach interaktiver Spezifikation der Eckpunkte randangepasste Gitter erzeugt. Diese FEM-App kann kostenfrei von Androids PlayStore oder Apples AppStore geladen werden. Nach Festlegung aller Randbedingungen wird mit dem Programm auch die Laplace-Gleichung auf den erzeugten randangepassten Gittern mit der Finiten-Elemente-Methode gelöst und graphisch dargestellt.

Visualisierungen: Im Paket Visualisierung befinden sich MAPLE-Worksheets zur Visualisierung der zweidimensionalen Finiten-Elemente-Methode. Dabei werden die einzelnen Schritte (Einlesen und graphische Darstellung des Gitters, Darstellen der Einheitspyramiden, Berechnung der Koeffizienten der Matrix und Lösen des linearen Gleichungssystems, Darstellung der Lösung über Pyramiden bzw. als Einhüllende über alle Pyramiden) in Form von Prozeduren so programmiert, dass sie auf beliebige zweidimensionale randangepasste Gitter angewendet werden können.

MAPLE-Worksheets: Alle MAPLE-Ausarbeitungen zu den im Text gekennzeichneten Problemen und Beispielen. Insbesondere sind der Thomas-Algorithmus, das Jacobi-, das Gauß-Seidel-, das SOR- und das konjugierte Gradienten-Verfahren in Form von Prozeduren programmiert. Weitere Prozeduren liegen für die Cholesky-Zerlegung und zur Bestimmung von Differenzenformeln für beliebige Ableitungen vor.

Alle Informationen, Visualisierungen und MAPLE-Worksheets können unter

http://www.home.hs-karlsruhe.de/~weth0002/buecher/simulation/start.htm

kostenfrei heruntergeladen werden.

Printed in the United States
by Baker & Taylor Publisher Services